國際會議規劃與管理

International Meetings Planning and Management

柏雲昌、謝碧鳳◎著

趙　序

　　國際會議是台灣與國際接軌的重要管道，辦好一場國際會議將有助於打造台灣的國際能見度與知名度，對形象面及經濟面的效益宏大；國際會議從議程規劃、會場安排、預算編列與管控、公關廣宣、到會後整體評估等所需考量的重點很多，必須面面俱到、鉅細靡遺地掌握相關環節，才能讓賓主盡歡並達到會議效果。

　　《國際會議規劃與管理》一書蒐集了詳盡資料，綱舉目張地探討了主辦國際會議規劃執行所應注意的每一個重要步驟，是國際會議相關領域難得一見的好書，值得主辦或有意爭取主辦國際會議的單位參考。

中華民國對外貿易發展協會

前秘書長　趙永全

林　序

　　二十一世紀以來，隨著國際經貿日趨全球化、自由化，國際會展活動也愈漸頻繁。緣於會展產業是一個產業關聯性高，經濟擴散效益大的產業，因此近年來受到各國政府的高度重視。

　　我國政府為提升國內會展產業的整體服務品質及國際競爭力，行政院首度於2002年9月在「觀光客倍增計畫」中將「發展會議展覽產業」列為推動觀光產業的一項策略；2003年3月在行政院核定之「服務業發展綱領及行動方案」中將「會展服務產業發展計畫」列為旗艦計畫之一；2004年7月行政院又再次將會議展覽產業列為重要新興發展產業，並於同年11月成立「行政院觀光發展推動委員會MICE專案小組」。經濟部受命負責推動會展產業的發展，其後遂有2005～2008年之「台灣會展卓越計畫」及2009～2012年之「台灣會展躍升計畫」，及2013～2016年之「台灣會展領航計畫」等一系列的推動計畫，每年編列約兩億元預算，並成立會展推動專案辦公室，實質積極地輔導民間會展產業。

　　十年來除了主管機關經濟部外，教育部、勞委會也都配合中央政策及社會、產業需求，積極開辦會展科系或會展就業輔導班；各地方政府更紛紛將觀光休閒產業結合會展產業列為推動服務產業的火車頭。總而言之，會展產業突然幸運地由沒爹沒娘沒人愛，變成三千寵愛集一身。

　　因應國內培育會展人才之需求，歷年來欣見眾多學者專家踴躍投入會展教科書的編撰工作。渠等之熱情及使命感，誠令人感佩不已，因教科書不太可能成為暢銷書，發行量有限，榮譽與責任才是他們為人師表的重要考量。

　　柏雲昌及謝碧鳳兩位教授均是我認識多年的好朋友，兩人均學養豐富、教學認真，為投入會展領域，他們除了不斷參與國內外各項會展訓練班、研討會、論壇，更廣蒐國內外各項相關書籍文獻，供為寫作參考。

　　本書之編撰除了條理分明、文筆流暢、美編清爽易於閱讀外，內容之廣泛豐富詳實也令人讚賞。尤其每一章節後面皆提供重要辭彙與概念、問題與討論及相關參考網站，簡易提供老師、學生及一般讀者概念歸納的重點及深化研究的途徑，實在是很用心、很貼切的設計與服務。

　　雲昌兄幾年前曾任職於中華經濟研究院，多次參與政府有關會展產業推動計畫案之調查研究，對國內會展政策及會展環境之發展過程知之甚詳，乃能針對台灣會展產業所遭遇的發展困境，提出十分貼切的改進建言。他也曾親力親為參與全球性大型國際會議在台舉辦之企劃、籌辦與執行，故能納入豐富的實務案例與經驗分享。這都是其他教科書難以詳述的篇章。

　　但願本書的出版能激勵更多學者專家，也能不吝撥冗著書立說，一起為台灣會展產業的發展做些播種與紮根的偉大工作。

中華民國展覽暨會議商業同業公會

榮譽理事長　林慶廷

葉　序

　　柏雲昌教授是國內早期投入研究會議展覽產業的學者之一，今日很高興能有機會拜讀他的大作《國際會議規劃與管理》一書，相信這本書的誕生，能夠帶給更多有志於籌辦國際會議的人士，更有系統，更有脈絡，更有典範的學習地圖。同時也是學術界對於國際會議領域很重要的里程碑。

　　「會議產業」是近二十年來，國際城市間全球化的競爭指標，也是國際都市發展「集客產業」的領頭羊。發展會議產業，各國所思考並不只是停留在活化經濟，發展產業的層次。而是進一步在建構具有全球競爭力的城市，讓城市在人潮、金潮快速移動的時代，吸引全球商務人士的造訪。用國際商務人士的標準改造城市，讓城市成為國際間「好做生意的地方」、「好實現創意的地方」、「好學習的地方」、「好宜居的地方」，塑造城市獨特的全球品牌價值與地方特色。

　　《國際會議規劃與管理》是一門很有挑戰的學門，牽涉到的領域相當的廣泛，從觀光領域到管理科學，從表演藝術到會議科技，其所橫跨的範疇相當廣泛，如何「整合」這麼多不同的領域，就成了很大的挑戰。另一方面，因為是「國際會議」所以語言的運用與服務要有一定的水準，整體運作需要有國際的視野，涉外事務更需要有國際的高度。所以「整合」加上「國際標準」就成了國際會議管理最重要的課題。

　　作者將整個國際會議管理分為十個章節，鉅細靡遺地將所有過程，做了很仔細地的分析與說明。同時也旁徵博引了舉了許多例證，讓讀者能夠深入理解會議管理的全貌。相信這本著作的誕生，除了見證全球會議產

業蓬勃發展的浪潮之外，同時也會引起學術界的重視，投入更多的動能在會議產業！

中華國際會議展覽協會　理事長

集思會展事業群　執行長

黃　序

　　好友、戰友，柏博士一直說要出書講授如何規劃有效率又有質感的國際會議。就在我想笑他光說不練的當下他送來初版，令我興奮異常！除了要佩服他鍥而不捨的精神與追求完美的個性，也羨慕他有條件慢慢磨的客觀條件，讓他有充裕的時間將該講的、想敘述的有條理地呈現出來。也算是幫我完成了心願吧！

　　從事會展業多年，總是被同業一半讚美，一半消遣的說我堅持原則和品質。只有柏博士打我們認識開始，就從欣賞我的角度看待我的行事作為，讓我有如遇到知音，深得我心。幾年前，我們共同合作承辦一個籌備期長達三年的案子。從企劃、爭取、宣傳、執行到結案，並肩工作了好些時日。他發揮了經濟學者的敏銳觀察特質，以科學分析法將舉辦會議從有到無的工作項目與注意事項鉅細靡遺記錄了下來。在台灣會展史上絕對是前無古人！

　　我強力推薦這本書給有心進入會展業的新鮮人和在活動行銷公關的初學者。書內各章節後的習作經過特別設計，可引導讀者切入各章節的重點，在實際工作上可以輕易的舉一反三。

滿力國際股份有限公司

榮譽理事長　黃澤儀

張　序

　　本書由柏博士與謝老師共同完成，實屬難得。尤其全書充滿了博士的一手經驗，大型國際會議在他有條不紊的操盤下，就像導演一樣，克服所有困難，圓滿達到預定成果，贏得掌聲。

　　在與博士共事時，時常發現他充滿智慧及遠見，讓我著實佩服。碧鳳老師是一為溫柔又善良的老師，她對學生的用心良苦，真是學生之福！本書將是學生及想辦國際會議者的最佳參考書。

展盟展覽有限公司

顧問　　張淑英

自 序

　　會展爲觀光產業重要的一環。和觀光產業不同的是，會展產業屬於事件（event）性質；事件的目的不僅限於觀光，它在地方形象建立、都市更新、文化發展、帶動區域商機等，皆扮演重要的角色。就會展產業本質而言，會展爲一項整合多方資源的產業，其帶動的相關產業包含旅館、會展支援性服務業，與其他消費、運動及娛樂等，透過營收與就業的成長，進而促進地方經濟。因此，在各國政府資源有限的現況下，會展產業的扶植，成爲發展區域經濟的重要服務產業選項之一。

　　國際會議爲會展產業兩大最重要活動中的一項。本書內容即涵蓋國際會議產業的發展策略至國際會議個案的企劃、籌辦與執行。除了第一篇爲國際會議概論外，其餘篇幅將國際會議之籌辦區分爲主要的「會議核心與周邊活動」與支援的「人力資源與公關」和會議管理的「會議收支與效益評估」三大部分。每一章節後面，皆提供重要辭彙與概念、問題與討論、相關網站，以備教師、學生及一般讀者進行相關知識進一步的深化與擴充。

　　本書撰寫的構想，起初是爲滿足會展產業相關教育單位的需求，同時能綜合學術與實務操作的功能，滿足觀光、休閒、餐旅相關科系學生的學習需要，更可作爲管理類科系的專案管理實務操作手冊。但在理論與實務資料蒐集愈臻完善的發展下，本書適用的對象除了學校教育單位外，亦包含公司行號、政府機關與一般民眾。其中特別是對初學或初入會展產業的新鮮人而言，最具深入淺出的知識經濟學習效果。

　　作者除了感謝產、官、學界所有先進的支持與愛護外，同時也要感

謝多年一起工作的會展夥伴，如：錢玉娟、鄭怡超、彭婕妤、陳以萱、王瑋如、許蕙芊、陳玟綺、羅友君、吳允信、簡瑄、郭佳衛等等。沒有他們的幫助，本書難以完成。作者尚須特別感謝趙前秘書長永全、林榮譽理事長茂廷、葉理事長泰民、黃董事長潔儀、張顧問瑛等好友們百忙中為本書作序及推薦詞。同時也感謝書商出版前外審的細心審稿及提供的修正建議，及揚智出版公司總編輯閻富萍與諸工作人員的辛勞，得使本書順利問世。如讀者發現本書有所疏失、錯誤俱是作者的責任，期盼能提供指正，俾再版時修正。

柏雲昌、謝碧鳳 謹識

目　錄

Chapter 1

緒　論

- 會議展覽產業範疇與國際會議定義
- 舉辦國際會議之動機與目的
- 全球國際會議發展經驗與現況
- 台灣國際會議發展現況
- 本書討論範圍

什麼是「會議」？現代社會每天都有大大小小「會議」發生，從實體會議到虛擬會議不斷的圍繞在職業人士周遭，占據你、我行事曆的板塊。簡單的從「維基百科」（Wikipedia, the free encyclopedia）中亦可查到會議（meeting）的定義。會議是集合二人或多人以上討論一個共同目標以交換意見或達成共識。討論的方式可以是面對面口頭討論，或透過虛擬的媒體溝通技術，例如網路視訊會議等。此外，國父孫文（孫逸仙）可能是近代華人中最早談論會議概念的人。他於民國6年（西元1917年）2月21日，《民權初步》自序中闡述，《民權初步》的內容，在西方屬於議學之類，亦即民主集會的議事之學。在會議與相關程序中進一步說明：一人謂之獨思，二人謂之對話，三人以上循有一定之規則，研究事理，達成決議，解決問題，以收群策群力之效者，才能稱為「會議」。

因此，什麼是「國際會議」？從以上的說明，最簡明的定義就是二位或多位國際人士所進行的會議；亦即，跨國際的交換意見或討論。但本書討論的範圍是偏重於現代會議展覽產業所面臨或服務的一定規模以上之國際會議。故，必須對「國際會議」作另一層面及深入的探討。首先，在第一節中，就會議展覽產業之定義與範疇作一介紹。其次，再對國際會議的定義、類型及相關國際組織作說明。第二節說明舉辦國際會議之一般動機與目的。第三節介紹全球國際會議發展經驗與現況。第四節說明台灣國際會議發展現況。

第一節　會議展覽產業範疇與國際會議定義

「會議展覽產業」是一項以服務為基礎，以資源整合為手段，以帶動產業鍊為目的，以會議展覽為主體，所形成的一種產業型態。但由於會議展覽產業的範疇在國際間至今仍不明確，所以眾說紛紜，常會導致不同單位所做的定義不同。一般而言，歐美國家將會議展覽產業的界定粗分為兩大類，包括會議產業（meeting industry）及展覽活動產業（exhibition

& event industry）。Tabei（1997）提出，亞洲以發展會議展覽產業為國家政策的新加坡、馬來西亞、日本，大概以「MICE」界定會議展覽產業的範疇。其中，「M」代表「meeting」，即為一般會議；「I」代表「incentive」，即為獎勵旅遊；「C」代表「convention」，即為大型會議，「E」代表「exhibition」，即為展覽。因此，他認為從MICE四個英文字母，即可衍生出會議展覽產業的定義與範疇。然而，「MICE」產業其實並不在歐美地區廣為使用或認同的名詞，原因之一是會議展覽及關聯的觀光產業不喜歡「老鼠」字樣（mice係 mouse的多數名詞），非常不吉利且不討好；其次是目前世界上並無通用的標準範疇，各種會議展覽產業相關活動重疊性高，所以對於會議展覽產業範疇的界定，並不明確。就台灣現況而言，「中華民國行業標準分類」將會議展覽產業歸屬於「支援服務業」（N大類）下「業務及辦公室支援服務業」（82中類、820小類）中的8202細類「會議及展覽服務業」，相關定義如下：

> **8202會議及展覽服務業：凡從事會議及展覽之籌辦或管理之行業均屬之。**

本書為了界定會議展覽產業下的國際會議活動及方便未來之討論，提出更具體與明確的「國際會議」定義。國際會議（international meeting）為跨國界之一群人在特定的時間、地點、空間相聚，為了某種特定之目的或需求，使參與者可以互相討論或分享資訊，以滿足需求的一種室內性為主的會議活動。

一、國際會議類型

國際會議種類繁多，分類的標準可依其目的、與會人數、開會次數、會期長短與籌組會議時間來區分。其中，目的包含告知、組織動員、辯論、激勵、教育、溝通或達成決議；而籌組會議時間可從少至幾天、週的時間，到長達一至數年的籌備。本書將國際會議的主要類型歸類為十二

大類，分述如下：

(一)會議（meeting）

通常指非定期舉行的小型討論會，幾個專業人士圍著會議桌進行討論，通常是傳達某些特別研究之發現，並且希望與會者有主動貢獻；此外，會議也可以廣義地用來形容各種（正式或非正式）形式開會的綜合用辭。

(二)年會（convention）

在美國，convention較為普遍使用，它意味著具有重要性、大規模且正式的集會，為社團或是政黨為某一目的所召開的會議，像是制定方針或選拔企業代表等，如聯合國年會。

(三)學術研討會（conference）

在英國，conference一詞幾乎拿來形容所有型態的會議，但專業會議籌辦人（Professional Conference Organizer, PCOs）習慣稱大型的會議為conference，通常是連續辦好幾天，吸引幾百甚至幾萬位會議代表。學術研討會發表的論文多經過評選，可分為口頭報告（oral presentation）及海報發表（poster session）兩種。會議中可能涉及相當複雜的社交活動、展示或陳列，讓與會者互相碰面和交換觀點、傳遞訊息、辯論，或是針對一些特定主題予以宣揚或訓練。許多大型的專業討論會有許多外國來的與會者，因此會安排一些本國或外國特色的活動。

(四)代表大會（congress）

在歐洲地區congress較為流行使用，通常係指由選舉組織（如政黨）產生的正式區域代表所召開的集體代表大會，定期舉行，一般是要討論一個特定的主題。一個代表大會通常會持續好幾天，而且有許多同時進行的議程，大部分的國際性、全球性組織的代表大會是半年至一年舉行一次，而屬於全國性組織的代表大會是一年舉辦一次。

(五)專題討論會（seminar）

通常是類似課堂進修的會議，一群專家透過一次或一系列集會來達到訓練的目的，規模較symposium小。專題討論會的期程短為數小時、長則一到兩天，籌辦目的通常是教學、公共政策或討論共同關切的議題。會議過程中會有一或多位引言人來主導討論方向，且有時討論會並不會公開舉行。

(六)研習坊（workshop）

研習坊與專題討論會一樣屬於小規模的會議，通常是一個非正式但公開的訓練會議，通常會有當場實作（如國際禮儀、專題實作），期程可以安排在正式的全體出席議程之前後，或是在特定的委員會議之間。研習坊主題是由參加者自己選擇或是由主辦單位安排的特定議題。一個國際會議的workshop如果執行成功，往往會更進一步引導後續定期舉行的workshop，用以更深入地探討相關議題。

(七)學術討論會（symposium）

與seminar、workshop近似，但規模較大，且由於交流的方式為雙向的，會議形式不是很正式。另外也可以視為特定領域的一群專家舉辦的會議，並就特定的主題請特定的專家發表論文，共同對問題的本身進行討論而做出建議。

(八)論壇（forum）

屬於公眾集會，為特定公眾議題聚集討論，如亞洲經濟論壇會（Asian Economic Forum）。會議中針對共同興趣的某一部分或某一些專題進行公開討論。與會者出席者多為公眾代表，其建議的意見或看法可持對立的立場，且讓有名望的參加者對一些與公共利益相關的主題做公開的討論，最後請主席或引言人作出總結，但未必要有共識。

(九)專業小組討論會（panel discussion）

與seminar近似，但並不是公開的會議。參與的成員均有特定的身分與任務，針對特定專題或問題提出科學論點並加以討論。有時也開放時間給聽眾做雙向的溝通問答，但主要是爲發表特定專題或問題的研究成果。

(十)組織大會（assembly）

一個協會、俱樂部、組織或公司的正式全體集會。參加者以其成員爲主，其目的在制定辦法、政策、內部選舉、同意預算、財務計畫甚或聯誼娛樂等。因此，一個全體會議通常是在固定的時間及地點定期舉行，且附有一定的開會程序與規章，這些規章大多標明在組織的條款和細則內。

(十一)高峰會（summit）

專指爲高級領袖、主管或領導人舉辦的會議。高峰會必然有特定的主題，通常涉及國際事務的討論與協商，會後也會就有共識的部分發表共同宣言，沒有共識的部分則留待下次會議繼續討論。一般而言，高峰會由於參與層級高、討論議題影響廣泛，因此會議前後多會吸引大量的媒體關注。

(十二)演講會（lecture）

通常由一位專家或講員來做教育性或宣導性的、單向的發表和講演，會後不一定會有討論的時段。

以上大致介紹各種會議的形式。由於國際會議有越來越商業化的趨勢，專業會議籌辦人（PCOs）往往會混用各種會議的形式及名稱，而失去原有的風貌，這是讀者應該要注意的事。

二、國際會議相關組織

本書將國際會議的相關組織，分為國際組織與法人組織兩部分介紹。國際組織為跨國的會議組織，主要的任務與成立目的，是在促進國際會議的資訊交流，提升國際會議產業的能見度，及促進國際會議產業的發展。法人組織則多為專業的會議或展覽籌辦公司，其宗旨在於協助國際會議的辦理與執行，為國際會議產業重要的推手。在業務結構上，國際會議組織部分常會與展覽組織互相重疊，如共同作法交流平台（APEX）與國際展覽聯盟（UFI），而法人組織如DMC、DMO、ESC、PCO、PEO皆是會議與展覽兼具的服務承包商。

(一)國際組織

◆共同作法交流平台（Accepted Practices Exchange, APEX）

共同作法交流平台（APEX）是下文介紹的CIC的創舉，它將相關人士和企業集中，一起發展和完成會展產業所能共同接受的作法，創造和增進會展產業的效率。這些標準可以達到：(1)節省時間和成本；(2)更便利的溝通和資料分享；(3)改善顧客服務；(4)簡化系統和流程；(5)減少重複的程序使作業效率提升；(6)產生更專業的員工等目的。

◆會議產業諮議會（Convention Industry Council, CIC）

會議產業諮議會（CIC）是1949年在美國紐約由四個組織所共同創立，它代表著一群廣大而且跨產業的32個會員組織，而這組織代表了超過10,355個別會員和超過17,300個曾參與會展產業的企業和團體。CIC提供一個意見交流及討論的園地，不僅加速了會展產業資訊的交流，在歐洲與亞洲也提供國際會議專業訓練課程，以推廣會展產業之專業化。

◆國際會議協會（International Congress & Convention Association, ICCA）

國際會議協會（ICCA）設立於荷蘭阿姆斯特丹市（Amsterdam），是

由一群旅行社成員創始於1963年，原先主要成立的目的是在評估旅遊產業市場上急速擴張的國際會議市場並交換操作心得及資訊取得。由於國際會議產業在市場評估中仍屬於未來不會衰退的行業，因此加入這個組織協會的成員不單單只是旅行社，其相關的行業如會議、飯店、航空公司等將近80多個國家成員都紛紛加入。他們都是在國際會展活動領域中統籌、運輸、旅行及住宿的專家，也促使這個組織協會日具規模。到目前為止，ICCA除了英國的總部外，並在荷蘭、馬來西亞及烏拉圭設立分部，建立了包括超過730場以上國際會議的龐大資料庫。

◆**國際會議專家協會**（Meeting Professionals International, MPI）

國際會議專家協會（MPI）創立於1984年，總部設於美國德州達拉斯市（Dallas）。MPI宗旨是強調視覺會議並提供會議專業訓練教育，組織並以服務協會會員福利為目的。MPI每年都會出版錄影帶與光碟，作為同業及商機的資訊交換或取得。

◆**國際聯盟協會組織**（The Union of International Associations, UIA）

國際聯盟協會組織（UIA）創立於1907年6月，總部設在比利時首都布魯塞爾市（Brussels）。UIA於1910年成立聯盟，組織至今已有4萬多個國際會議與展覽法人組織加入，所接辦的大型會議也都與公共事務議題結合而與非政府組織（Non-Governmental Organization, NGO）有關。UIA在法國、紐約市及日內瓦市均有辦事處。由於UIA彙集大量國際會議與展覽法人組織的資訊，因此為會展產業統計資料的重要依據之一。

◆**國際展覽聯盟**（The Global Association of the Exhibition Industry, UFI）

國際展覽聯盟（舊稱Union des Foires Internationales，簡稱UFI）1925年成立於義大利米蘭市（Milan），係由歐洲20家展覽公司聯合組成，目前總部位於巴黎市（Paris）。隨著經濟全球化，會展業迅速發展之餘，目前UFI已有來自全世界73個國家的各類與展覽業有關的公司與法人組織成為其會員（其中包含115個專業展覽籌辦公司、28個展館經營單位、114個同時擁有展館之專業展覽籌辦公司、40個協會以及18個周邊協助單

位）。UFI每年舉辦3,000多場國際或區域性的展覽會（當然，其中也包含許多類型的會議），形成一整套展覽運作規範、規則、程序和服務體系。UFI要求其會員不僅是商業上的競爭對手，且有責任和義務為提升全球展覽會水平，改善展覽會服務作努力。

(二)法人組織

◆目的地管理顧問（Destination Management Consultancy, DMC）

目的地管理公司（DMC）負責會展活動在主辦地的現場協調、會務和旅行安排等工作。它提供了企業和協會在規劃集會和活動的「當地專家」，在目的地管理公司工作的人會擔任業務或是營業方面的工作。在國際會展旅遊界，DMC不同於傳統意義上的會議公司、旅行社，DMC是將會議展覽所需的資源進行整合，為會議展覽定制更專業、更全面的一切服務，彌補了傳統的會議公司、旅行社服務等功能缺陷。它的全方位服務包括策劃組織安排國內外會議、展覽、獎勵旅遊等，以及其延伸的觀光旅遊；策劃組織安排國內外專業學術論壇、峰會、培訓等活動；其他特殊服務，如餐飲、宴會、娛樂、旅館預定、交通、導遊等。

◆目的地行銷組織（Destination Marketing Organization, DMO）

目的地行銷組織（DMO）為在國際會議市場上，專門負責為某特定地理區域內的會議產業執行、推廣與發展事務之組織。該特定地理區域範圍可能橫跨數國，可能為單一國家，亦可能僅於一國境內之部分地理區域。DMO代表了大範圍的國際會展公司組織，將舉辦會議的地點行銷給商務及休閒的旅客，目的地行銷有許多部門和工作機會，包括了會議業務、旅遊業務、住宿規劃單位、會議服務、行銷、研究和會員服務。

◆展覽服務承包商（Exhibition Service Contractor, ESC）

展覽服務承包商（ESC）提供產品和服務給策展商和參展者，其服務通常是展場成功與否的關鍵。通常策展商會提供授權的服務承包商名單讓參展者自行選擇，並讓雙方可以直接接洽。服務承包商在相當競爭的環境

下經營,他們知道顧客服務、合理的價錢和回應顧客的需求都是很重要的。它給予策展商和參展者一定程度的信任感。服務承包商提供的服務項目包含:物資運送與倉儲、視聽音響設備的提供、行銷服務、水電瓦斯與特殊燈光的裝設、展場傢俱和各項設施的安排、展位的裝設、維修和拆卸、模特兒、表演者和額外展場人員的提供。

◆**專業會議組織**(Professional Convention Organization, PCO)

　　專業會議組織(PCO)是國際會議產業的核心,在國際上主要是指為籌辦會議、展覽及有關活動提供專業服務的公司,或從事相關工作的個人。PCO能依據合約提供專業的人力及技術、設備來協助處理從規劃、籌備、註冊、會展到結案的工作。具體工作內容包含:會議或展覽活動的策劃、政府協調、客戶招徠、財務管理和品質控制等。PCO主要辦理行政工作及技術顧問相關事宜,其角色可以是顧問、行政助理或創意提供者,在會主辦單位和服務供應商之間起樞紐的作用。整個國際會議活動決策方面的事務還是要由主辦單位掌控和定奪。

◆**專業展覽組織**(Professional Exhibition Organization, PEO)

　　專業展覽組織(PEO)為展覽活動中,自始至終從事整合協調及管理工作的機構或人員,其主要業務包括:競標國際會議及展覽、流程安排、宣傳促銷、文件製作、註冊報到、展場規劃及現場掌控、接待人力、招商、贊助募款、餘興節目安排、交通住宿、會場布置及準備紀念品等各項細節。有時也與PCO合作從事國際會議的安排。

三、國際會議規模

　　由於國際會議的規模大小不一,許多國家或機構都設有一定的門檻作為區隔,陳述如下。

　　ICCA定義國際會議的門檻則為:參加會議國家需達3國以上,參加會議人員需達50人以上且需定期舉行。UIA定義國際會議的門檻規範為:參

加會議國家需達5國以上，參加會議人員需達300人以上，除地主國外其他國家參與會議人員需達全體參與會議人員的40％以上，且會期天數需達3日以上。

　　英國觀光局（British Tourist Authority, BTA）對於會議的定義則在室內舉行的一切人的聚會，可包含大會、議會、專業會議、研討會、工作坊、討論會等，這些會議的中心活動在於分享並流通資訊，且會議必須爲期至少6小時，以及至少要有8人參與。

　　韓國將國際會議的主辦單對分爲兩個部分，其一，若國際會議的主辦單位爲國際機構或加入國際機構之機關與法人團體，則該會議需5國以上的外國人參加，參加會議人員需達300人以上，其中外國人需超過100人以上，會期天數需達3日以上；其二，若國際會議的主辦單位爲未加入國際機構舉辦之機關或法人團體，則會議參加者中外國人需超過150人以上，會期天數需達2天以上。

　　我國中華國際會議展覽協會將國際會議的門檻定訂爲：參加會議人員需達50人以上，外國與會人數需達全體參與會議人員的20％以上。經濟部商業司也提出國際會的門檻：參加會議國家需達3國以上，參加會議人員需達100人以上，除了地主國外，其他國家參與會議人員需達全體參與會議人員的30％或50人以上。行政院國家科學委員會則將國際學術研討會分爲下列五類：(1)由國際性學術組織（跨洲際）授權主辦或與該學術組織聯合舉辦之國際大型學術會議；(2) 國際性學術組織（跨洲際或洲區域性）正式認可在我國舉辦之國際學術研討會；(3)國內學術組織授權辦理之國際學術研討會；(4)國內自行主辦之國際學術研討會；(5)國家科學委員會雙邊協定計畫未能容納或與國家科學委員會尚未簽訂雙邊合作協定之雙邊學術研討會。可見門檻定義的分歧與不一致性。

 第二節　舉辦國際會議之動機與目的

　　如前文所述，會議展覽服務業是一項以服務為基礎，以資源整合為手段，以帶動產業鍊為目的，以會議展覽為主體，所形成的一種產業型態。國際會議與展覽產業的發展狀況普遍認為是評量某一地區繁榮與否及國際化的重要指標之一。舉辦國際會議期間，國內、外各單位及相關人士之共同參與及討論，提升專業領域的研究水準，或提高對於社會大眾的貢獻及對於政府的建言品質。藉由開會期間之接觸及會後安排的文化活動，增進國際人士對主辦國的認知與瞭解，更有助於提高提高國家的聲望，可謂好處多多。

　　有鑑於此，舉辦國際會議可望達到以下預期目標：

1. 創造附加價值：國際會議產業是全球化新興潛力服務業，具有高成長潛力、高附加價值、高創新效益；產值大、創造就業機會大、產業關聯大；人力相對優勢、技術相對優勢、資產運用效率優勢等「三高三大三優」之特徵，因此受到各國政府的極大重視把發展國際會議產業當成新時代服務業發展的策略之一。
2. 促進國民外交：當前我國外交處境孤立，與台灣有正式外交關係的國家不多。國際會議將有世界各地專家學者與會，在會議上發表論文，除了學術研討外，社交文化活動是促進與外國人士國民外交之大好機會。
3. 提升我國學術地位與專業領域的水平：舉辦國際知名的國際會議，將有許多國際重量級的學者專家與會，我國將因舉辦此一會議而有更多的機會與這些學者專家學術交流，並提高我國在相關專業領域之國際學術地位與研究的發展。

4.帶動觀光：大量國際人士蒞臨參加國際會議，自然可帶動觀光旅遊
　及購物消費的熱潮，對觀光旅遊相關活動品質提升大有幫助。

 # 第三節　全球國際會議發展經驗與現況

　　二十一世紀以來，我國產業發展的過程備受朝野關切，尤其是服務
業的基礎，已然受到國際競爭、市場開放與加入WTO的承諾與挑戰。在
面對服務業轉型與邁向多元國際市場競爭之際，諸多研究文獻（如柏雲昌
2006、2010等）都將會展產業評為最重要的引領型及策略型服務業之一。
因此，考量我國會展產業的發展前景與布局策略，必須思考其所面對的挑
戰與機會。為因應國際會展產業發展的競爭與可能的市場變化，首先應參
酌國際發展經驗，再積極開發及提升我國會展產業服務水平，提升服務效
能，以成就未來引領的關鍵產業。

　　會議展覽產業之所以在世界各國受到重視，因為它可以提供經濟市
場廣大的效益，帶動產業關聯。在全球會議展覽市場現況方面，目前全
球的會議展覽產業，以歐洲及美國發展最快；根據UFI的官方統計，以展
覽場地而言，北美洲市場已成為全球最大的區塊（詳見**表1-1**），2018年
北美洲的展覽面積達4,800萬平方公尺，占全球的34.9%；且在直接支出方
面，北美洲占比已達全球之43.6%，為597億美金。從展覽參與人來看，
2018年全球參展者超過453萬、看展人則超過3億人次；其所貢獻的就業人
口在2018年突破320萬，其中以北美洲的130.2萬人居冠，占全球會展產業
40.2%的就業人口，其次為亞太地區與歐洲（詳見**圖1-1**）。影響所及，使
會展產業成為全球主要的經濟活動之一。

表1-1　2018全球展覽活動概況

	展覽面積（萬平方公尺）	直接支出（億美金）	占比（%）
北美洲	4,800	597	34.9%
歐洲	4,650	467	33.8%
亞太地區	3,380	264	24.6%
中南美洲	520	22	3.8%
中東	300	14	2.2%
非洲	100	5	0.7%

	看展人（千人）	參展者（千人）	占比（%）	
			看展人	參展者
歐洲	112,000	1,340	37.0%	29.6%
北美洲	91,200	1,600	30.1%	35.3%
亞太地區	81,500	1,210	26.9%	26.7%
中南美洲	9,900	217	3.3%	4.8%
中東	6,250	125	2.1%	2.8%
非洲	2,100	42	0.7%	0.9%

資料來源：UFI (2019).

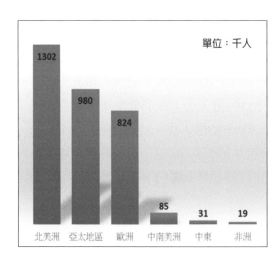
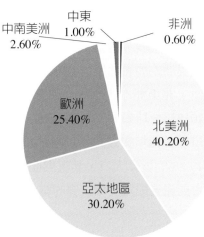

圖1-1　2018全球會展就業人口概況

以國家而言，美國為全球會議產業中排名第一的國家；根據ICCA的統計資料顯示，全球會議產業還是以歐洲市占率最高（詳如**圖1-2**）；就國家排名來看，2010年與2018年前十名略有變化，其中，2010年位居第9名和第10名的巴西與瑞士，在2018年掉到前10名之外，由荷蘭與加拿大取代；而前10名的總舉辦場次，亦由2010年的3,762次，大幅上升到2018年的5,470次；其中亞洲的日本與中國，從2010年到2018年穩居世界排名第七名與第八名（詳如**表1-2**）；而單就亞洲國家的表現，舉辦場次來進步最多者依序為日本、中國與泰國（詳如**表1-3**），台灣在國際會議的舉辦場次上，排名亞洲第六名，從2010年到2018年，進步了35場次；且於2020年5月公布的2019年國家排名，台灣更以163場次名列亞洲第四名，創五年來排名新高。

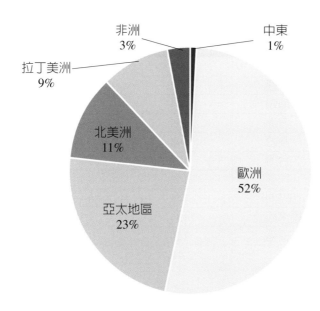

圖1-2　2018全球會議舉辦場次分布概況

資料來源：ICCA (2019).

表1-2　ICCA認列全球會議國家排名（2010/2018）

2018排名	國別	2018舉辦場次	2010排名	2010舉辦場次
1	美國	947	1	623
2	德國	642	2	542
3	西班牙	595	3	451
4	法國	579	5	371
5	英國	574	4	399
6	義大利	522	6	341
7	日本	492	7	305
8	中國	449	8	282
9	荷蘭	355	13	219
10	加拿大	315	12	229
總計		5,470		3,762

資料來源：ICCA (2019).

表1-3　ICCA認列亞洲會議國家排名（2010/2018）

2018排名	國別	2018舉辦場次	2010排名	2010舉辦場次
1	日本	492	1	305
2	中國	449	2	282
3	南韓	273	4	186
4	澳洲	265	3	239
5	泰國	193	9	88
6	台灣	173	5	138
7	印度	158	8	100
8	新加坡	145	6	136
9	馬來西亞	134	7	119
10	香港	129	10	82
總計		2,411		1,675

資料來源：ICCA (2019).

　　以經濟的角度分析，Arnold（2002）的研究指出，會展產業可創造1比9 以上之經濟乘數效果。亦即，若會展本身帶來1元的收益的話，其所帶動的相關行業可以賺得9元的收益（如住宿、餐飲、購物中心、交通、

觀光等）。根據柏雲昌（2006）的分析指出，台灣會展產業的總產業關聯（Input-output）效果為178.35％；而產業衍生之效益，根據UFI的統計，年產值約1兆1,600億美元（其中會議產值4,000億美元、展覽產值7,600億美元），以香港旅遊局發布的資料為例，2010年訪港之會展商務人士之消費金額較一般旅客高26％，平均每人消費近8,500港元，並由此推估，2011年之會展商務旅客將為香港帶來116億元港幣之收益。由此可知，國際會議展覽產業對於當地的產值與經濟活動，可產生相當的影響力。

一、美國

ICCA與UIA對全球舉辦國際會議展覽的排名統計中，國家排序的第一名皆為美國。《會議與展覽雜誌》（*Meetings & Conventions*）調查美國的會展產業經濟效益，結果顯示1998年美國會議展覽產業約產生了418億美元的消費額，1999年則是402億美元。美國社團經理人協會（The American Society of Association Executive, ASAE）的調查結果則顯示，近年來美國舉辦的會議展覽花費中，平均約超過560億美元。ASAE的報告比*Meetings & Conventions*雜誌的調查多出了100多億美元，顯示從1999年以後會議展覽產業在美國仍持續成長發展中，在2015年全年的成長率高達5.1％，且2019年第三季較前一年同一季成長10.6％，可見美國會展產業蓬勃發展的現象；其中，就會議舉辦場次而言，從2009年起，十年內穩定成長趨勢顯著（詳如**圖1-3**）。Crystal（1993）則指出，美國的飯店業在1991年時，約有34.7％的收入（約756億美元）是來自於專業貿易型的會議市場。Shure（1995）的研究也發現，會議展覽相關市場的產值可高達561億美元。飯店業者從展覽會（expositions）和大型會議（convention）中可以得到166億美元的收入，而從一般會議（meeting）中約可產生63億美元的營業額，且被預估在2023年將達到166億美元（Statista, 2019）。因此不論是從主辦單位的角度或是由協辦單位的立場，都可以在會議展覽產業中，得到相當高的收入。

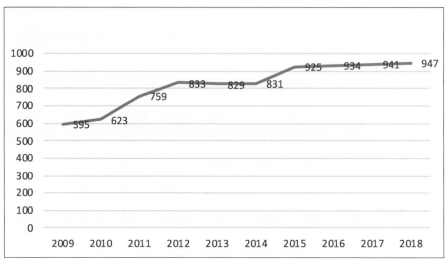

圖1-3　2009-2018年美國國際會議舉辦場次

資料來源：ICCA (2019).

二、德國

德國會展產業的發展，可以追溯到13世紀，是由人們聚集在一起進行貿易活動的單一市集發展起來的。1895年春，在萊比錫舉辦了第一次樣品博覽會，展出可以訂購的樣品取代單純的出售商品，從而正式拉開了世界博覽會的帷幕。發展至今，已經形成規模巨大、包羅萬象的各種博覽會及展覽會，每年都吸引成千上萬來自世界各地的參觀者。其中，漢諾威博覽會以451,260平方公尺的展覽場地以及每年規模巨大的辦公設施、資訊與通訊技術博覽會CeBIT穩居世界博覽會之首。會展形式的多樣化，會展企業的專業化，使德國的會展產業以不同於其他產業的特點，有效促進德國經濟的發展。

會展產業是德國服務性經濟的關鍵產業之一。德國也是世界上排名第一的博覽會強國，其博覽會年營業額為23億歐元左右。目前，德國共擁有室內展出面積240萬平方公尺，約占世界展覽場地總面積的20%。

世界上最大的10個展覽場地中，有5個位於德國，其中漢諾威展覽中心（Hannover Messegelände）占地392,453平方公尺，在2018年排名為全球第三大的展覽場地。國際上每年共舉辦約150個大型、著名的國際博覽會，其中130個左右是在德國。來自全球的進貨商、銷售商匯聚在此，參觀人數超過1,000萬人次。所有的參加者都利用這種大型的博覽會開發產品市場，尋求合作夥伴，同時瞭解國際競爭對手，進而檢討自己的經營策略。博覽會為準備進入國際市場的公司在決定投資與否之前，研究其產品市場和產品潛力提供了良好的評估機會。世界輿論普遍認為德國的眾多主題廣泛的博覽會是介紹新產品或新技術最有效的媒介物之一。每年的意見調查都顯示，德國的市場決策者評價博覽會是他們做購買決定的最重要工具之一。整理重點如下：

(一)巨大的經濟效益

在方便參展企業的同時，德國也從舉辦博覽會當中獲得巨大的經濟效益。每年，德國博覽會承辦公司營業額可達25億歐元，參展商和參觀者為德國博覽會支出85億多歐元，同時，有近10萬人全部或主要從事與博覽會有關的工作，綜合經濟效益達205億歐元。

(二)高度專業化

德國會展產業的專業化，以及相伴隨的多樣性，是其相當突出的特點。德國最重要的會展城市為漢諾威市、法蘭克福市、慕尼黑市、科隆市、萊比錫市、柏林市、杜塞爾多夫市、埃森市、弗里德里希港、漢堡市、紐倫堡和斯圖加特市等。在這些大中型城市，通常都為會展產業開闢出一個特定的地區，構建專門的展廳。會展的主要形式已經不是綜合性的博覽，而是帶有濃厚的專業性質。

(三)網路化的發展

隨著數位時代的到來，網路的飛速發展也同樣影響著德國的會展產業。德國博覽會經濟協會目前已經建立了完整的網路體系，在網站上可查

詢關於德國和國外博覽會的所有重要數據。德國會展組織者透過網路收集有關博覽會的資訊,建立了大量的客戶業務關係。自1998年以來,德國博覽會就已經開始透過網路銷售入場券、目錄和產品資訊資料。同時他們也在努力,希望透過提供行業資訊、市場推銷服務、論壇和與展覽業務有關的平台進一步擴大服務範圍。

(四)全球化與國際化

會展產業的國際化,一方面是在德國博覽會上外國參展者比重的不斷增加。比如除了世界十大會議展覽公司,有五個就設立在德國。依據德國商展協會(AUMA)的調查指出在國際貿易的市場中,有三分之二的全球性主導商品之貿易展覽於德國舉行。ICCA指出德國在2009年所舉辦的國際會議共有458場,到了2013年,已提升到722場,之後就維持在600場以上的水準(詳如圖1-4),僅次於美國,排名全球第二。德國最大的會議城市依序為柏林、慕尼黑與漢堡,這三個城市在2018年分別舉辦了162、67與36場會議活動。此外,AUMA表示,在德國每年有超過5,000場

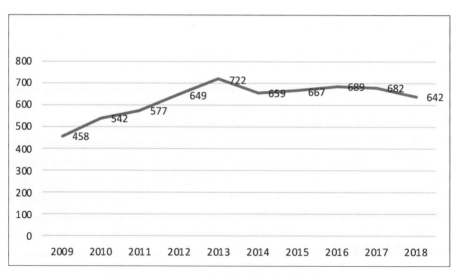

圖1-4　2009-2018年德國國際會議舉辦場次

資料來源:ICCA (2019).

次的B2B型態會議與年會，吸引了約40萬人參加。德國會議展覽的參展者與參觀者，每年平均約花費100歐元，在總體經濟產值上約可產生230億歐元，另外也提供了25萬個工作機會。由此可知，在德國的服務業裡，會展產業扮演了主導的地位。

另外，在參與國際性展覽會議的人數方面，根據AUMA統計，2004年約有150場的國際展覽，總計有16萬至17萬名參展者共襄盛舉，且也吸引了900萬到1,000萬的參觀者。以慕尼黑為例，平均每年有20場的國際活動，參展者來自90個國家；2018年德國的參展者，有11.82萬來自國外。以2009年漢諾威工業展為例，在全球面臨經濟困境時，仍有約21萬位參觀者造訪漢諾威工業展，其中25%來自國外，且70%的國外參觀者來自歐洲以外的國家，同時約有90%來自亞洲，7%以上來自美洲。除了主辦國德國外，國外參觀買家數排名依序來自荷蘭、奧地利、比利時、印度、丹麥和義大利。2018年德國的參展者，有11.82萬位來自國外；而參與會議的人數，更在2018年來到3,710萬人次。在多數公司縮減旅行預算的情況下，來自國外的參觀人數明顯高於預期顯示，德國所舉辦的會展活動，並不直接受到經濟的衝擊。

從1950年代起，德國就在一些具有發展潛力的國家不定期地舉辦展覽，發展至今，已擁有周密的代辦網路，每年在國外舉辦近160個博覽會。德國各博覽會舉辦公司的年營業總額中就有20%為國外經營所得。德國的博覽會舉辦公司不僅到外國舉辦博覽會，它們也直接參與外國博覽會公司的工作。各展覽公司也在國外設有代辦處，一方面為當地企業參展提供一系列資訊諮詢服務專案，另一方面則將會展產業觸角延伸到這些新興市場。

(五)建全的展覽業組織

德國商展協會〔Association of the German Fair, AUMA〕是德國展覽業的權威組織，其並非展務的組織或執行機構，而是一個服務和協調機構，其主要任務為：(1)確保德國展覽市場透明化，協調所有在德國舉辦

的展覽及德國在國外組織的展覽活動，平衡參展商、參觀者和展覽會組織者在各方面的利益，避免無效的交叉重複辦展；(2)對內代表展覽產業整體利益，和聯邦政府或州政府的行政和立法部門進行疏通工作，對外代表德國展覽產業，宣傳德國展覽市場，吸引外國企業來德參展及來德舉辦展覽會；(3)AUMA是政府和展覽業之間溝通的橋樑，除了委託研究者前往世界各地考察，給予政府贊助企業出國參展良好的建議外，並協調和確定每年的官方出國參展計畫，特別是爭取增加出展預算、改進扶持的範疇及實施方式、提高扶持計畫和資金使用效率等；(4)出版和發布展覽指南，提供與展覽有關的諮詢服務和培訓等；(5)對會展產業進行調查和評估；(6)建立資料庫，包含全球5,500多個展會的資訊，且不斷更新、研究、評估和維護。

(六)政府政策的支持

另外，政府政策的支持也是德國會展產業發展如此成功的原因。除了投資展場設施外，政府也贊助國內企業到國外參展，對國外參展工作加以指導並給予適當補貼，通常以聯合展台的形式幫助德國企業進入海外市場。在國內則推出一系列鼓勵措施和優惠方案，吸引德國企業進入海外市場，並且幫助沒有能力獨自參展或剛開始創業的企業，藉助展覽會的行銷手段來拓展業務和市場。值得注意的是，德國聯邦政府並無以專法規範辦展事宜，不過對外國進入的展覽公司進入本國的展覽市場是有所限制的。

雖然德國目前仍是歐洲地區的會議展覽重鎮，也是全球會議展覽產業發展最成熟的國家，然而面對近年來的全球的挑戰，德國也正針對此進行一些因應措施，以締造更具價值性的經濟效應。

三、西班牙

在ICCA調查2018國際會議舉辦的排名中，西班牙於國家排序中位居第三名。馬德里與巴塞隆納市在2018年舉辦的國際會議場次分別為165次

與163次，名列世界第三與第四大會議城市；西班牙發展漸趨成熟的會議展覽產業，也影響到排行第一的美國，使得美國的市場間接性的受到威脅。

　　過去十年來，西班牙舉辦國際會議之場次，大致上呈現穩定成長的趨勢（詳如圖1-5）。以世界通訊大會（Mobile World Congress, MWC）為例，2006年開始在巴塞隆納舉辦（3GSM，為MWC的前身），以後每年都為巴塞隆納帶來可觀的收益；2014年起，MWC更與4YFN（4 Years From Now）新創大會合併舉辦，以2017年為例：來自160個國家的與會者近1.9萬人，同時有2,200個參展者，一個星期的會期為巴塞隆納帶來4億6,500萬歐元的收入。目前，MWC已跟巴塞隆納續約到2023年，身為連年的主會場，MWC已成為巴塞隆納重要的年度盛事之一。

　　根據世界觀光組織（UNWTO）的統計，西班牙在2017~2018年蟬連世界第二的觀光勝地，僅次於法國，超越了美國、英國、義大利與中國等地區。2018年西班牙共舉行了595場的大型國際會議，單就巴塞隆

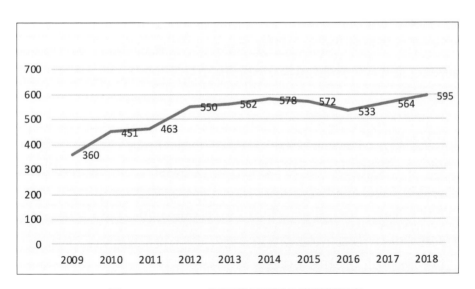

圖1-5　2009-2018年西班牙國際會議舉辦場次

資料來源：ICCA (2019).

納，2018年舉辦的代表大會（Congresses）有400場、較小型的會議與課程（Conferences and courses）約有80場（Statista, 2019）。會議展覽帶給地區豐富的經濟效益，可能是因為與會者平均停留在會場當地的天數延長，或消費上漲；一般的會期天數平均而言是3天，占所有會期類型的40.5%；然而與會者平均停留在巴塞隆納的天數大約是4天，因此增加了觀光消費的金額，也提供當地豐碩的收入。

四、法國

法國的工業、農業和服務業發展均衡，居世界前列，加上地處歐洲中心，交通便捷，氣候溫和，風景秀麗，具有一流的展館、服務系統以及國際交流傳統，這些得天獨厚的條件使其成為全世界展覽業最為發達的國家之一。根據ICCA的統計報告顯示，2018年法國在全球舉辦國際會議的國家排名中位居第四名，過去十年來，法國在國際會議的成長如**圖1-6**，顯示自2013年後，成長逐漸趨緩；但就展覽而言，法國展覽之起源最早可追溯至中古世紀，在香檳亞丁區（Champagne）以市場聚集的方式展示並販售產品。而目前巴黎市則是法國舉辦展覽活動最多的地區，約占全法國的70%，而其自由浪漫的氣氛及藝術價值更是吸引全球各地之會議到巴黎舉辦。

再者，會議展覽對於法國地區所帶來的經濟效益，與其他地區皆有相似的影響力。Lawson（2000）以法國的里昂（Lyons）會議中心為例，在1997年共舉辦了281場活動，與會者總計274,000人，其中會議與展覽的部分為整年的營業額帶來了30%的收入；巴黎的展覽產業中，約提供了4萬個工作機會，其所創造的全年收入約為150億法郎。法國在國際會議展覽的產業中，不僅提供了法國會議展覽公司與周邊相關產業巨大的收益，也為當地的城市帶來許多工作機會。

巴黎地區十大展館及會議中心之統計資料，巴黎地區的會議展覽每年帶動約32億歐元之消費。巴黎地區有兩大會展推動相關組織，分別為

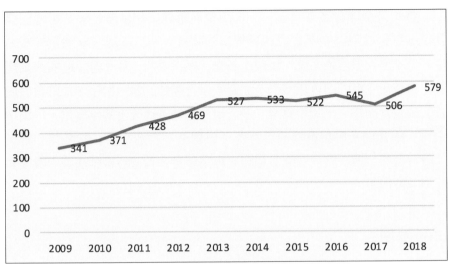

圖1-6　2009-2018年法國國際會議舉辦場次

資料來源：ICCA (2019).

法國商展、展覽會及會議中心協會（Foires, Salons & Congrès de France, FSCF）與法國巴黎工商協進會（Chambre de Commerce et d'Industrie de Paris, CCIP）。法國商展、展覽會及會議中心協會（FSCF）成立於1925年，屬於私人非營利性組織，擁有高度的自主權並有效率地提供會議與展覽組織所需求的服務，目前法國有近90%的展覽（Salon）都是由FSCF提供服務。此外，法國巴黎工商協進會（CCIP）是一個擁有巴黎大都會區內外約300萬個工商企業會員的組織，扮演政府與企業間溝通橋樑的角色，協調政府與企業間的政策爭議。

巴黎地區雖然深具文化傳統而以藝術之都聞名於世，但人口聚集形成的運輸及交通問題亟待解決，光是鐵路運輸系統的更新建造，預計就得耗費長達15年進行設計、評估、公聽會及營運測試。軟硬體建設的現代化也都必須迎頭趕上，才能夠同步解決國家級、區域級和都會級運輸電信服務需求。目前政府對於觀光展覽產業策略著重在鐵公路交通運輸及電信網路修建，以及整合觀光資源、擴大會展服務平台等方面。

　　歐洲是全球會展業的重心，各國會展業競爭相當激烈，其中德國以便捷的交通、悠久的歷史成為展覽第一強國；西班牙巴塞隆納挾其知名度，並結合大眾運輸系統、旅館、餐廳、娛樂場所、租車等不同服務業規劃，榮登最受歡迎的會議城市。面對眾多且強勁的競爭對手，法國會展產業的確受到衝擊，法國展覽業一度呈走低趨勢，為吸引國際買主，巴黎市政府、觀光局及巴黎會場聯手打造「巴黎——創造之都」的名號，結集「流行趨勢」與「室內裝飾」相關之專業展覽，希望能帶動法國展覽業興起另一波成長。

五、英國

　　英國在ICCA認列的全球會議國家排名中，位居第五，與大多數歐洲國家一樣，在會議展覽發展已臻成熟，成長率便不再顯著；以2009年至2018年英國舉辦之國際會議場次來看，反映了多數歐洲國家在會展產業發展的趨勢現況（詳如**圖1-7**）。即使如此，英國因會展產業所帶動的經濟效益依然亮眼：根據UFI（2019）的統計，英國會展產業在2018年創造了114,000個直接與衍生就業機會，並產生148億美金的產值，對英國的國內生產毛額貢獻72億美金，可見雖然近年成長率已漸趨緩，但會展產業對英國的經濟影響依然十分顯著。

　　英國會議產業的蓬勃能量，來自於其大量的商業活動：根據統計，2018年英國的商業活動為148萬次，較2017年的129萬次顯著成長；而商業活動參與者的消費在2018年高達183億英鎊，為英國帶來龐大的經濟效益。由會議主題來看，在會議產業協會（Meetings Industry Association, MIA）的調查報告中指出，會議類型多以管理的議題為主，占了28%，其次是以銷售為主題，占了17%。而會期的天數大多以1-2天為主。雖然比起一般觀光者，商務觀光者在當地停留的時間較短暫，但是，他們每天所花費的價錢則超過一般的旅客。根據英國觀光局（British Tourist Authority, BTA）統計，從1997年到2003年，有30%的觀光者是以商務為主的旅客，

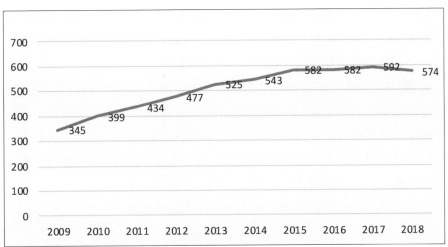

圖1-7　2009-2018年英國國際會議舉辦場次

資料來源：ICCA (2019).

他們的消費金額是一般觀光客的三倍之多。因此，英國認為，發展會議展覽產業，是修正觀光競爭的行銷策略的正確方向，也是發展商務會展活動的重要利基之一。

六、奧地利

奧地利在ICCA於2019年的統計中，以舉辦國際會議計算，名列全球第十六名；其中，維也納為奧地利之會展大城，已連續多年蟬聯ICCA公告之會議城市第二名，在2018年舉辦之國際會議場次為172次，僅次於巴黎，並領先巴塞隆納、馬德里與柏林等會議大城。

Lawson（2000）指出維也納在1997年所舉辦的國際會議對GDP貢獻了約1億7,300萬美元，且提供了4,300個全職的工作機會。然而在2001年911恐怖攻擊後，維也納的經濟也深受影響，相較於2000年，參與會議者過夜的比例下滑了0.4%，但在國際會議中，與會者的參與天數使得GDP增加了10%（約436歐元），而與會者的過夜天數，也使GDP增加了11%

（約389歐元），更令人訝異的是，2002年，維也納從會議產業中得到的稅收約為769萬歐元，比2001年上升了34%。雖然整體經濟有些微的下滑，但是在國際會議方面，卻提供了不少的產值。

　　圖1-8顯示奧地利近10年來的國際會議舉辦場次，可發現近年來的成長已經趨緩；在ICCA近年來的排名中，以維也納的城市排名較為出色，根據2017年的統計（Statista, 2018），歐洲的會議城市，以與會人數計，以巴塞隆納的15萬人居冠，維也納和巴黎、馬德里並列居次，與會人數皆超過11萬人。在舉辦的主題中，以經濟政治相關的會議為最多，所占比例為26.96%，其次為人體醫學的議題，其比例為20.82%。

七、新加坡

　　由於新加坡很早就開始從事國際貿易，再加上地理位置的優勢，以及瞭解鄰近地區對產品的需求，新加坡會展產業自1970年代就開始發展，也吸引許多國際會展業者進駐，如勵展集團（Reed Exhibition）。而1970

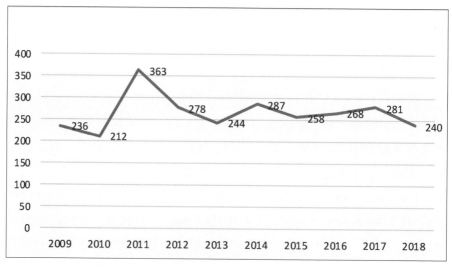

圖1-8　2009-2018年奧地利國際會議舉辦場次

資料來源：ICCA (2019).

年代也是星國政府開始重視會展產業發展的年代，主要是因為1973年至1974年的世界石油危機促使星國政府重新思考產業發展政策，最後決定發展會展產業以帶動觀光服務業的整體發展。因此，1974年新加坡旅遊促進局（Singapore Tourist Promotion Board）成立了新加坡會議署（Singapore Convention Bureau），正式開始發展新加坡會展產業，成為亞洲地區最早發展會展產業的國家。迄今新加坡會展產業已經發展30餘年，約有20多家具有辦理國際會展能力的專業會展公司，也成為亞太地區是最受矚目也最有影響力的國家。

根據ICCA的統計資料指出，新加坡在會展城市排名，連年位居亞太地區第一名，僅次於會展產業發展較早的歐洲城市如維也納、巴黎、馬德里、柏林、巴塞隆納與倫敦（詳如**表1-4**）。

表1-4　2009-2018年全球國際會議城市排名

	2009	2010	2011	2012	2013	2014	2015	2016	2017	2018
1	維也納	維也納	維也納	維也納	巴黎	巴黎	柏林	巴黎	巴塞隆納	巴黎
2	巴塞隆納	巴塞隆納	巴黎	巴黎	馬德里	維也納	巴黎	維也納	巴黎	維也納
3	巴黎	巴黎	巴塞隆納	柏林	維也納	馬德里	巴塞隆納	巴塞隆納	維也納	馬德里
4	柏林	柏林	柏林	馬德里	巴塞隆納	柏林	維也納	柏林	柏林	巴塞隆納
5	新加坡	新加坡	新加坡	巴塞隆納	柏林	巴塞隆納	倫敦	倫敦	倫敦	柏林
6	哥本哈根	馬德里	馬德里	倫敦	新加坡	倫敦	馬德里	新加坡	新加坡	里斯本
7	斯德哥爾摩	伊斯坦堡	倫敦	新加坡	倫敦	新加坡	新加坡	阿姆斯特丹	馬德里	倫敦
8	阿姆斯特丹	里斯本	阿姆斯特丹	哥本哈根	伊斯坦堡	阿姆斯特丹	伊斯坦堡	馬德里	布拉格	新加坡
9	里斯本	阿姆斯特丹	伊斯坦堡	伊斯坦堡	里斯本	伊斯坦堡	里斯本	里斯本	里斯本	布拉格
10	北京	雪梨	北京	阿姆斯特丹	首爾	布拉格	哥本哈根	首爾	首爾	曼谷

註：2016年馬德里與阿姆斯特丹並列第7；2015年倫敦與馬德里並列第5；2013年里斯本與首爾並列第9；2009年阿姆斯特丹與里斯本並列第8。

資料來源：ICCA (2009-2018).

國際會議規劃與管理

　　根據新加坡旅遊局（Singapore Tourism Board, STB）的統計資料顯示，新加坡於2018年的入境旅客達到1,850萬人次，創造了271億新幣，相較2017年，旅客增長了110萬人次，增幅達6.2%，旅遊收益則增加約3億新幣，漲幅約1%，其中，觀光、娛樂、賽事等部分的旅遊收益漲幅顯著；龐大的旅遊市場與會展產業相輔相成，奠定新加坡成為會展觀光大城。

　　此外，根據STB統計，新加坡一年約舉辦40個國際展，每年約吸引14,500個國外參展者及超過10萬名參觀者，為該國帶來的經濟效益占國內生產總值的0.71%，間接創造了15,000多個就業機會。並且，國外的會議參與者平均每人花費1,417星元，參加展覽者平均每人花費1,759星元，而展覽的參觀者平均每人花費為1,557星元。在人員停留於當地的時間顯示，國外的會議參與者平均每人停留5.19天，參加展覽者則是平均每人停留4.6天，而參觀者平均每人停留3.7天。此外，新加坡具有高效率和現代化的會展設施包括新加坡博覽中心（Singapore Expo）、聖淘沙名勝世界（Resorts World Sentosa）、新達城國際會議展覽中心（Suntec Singapore International Convention and Exhibition Center）、新達城新加坡國際會議展覽中心（Suntec Singapore International Convention and Exhibition Center）、樟宜會展中心（Changi Exhibition Centre）與金沙博覽會議中心（Sands Expo and Convention Centre），能承辦各種規模的會展活動並提供相關服務。

　　新加坡在ICCA於2019年的統計中，以舉辦國際會議計算，名列全球國家排名第三十一名、城市排名第八名，2009年至2018年舉辦會議場次統計如圖1-9所示。根據國際展覽暨活動協會（International Association of Exhibitions and Events, IAEE）及美國會展產業研究中心（Center for Exhibition Industry Research, CEIR）針對2017年亞洲會展產業進行業者調查研究顯示，美國會展業者計畫於亞洲主辦展覽的意願已達4成，前十大目標市場為中國、新加坡、日本、印度、香港、馬來西亞、南韓、泰國、台灣及印尼等；辦理類型仍以B2B展覽為最多，2017年辦理B2B展的比率超過60%，可見亞洲會展產業成長動能仍持續穩健增強，並仍以專業展為

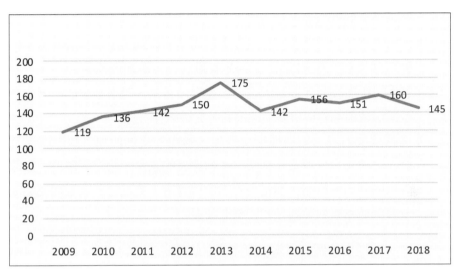

圖1-9　2009-2018年新加坡國際會議舉辦場次

資料來源：ICCA (2019).

大宗，而其中，新加坡為亞洲除了中國之外，最佳的舉辦國家。

　　新加坡對會展產業的發展十分重視，但政府並沒有介入會展產業的發展（雖然勵展集團屬於國營，但卻以民營模式在營運，並儘量避免與民間業者競爭），而是尊重市場機制運作，著力於大方向的制訂、基礎設施的加強以及充分支援業者的需求，譬如博覽中心的擴建就是支援業者的需要。

　　新加坡會展產業成功的關鍵因素在於：

1. 契合市場的需求：東南亞地區各國隨著經濟的發展，需要引進許多產品與設備。新加坡能夠掌握此地區的市場需求，規劃契合市場需求的會展，使參展者與觀展者都能滿足其需要，並促使交易達成，建立以東南亞地區市場為定位的交易平台。
2. 國際行銷能力強：新加坡會展專業能力強，並與國際網絡緊密連結，積極進行國際性宣傳規劃的國際會展往往能夠吸引國際買家及

參展者共同匯聚於展覽會場。

3. 政府高度重視：政府十分重視會展產業的發展，認為會展產業是帶動新加坡觀光服務業的重要火車頭之一。新加坡旅遊局表示，有25%的新加坡觀光客是因為會展產業所帶動、吸引進來的。因此在政策形成前都會與會展產業協商，支持業者的需求。

4. 優越環境因素：如地理環境優越、國內外交通便利；國際關係良好、社會安全、無文化衝突；多種語言的國家，語言障礙低；各種等級的酒店與旅館，滿足各界的消費需求；會議與展覽場地充足；及會展活動與地區觀光的完整配套等。

近年來，亞洲地區的會議展覽產業開始興盛蓬勃的發展，新加坡自然成為亞洲各國競爭的目標對象，面對國際的競爭，新加坡旅遊局表示協助會展產業的發展不是純粹給予補助或獎勵，最重要的是提升其競爭力與服務品質，譬如推行人民服務的理念，以提升全體人民的服務品質，另外亦規劃在專科學院中開辦會展服務相關課程。而新加坡會展業者的策略是強化專業能力、提升會展帶給參展商與觀展商的價值（包括瞭解與掌握參與者的需求、促進其交易達成的便利性，如展覽前的電子商務促進，使其在會場上就能面對面直接洽商與訂約等等）。

八、香港

根據2019年ICCA的統計，香港在2018年所舉辦的國際會議以城市排名中，位居全球第十二名。香港展覽會議業協會調查數據顯示，2016年會展產業為香港帶來529億港元的消費，相當於香港GDP的2.1%。可見會展產業為香港帶來相當可觀的經濟效益；此外，2016年海外參展廠商的平均消費，較一般旅客的消費高出75%；同時，會展產業亦為香港創造77,000個全職工作機會，且2017年參展廠商數和訪客人數這兩項主要指標，相較於2016年，分別有5.2%和11.8%的增長。表示在競爭激烈的全球會展環境

中，香港依然具有「亞洲商貿會展之都」的地位。

相較於一般旅客，會展商務旅客屬高消費客群，根據2016年的調查數據顯示，海外參展廠商和會展訪客的平均消費，較一般旅客分別高出75%及66%，其主要消費爲零售、酒店及餐飲，占會展訪客個人支出的86.2%。而高消費的會展商務旅客，在2014年創造了21億港元的稅收，2016年略降爲19億港元，但仍具有相當高的經濟貢獻（詳見**表1-5**）。以2016年爲例，529億港元的消費支出中，直接開支達265億港元：其中，會展訪客個人消費爲153億港元，占2016年直接消費支出的58%，其中高達86.2%的直接消費支出用於零售、國際運輸、酒店和餐飲業。另外112億港元，則爲與商務有關（展覽主辦單位及參展廠商）的支出。

表1-5　香港會展產業之經濟成果

範疇	2016年收益	2014年收益	成長率
消費支出	529億港元	529億港元	-
政府稅收	19億港元	21億港元	-6.1%
就業機會	相等於77,000個全職就業機會	相等於83,500個全職就業機會	-7.8%

資料來源：香港展覽會議業協會（2017）。

在就業機會方面，2016年會展產業提供了77,000個全職就業機會，其中直接由會展主辦單位及會議展覽場館僱用者占4.3%，爲3,300個工作職位；其餘的95.7%，即73,700個工作職位多來自於相關的支援產業，其中58%來自零售、酒店與餐飲業；42%來自於國際運輸、攤位搭建、廣告等產業。

香港展覽會議業協會另外針對海外會展商務人士與一般過夜旅客進行平均消費調查，發現會展商務人士的消費顯著高於一般旅客：其中，海外會展訪客的平均消費，較一般旅客高出66%；而海外參展廠商的平均消費，較一般旅客高出75%（詳如**表1-6**）。可見會展產業相較於一般觀光產業，具有較高的經濟效益。

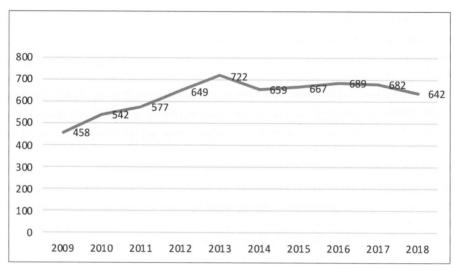

圖1-10　2009-2018年香港國際會議舉辦場次

資料來源：ICCA (2019).

表1-6　香港海外旅客平均消費統計

	2016年	2014年	變動（%）
海外會展訪客平均消費	10,942港元	12,776港元	-14.3
海外參展廠商平均消費	11,523港元	12,829港元	-10.1
一般過夜旅客平均消費	6,599港元	7,960港元	-17.1

　　雖然香港積極投資發展會議展覽產業，但目前仍有一些問題有待克服。香港旅業網分析，香港面臨會議展覽產業的瓶頸，首當其衝的爲空間的可利用性，其次爲飯店的住房率，以及因商業和活動所造成的複雜性，對舉辦會議所造成的威脅。另外，在亞太地區，香港主要的競爭對手是新加坡，面對會議展覽產業發展成熟的新加坡，香港也應擴展更多的空間與強化異業結合的策略。

九、近年全球國際會議發展趨勢與議題

會議市場目前仍以歐美國家爲主。但根據ICCA於2020年發表的統計資料顯示，1963至2019年間，歐美的國際會議市場有四分之一轉移到其他地區，而亞洲在這段期間，增長了16%，使亞洲成爲全球國際會議市場成長最快的地區（ICCA, 2020）。事實上，Mistilis與Dwyer（1999）即提出，全球成長最快的地區應爲亞洲。從1999年至今，會議產業的發展明顯走向科技化的趨勢，如線上資料管理系統，用以整理與會人的名錄與資料，以及線上註冊（on-line registration）、線上論文繳交及評審……等；除此之外，運用視訊會議（Video conference），國際會議逐漸以虛實整合的混合模式呈現。2020年的新冠疫情（Covid-19），爲會展產業帶來重大衝擊。因爲防疫而延後或取消辦理會展活動，以美國而言，估計帶來的損失高達140億至220億美元（CEIR, 2020）[1]。雖然屬於短暫事件，但藉由此疫情，加速了原本穩定發展的會展科技之應用。

每一個城市的發展歷史和周邊區域的特色都不同，而會議與展覽的屬性也各有差異。因此會議產業與展覽產業的推動策略必然需要不同的設計。會議產業的發展與觀光旅遊以及城市特色緊密關聯；展覽產業與周邊相關產業關聯緊密，且其投入的基礎建設龐大。即令如城市國家的新加坡也有策略性發展的規劃；在未來十年的發展策略上朝向觀光、會議與娛樂休閒爲主；而展覽則相對放在次要的考量，這是值得台灣學習之處。利用先行經營會議產業的機會，將國內現有的本土中小型會展企業，培養成中、大型國際會展企業。再利用引進國際會展的效益轉投資各種硬體建設。以歐洲各國而言，展館的投資與周邊規劃都由政府主導並擁有，法蘭

---

[1] 根據CEIR統計，2020年6月，73%的會展活動因爲新冠疫情而取消（其中有53%在取消前，曾考慮過延期，但風險過高而最終依然決定取消），37%延期舉辦，只有17%照常舉行。取消的原因爲有74%是因爲封城的不確定性、69%擔心旅遊禁令影響會展人士的出席。

克福市則是以50年期的規劃逐步發展其展館群的規模；除此，交通、周邊住宿和其他服務業的發展也都有其長久的生態互動。台灣發展展覽產業的策略目標要設定在何種規模和角色，是政府應深入考慮的地方。

另一方面，展覽的特性已由新品發表轉為交易與交流，以全球最大規模的汽車展為例（IAA），其展覽並不是新品發表為主，而是製造商和供應商以及代理商的交流。簡言之，一個展覽所牽動的，乃是其交易的全球網絡集合體。因此，如果時空環境中存在著人為或是政治性的干擾，國際性大展將不太可能選擇在台灣舉辦。這是亟待政府解決的問題之一。

由於投資會展產業，政府規劃的角色都是責無旁貸的，但如前文所述，這是需要時間與財力雙方面的配合，如單以政府財力有限的前提下，考慮用BOT或BOO方式，劃定一特定的都市更新區域，吸引外資集團的投入，連帶其會展經營模式及綜合性娛樂企業經營模式，一併到位改變台灣現有的會展產業生態也是一種可行的作法，值得考慮。

第四節　台灣國際會議發展現況

會議展覽產業所帶動的經濟效益與衝擊，對於觀光業、交通運輸業、餐飲業與其他相關的產業，都會造成龐大的商機，帶來可觀的外匯收入，而且透過資訊的傳遞與交換，更可促進各項產業的交流。就台灣而言，可以重新思考如何定位會展觀光等相關服務業。相較於其他先進國家，我國會展產業的起步晚了許多。目前政府為提升我國會展產業之整體服務品質及國際競爭力，藉以強化經營實力、帶動周邊服務業發展，並促進國內商機及國外資金投入等附加價值，正致力於相關推動工作。在市場及腹地狹小的限制下，如何憑藉自己的特色與專業，在國際會展產業上擁有自己的定位，是目前必須努力的方向。因此必須參考上述國外會展發展之經驗，尋求帶動台灣會展產業發展的關鍵及方向。

事實上，我國會展實力近年來在亞洲表現亮眼，根據國際展覽聯盟

（UFI）統計顯示，2018年亞洲地區展覽收益成長4%，其中台灣展覽收益成長爲4.65%，優於亞洲平均成長率。隨著南港展覽館二館的啓用，貿協預估，今年我國展覽規模可增加5～10%。在展覽館方面，台北的南港展覽館二館於2019年勇奪「亞洲最佳場館獎」第一名，預計將帶動台灣展覽規模持續穩定成長。此外，我國會展產業屢創佳績，2019年台北國際工具機展覽會奪下「亞洲最佳專業展覽獎」冠軍；展盟公司主辦的「馬拉松運動博覽會」、揆衆公司主辦的「台北國際夏季旅展」分別奪得「最佳消費展覽獎」二、三名；MEET TAIWAN連獲「最佳會展局獎」及「Stevie Awards」銅獎；威立顧問公司主辦的「2018交通與運輸服務國際大會」獲得「最佳國際會議獎」第一名。外貿協會組長黃薇蓉勇奪亞洲優秀會展青年殊榮，序邦設計公司摘下最佳服務獎項設計裝潢類第二名，奕達運通公司榮獲最佳服務獎項貨物承攬業冠軍。

單就國際會議的表現而言，我國經濟部國際貿易局委託經濟部推動會議展覽專案辦公室之調查研究及參考國際組織之報告，將國際會議分爲協會型會議（association）[2]、企業型會議（corporate）[3]、政府型會議（government）[4]及其他國際會議[5]。其中企業型會議爲國際會議的大宗，常伴隨獎勵旅遊合併舉辦，所創造的產值及周邊經濟效益也最高，近年來的國際會議及其內涵的企業會議舉辦場次逐年成長（詳如**表1-7**），2019

---

[2] 國際協會組織每年定期舉辦的會議屬協會型會議，主辦者由各地區參與的會員國或城市輪流擔任，也就是各地區的會員組織負責籌辦該協會當年度會議。

[3] 企業爲經營管理目的所舉辦的會議稱爲企業型會議，包括股東會議、產品發表會議、管理會議、訓練會議等。此外，部分企業型會議（例如經銷商會議、金融保險會議）亦具有獎勵性質，常有會議加上獎勵旅遊的情形，甚至直接在旅遊行程中穿插各相關會議。

[4] 由各國政府所組成的國際組織（例如UN、APEC、WTO）舉辦之會議，稱爲政府型會議。根據外交部民國97年外交統計年報，我國參加政府間國際組織共有48個，在96年於國內外共參加242場政府型會議，其中在我國舉辦只有23場，由此可知政府型會議市場還有成長的空間。

[5] 無法歸類於前述分類的會議，包括宗教會議，以及非定期舉辦的會議（例如學校主辦的國際論壇，或者醫院舉辦的國際研討會），此類會議無定期輪流舉辦，故歸屬於其他國際會議。

表1-7　我國會展產值、會議場次與經濟效益

項目	2014	2015	2016	2017	2018	2019
產值（新台幣億元）	368	391	426	440	462	482
來台參加會展之外籍人數	188,883	202,000	243,000	265,000	286,474	314,446
外籍人士參與會展之經濟效益（新台幣億元）	209.3	217	226	246	255.1	356.6
國際會議場次	210	215	217	248	277	291
企業會議暨獎旅場次	118	125	126	120	127	132
參與企業會議之外籍人數	24,500	35,800	34,200	20,700	31,260	33,561

資料來源：https://www.meettaiwan.com/zh_TW/menu/M0000819/臺灣會展環
　　　　境.html?function=M0000819

年我國在全台共舉辦291場國際會議，較2018年成長5%；2018年全台舉辦
277場國際會議，其中被國際會議協會（ICCA）認列的國際會議場次有
173場（ICCA認列我國國際會議舉辦場次詳如**圖1-11**），在亞洲國家排名
第六名；ICCA的國際會議亞太地區的排名中，全國的國家排名與台北市
的城市排名，近年來都維持在前十名之內（詳如**表1-8**）。2019年台灣更

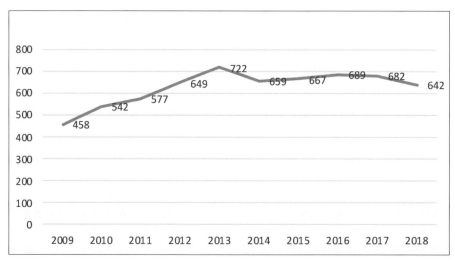

圖1-11　2009-2018年我國國際會議舉辦場次

資料來源：ICCA (2019).

表1-8 我國會議舉辦場次與國際排名

	2012	2013	2014	2015	2016	2017	2018
我國國際會議舉辦場次	117	122	145	124	141	141	173
全球國家排名	33	33	28	33	32	33	23
亞太國家排名	8	8	5	8	8	8	6
台北市國際會議舉辦場次	80	78	92	90	83	76	100
全球城市排名	26	28	20	22	24	26	20
亞太城市排名	7	8	5	6	7	7	6

資料來源：ICCA (2019).

進一步名列亞洲第四，創近年來新高，且全台多達13個城市被評為符合舉辦ICCA標準國際會議的地點，其中，台北排名更創下歷年新高，較2018年提升一名，排名亞洲城市第五名。2019年台灣總計舉辦163場協會型國際會議，主要類別在醫學、科技、科學會議等三大領域，有許多國際重量級醫療會議，例如「2019國際醫療照護品質與安全論壇」、「2019亞洲生物技術大會（ACB）」等；此外，在其他領域也展露頭角，例如探討人權、民主領域頗具地位的「第4屆世界婦女庇護安置大會」、「國際人權聯盟（FIDH）大會」及全球規模最大的國際飛安會議「第72屆世界飛安高峰會（IASS）」。從會議多元性足見台灣在各領域、產業發展成果，備受國際肯定。

根據會展產業調查結果顯示，我國會議產業之產值在2017年為新台幣440.86億元，GDP占比為0.27%（**表1-9**）；在相關的會展十二行業中[6]，產值占比最高者依序為會展服務業別119.13億元，占總產值27%、會展物流業別74.99億元，占總產值17%及會展旅管業別51.75億元，占總產值

---

[6] 經濟部國際貿易局委託外貿協會執行之「推動台灣會展產業發展計畫——會展產業整體計畫（MEET TAIWAN）」所作之「會展產業調查與會展產業規模評估」報告中，將會展相關行業區分為十二項業別，分別為會展服務業別、會展場地業別、會展公關活動業別、會展物流業別、會展設計工程業別、會展翻譯業別、會展廣告業別、會展旅館業別、會展旅行業別、會展餐飲業別、會展交通業別以及會展其他可供消費業別。

表1-9　2017年會展產業之直接效果與總效果

項目		2017年
直接效果	產值（新台幣佰萬元）	44,086
	GDP占比	0.271%
	就業人數	30,183
總效果	產值（新台幣佰萬元）	95,692
	GDP占比	0.590%
	就業人數	47,789

資料來源：會展產業調查與會展產業規模評估（2018）。

11.7%；整體會展產業創造30,183個就業機會，人均產值為146萬元，其中，在會展核心業別之就業人口中，專業展覽組織（PEO）為1,521人，遠高於專業會議組織（PCO）的605人，另一核心業別為會展場地業，就業人口為2,713人。

　　就會展產業帶動之經濟效益而言，2017年之會展產值（直接效果）為440.86億元，占GDP 0.27%，會展活動就業人數為30,183萬人；而產業關聯效果將促使會展產業帶動整體經濟，即會展總效果：會展產業所帶動的整體經濟產值（總效果）為956.92億元，占GDP 0.59%，會展產業所帶動的整體就業人數為47,789人。顯見會展產業帶動周邊經濟的效益，達會展相關本業的2倍以上。

　　近年來，全球會展產業重心逐漸移至亞洲，成為新興重點市場。根據國際展覽聯盟（UFI）於2019年發表的第15版的《亞洲貿易展覽研究報告》，台灣的「總售出展覽空間」，於2018年達863,750平方公尺，辦理140個國際專業展，相較於前一年成長4.8%，於排名亞洲第六名，僅次於中國、日本、印度、韓國和香港。此外，根據亞洲會展協會聯盟（AFECA）的資料顯示，台灣的「展館可用總面積」於2019年達151,300平方公尺，在亞洲排名第八名，較2018年增加16.2%，成長顯著。

　　台灣地區對於會議展覽服務業至今尚未積極投入，其原因可能在於會議展覽產業市場規模之大小及相關觀光、文化、環境等軟硬體設施的落

後，及缺乏國際觀的社會等因素所導致。再者，台灣會議展覽產業目前沒有一個較具客觀且權威的專業政府單位或機構，即使業者努力投入此行業，未來也將會面臨跨部會管轄權多頭馬車的困境。因此，台灣應以歐美與亞太地區的會議展覽經驗出發，政府相關單位應給予更多的重視與協助，發展出適合台灣環境的會議展覽產業特色與文化。以下將分項說明從事台灣會展業務時所遭遇之困難與建議事項。

一、展場

目前國內主要展場除了台北世貿中心外，多數展場即使硬體設備佳但周邊交通動線與飯店旅館皆無法配合國際性展覽之需求。甚至連國內策展單位都不願在這些場地舉辦展覽，使場地業者經營不易。雖然南港二館的啟用可能改善此現象，但周邊交通的胃納量仍是一個亟待解決的問題。此外，國內展覽目前仍以內需型展覽為主，展覽場次多但規模小，且因周邊設施無法支撐使多數業者寧可花大錢於市中心辦展，荒廢郊區展館，城鄉差異大。

可能的作法為將國內展場分級，並依展覽規模層級搭配展場辦理，同時主管單位應輔導協助辦展，規劃周邊交通動線與其他產業發展，以先進國家的整體都市更新作法為發展目標，解決場地不良現象，及縮小城鄉差距，如此才不至於荒廢現有展場。此外，如考量政府財政問題，亦可考慮以BOT或BOO方式引進國外投資者，投資興建大型綜合展場，涵蓋都市更新部分，連同會展、娛樂、消費經營模式一併引進國內發展。

二、政府協助

任何產業發展不僅需要業者齊心相互配合外，更需要政府大力支持。我國雖訂出長期發展計畫，但政策仍不夠透明化，加上國內各部門整合不易，效率欠佳，使業者對於國內會展產業不敢抱太大希望。政府對國

內展覽管理缺乏前瞻性與國際觀，多以本位出發，與業者一同競爭市場資源，不但阻礙了會展業者之發展，並阻絕了外商投資之機會。多年來政府資源整合不易，對於複雜議題能推則推，效率不彰，會展產業為一產業連結型態，政府需瞭解推廣無形的產業與有形產品之差異性，再長期性地有計畫結合相關部門與優良業者一併進行，避免輔導方式失焦，浪費寶貴資源。

可能的作法為考慮將公營會展單位轉型為民營機構，並釋出適當股份由民間業者經營。經由業者間良性市場競爭提升國內展覽品質，並從中協助國際宣傳，建立優良國際形象。另外亦可建制一協調機構，由政府相關部門與會展業者一同參與，整合各部門資源，擬定市場相關法則，建立良好的市場機制，讓業者間相互合作，爭取最大利益。如此才能事半功倍，創造會展產業無限的可能。此外，更應透過常規性國內、外會展示場調查機制，蒐集必要商情與市場研究，提供業者參考以提升其國際競爭力。

三、人才管理

據會展業者指出，國內會展產業缺乏競爭力主要原因之一為會展專業人才缺乏。國內業者大都以多年從業經驗自行發展，人力結構易出現斷層，經營不易。一般而言，業者大都參與民間短期訓練課程或由公司內部自行訓練。由於專業人才對公司與產業發展十分重要，更有業者提出國內會展產業若欲打進國際市場，會展專業人才絕不可缺少的說法。環顧國內會展經營管理缺乏國際觀，會展專業人才缺乏，加上政府漠視一般教育系統之養成，此讓國內會展產業面臨發展瓶頸。

目前少數國家設有會展產業培訓課程，如英國、德國、香港、澳門與新加坡等。國內應可效法其政策，從基本面做起，由大專院校開始培育會展專業相關人才，循序漸進發展。此外，亦可提供國內、外人才進修獎助學金輔助辦法，提供業者自行運用，以加強私部門高級人才的培育。

四、會展規模層級

　　環顧國內展覽規模，目前大多為地區性的內需型展覽，業者甚至形容其為大賣場，國內展覽層級概況可想而知。除了少數國內產業較發達之展覽外，國外買主與參展者寥寥可數。近年來國內電子相關產業漸漸外移，會展業者也相繼移轉業務，加上各國陸續興建大型展覽場地，反觀國內展場硬體與周邊設備缺乏完整性，使國內會展產業發展低迷。

　　可能的作法為協助會展主辦單位加強國際宣傳，加入國際組織，配合觀光旅遊產業擬定完善的配套措施與獎勵辦法，發揮國內原有的地利優勢，爭取國際買主與國外參展者，唯有提升會展規模層級與國家形象，擴大展覽效益，國內會展產業才有興起機會。除了前述會展硬體規劃外，逐步建立台灣外語環境的軟實力也是重要策略的一環。

　　會議旅遊（或獎勵旅遊）一直被稱為旅遊產業皇冠上的明珠。近年來，伴隨著世界經濟中心東移，亞洲正在成為世界會議旅遊的熱門地區。根據ICCA的統計資料顯示，以僅700萬人口的瑞士為例，平均每年舉辦的國際會議超過2,000個，吸引外國遊客超過3,000萬人。而國際會議不同於國際展覽，除了其為對當地的經濟貢獻，是一種隱性的、強調一方的經濟來源的行為外，國際會議產生之無形經濟效益往往遠超過實質經濟效益的表現，此即為會議產業之魅力所在。

　　從ICCA發表的全球重要會議地區排名報告顯現台灣近年來於國際會議市場上表現亮眼。目前正值我國推動會議展覽服務業發展，國內會議市場規模逐漸提升，配合觀光旅遊產業發達，若政府重視培育會議經營管理、企劃與行銷等人才，將更加提升未來的發展潛力。

　　2020年，全球受到「嚴重特殊傳染性肺炎」（COVID-19）疫情影響，全球會展產業面臨前所未有的挑戰，可預見疫情過後的會展商務活動模式將會面臨重大改變。在此持續變動、且不確定的時期，我國除了運用防疫有成的聲譽，宣傳正面形象並儲備會展產業能量，經濟部國貿

局並於2020年6月核定「COVID-19（新冠肺炎）展覽及會議／活動防疫指南」（**附錄一**）提供主辦單位辦理會展相關活動時在事前、事中、事後的相關防疫建議措施；同時協助會議主辦單位導入數位科技的運用等創新作法，輔導PCO針對線上／視訊會議，提供專業的服務方案如：提供線上會議軟體／平台選擇、線上會議流程規劃、線上會議主持人及講師培訓、會前影片預錄服務、硬體設備整合（含視聽及口譯）、線上線下整合規劃（Hybrid Meeting）、會後線上影片瀏覽、會後數據分析管理等；事實上，2020年因應疫情舉行視訊會議如2020國際經貿機會與挑戰網路研討會（**圖1-12**）、2020醫學研討會外，疫情之前，許多大型國際會議也有採取視訊與實體會議合併舉行的虛實整合會議，如2019國際言語音聲學會（IALP）第31屆世界大會（**圖1-13**）、2018亞太血液及骨髓移植醫學大會（**圖1-14**）、2018第二屆亞太急性腎損傷暨連續性腎臟替代治療大會，顯見我國會議產業在科技應用方面，具有相當程度的專業與經驗。在線上與實體國際會議的舉辦實力下，相信在全球疫情趨緩後，爭取指標型國際會議來台辦理，將台灣打造成為全球會議產業不可或缺的重要角色，指日可待。

圖1-12　2020年國際經貿機會與挑戰網路研討會

資料來源：https://www.youtube.com/watch?v=RpDX9TmpylM (2020/7/1)

圖1-13　2019國際言語音聲學會（IALP）
　　　　第31屆世界大會

資料來源：http://www.ialptaipei2019.org/
　　　　　congressWel.asp

圖1-14　2018亞太血液及骨髓移植醫學大會

資料來源：http://www.apbmt2018.org/zh/

 ## 第五節　本書討論範圍

　　本書內容主要涵蓋國際會議產業的發展策略至國際會議個案的企劃、籌辦與執行。除了第一篇為國際會議概論外，其餘篇幅將國際會議之籌辦區分為主要的「會議核心與周邊活動」、支援的「人力資源與公關」和會議管理的「會議收支與效益評估」三大部分。在會議核心與周邊活動方面，包含第三章到第六章的議題與議程規劃、論文投稿與審查、報名與註冊、會議現場、會議周邊活動、旅遊活動規劃、住宿與交通等。在人力資源與公關活動方面包含第七章及第八章的工作人員招募、貴賓接待與公關與會議文宣等。在會議收支與效益評估方面包含第九章與第十章的預算與收支、會後工作與效益評估等。每一章節後面，皆提供重要辭彙與概念、問題與討論與相關網站，以備教師、學生及一般讀者進行進一步的相關知識深化與擴充。

　　全書採用實務上真實之會議個案作為示範，為求個案之內部文件與對外文件的完整性與智財權歸屬，所採個案主要為2005年第28屆國際能源經濟學會（28th IAEE International Conference）、2010年亞太

電協（AESIEAP）年會暨第18屆電力產業會議暨展覽（18th AESIEAP Conference of the Electric Power Supply Industry）與第1屆泛華國際能源、經濟、環境會議（2013 PCEEE International Conference），由於會議籌辦的內涵與程序，在架構上是固定的，不會有即時更新的問題；且作者為此個案的會議籌辦人，在理論與實務並進的基礎下，可提供最精準的案例示範。

本書適用的對象除了政府機關、一般民眾外，亦包含公司行號機構與學校教育等單位，其中：

1. 公司行號機構：對於國際會議籌辦相關廠商，本書可以作為訓練員工的基本教材。對企業而言，本書陳列系統式的會議籌辦內容，提供清楚的訓練步驟；對員工而言，本書可作為會議籌辦與執行的自我參考工具書。

2. 學校教育單位：對於學校教育單位，本書可以作為教育學生的基本教科書。教師可清楚且有系統的介紹國際會議籌辦的整體內涵。同時，完整的教學附件可提供教師作為備課的參考；相關辭彙與概念可提供教學時的重點提醒；問題與討論可作為學生分組討論的議題。對學生而言，本書系統性的介紹，提供學生修習國際會議籌辦的步驟與未來就業應具備之基本知能，為修習國會議籌辦課程或學程的工具書。

3. 一般讀者：對於一般讀者，本書除了提供國際會議的基本知識外，亦可作為促進人際溝通、意見交換的積極作法範本。其內容不只是運用在國際會議上、一般會議，人際溝通亦可運用無礙。有效的會議才會有正確群眾意見表達與溝通。圓滿達成會議溝通目的之技巧往往是培養領袖氣質的必備條件。無論是社會、政府或家庭都有需要參考。

重要辭彙與概念

會議（meeting）

通常指非定期舉行的小型的討論會，也可以廣義地用來形容各種（正式或非正式）形式開會的綜合用辭。

年會（convention）

具有重要性、大規模且正式的集會，為社團或是政黨為某一目的所召開的會議，像是制定方針或選拔企業代表等。

學術研討會（conference）

為特定學術性議題進行廣泛的討論，通常是連續辦好幾天，吸引幾百甚至幾萬位會議代表。會議活動多元，除會議核心活動外，多會安排一些舉辦當地特色的觀光或文化活動。

代表大會（congress）

由選舉組織（如政黨）產生的正式區域代表所召開的集體代表大會，定期舉行，一般是要討論一個特定的主題。

專題討論會（seminar）

通常是類似課堂進修的會議，一群專家透過一次或一系列集會來達到訓練的目的。

研習坊（workshop）

研習坊與專題討論會一樣屬於小規模的會議，通常是一個非正式但公開的訓練會議，通常會有當場實作。

學術討論會（symposium）

與seminar、workshop近似，但規模較大，且由於交流的方式為雙向的，會議形式偏向座談性質。

國際會議規劃與管理

論壇（forum）

屬於公眾集會，為特定公眾議題聚集討論，如亞洲經濟論壇會（Asian Economic Forum）。會議中針對共同興趣的某一部分或某一些專題進行公開討論。

專業小組討論會（panel discussion）

與seminar近似，但並不是公開的會議。參與的成員均有特定的身分與任務，針對特定專題或問題提出科學論點並加以討論。

組織大會（assembly）

一個協會、俱樂部、組織或公司的正式全體集會。參加者以其成員為主，其目的在制定辦法、政策、內部選舉、同意預算、財務計畫甚或聯誼娛樂等。

高峰會（summit）

專指為高級領袖、主管或領導人舉辦的會議。高峰會必然有特定的主題，通常涉及國際事務的討論與協商，會後也會就有共識的部分發表共同宣言。

演講會（lecture）

通常由一位專家或講員來做教育性或宣導性的、單向的發表和講演，會後不一定會有討論的時段。

國際聯盟協會組織（The Union of International Associations, UIA）

創立於1907年，總部在比利時首都布魯塞爾市（Brussels）。由於UIA彙集大量國際會議與展覽法人組織的資訊，因此為會展產業統計資料的重要依據之一。

國際會議專家協會（Meeting Professionals International, MPI）

創立於1984年，總部設於美國德州達拉斯市（Dallas）。MPI提供會議專業訓練教育，每年都會出版錄影帶與光碟，作為同業及商機的資訊交換。

國際展覽聯盟（The Global Association of the Exhibition Industry, UFI）

創立於1925年，目前總部位於巴黎市（Paris）。UFI宗旨為提升全球展覽會水平，並改善展覽會議服務。每年舉辦3,000多場國際或區域性的展覽與會

議，形成一整套展覽運作規範、規則、程序和服務體系。

國際會議協會（International Congress & Convention Association, ICCA）

創立於1963年，總部在荷蘭阿姆斯特丹市（Amsterdam），會員都是在國際會展活動領域中統籌、運輸、旅行及住宿的專家。ICCA同時建立了超過730場以上國際會議的龐大資料庫。

會議產業諮議會（Convention Industry Council, CIC）

創立於1949年，總部在美國紐約（New York），CIC提供一個交流園地，以加速會展產業資訊的流通，同時亦提供國際會議專業訓練課程，以促進會展產業之專業化。

共同作法交流平台（Accepted Practices Exchange, APEX）

APEX為CIC的創舉，它將相關人士和企業集中，一起發展和完成會展產業所能共同接受的作法，創造和增進會展產業的效率。

專業會議組織（Professional Convention Organization, PCO）

PCO為籌辦會議及有關活動提供專業服務的公司，或從事相關工作的個人，其角色可以是顧問、行政助理或創意提供者，在會議主辦單位和服務供應商之間起樞紐的作用。

專業展覽組織（Professional Exhibition Organization, PEO）

PEO為展覽活動中從事整合協調及管理工作的機構或人員，有時也與PCO合作從事國際會議的安排。其角色可以是顧問、行政助理或創意提供者，在展覽主辦單位和服務供應商之間起樞紐的作用。

目的地管理顧問（Destination Management Consultancy, DMC）

DMC負責會展活動在主辦地的現場協調、會務和旅行安排等工作。它提供了企業和協會在規劃集會和活動的「當地專家」，提供全方位服務包括策劃組織安排國內外會議、展覽、獎勵旅遊等，以及其延伸的觀光旅遊。

國際會議規劃與管理

目的地行銷組織（Destination Marketing Organization, DMO）

DMO為在國際會議市場上，專門負責為某特定地理區域內的會議產業執行、推廣與發展事務之組織。該特定地理區域範圍可能橫跨數國、單一國家或一特定地理區域。DMO代表了大範圍的國際會展公司組織，將舉辦會議的地點行銷給商務及休閒的旅客。

展覽服務承包商（Exhibition Service Contractor, ESC）

ESC提供產品和服務給策展商和參展者，通常策展商會提供授權的ESC名單讓參展者自行選擇，並讓雙方可以直接接洽。ESC給予策展商和參展者一定程度的信任感，提供展覽現場的人員、設備與服務。

問題與討論

1.何謂「會議」？何謂「國際會議」？

2.列舉兩個較為知名的大型會議，並說明它的內涵與屬性。

3.會議對目的地的社會經濟影響為何？

4.為何要舉辦國際會議？台灣舉辦國際會議的因素與其他城市有何不同？試舉一例說明。

5.我國目前會議產業的發展概況為何？試以會議產值、參與人數及周邊效益進行分析。

6.根據ICCA的統計，最新公布的國際會議舉辦城市排名為何？

7.下列國際會議相關組織，分別位於哪一個城市？UIA、MPI、UFI、ICCA、CIC

8.台灣目前與會展相關的主管機構為何？請簡述台灣會展政府資源之演變。

 相關網站

1. 國際聯盟協會組織（UIA），http://www.uia.be/
2. 國際會議專家協會（MPI），http://www.mpiweb.org
3. 國際展覽聯盟（UFI），http://www.ufi.org/
4. 國際會議協會（ICCA），https://www.iccaworld.org/
5. 會議產業諮議會（CIC），http://www.conventionindustry.org
6. 共同作法交流平台（APEX），http://www.conventionindustry.org/apex/FAQ-file.htm
7. 經濟部會議展覽推廣中心，http://www.meettaiwan.com.tw
8. 香港展覽會議協會，https://www.exhibitions.org.hk/tc_chi/
9. 推動台灣會展產業發展計畫——會展產業整體計畫（MEET TAIWAN），經濟部國際貿易局委託外貿協會執行，https://www.meettaiwan.com/zh_TW/index.html
10. 美國會展產業研究中心（CEIR），https://www.ceir.org/

參考文獻與延伸閱讀

一、中文部分

方偉達（2010）。《國際會議與會展產業概論》。五南出版社。

沈燕雲、呂秋霞（2007）。《國際會議規劃與管理》（第二版）。揚智文化。

林月雲（2014）。〈亞洲最佳會展城市：新加坡 永續經營的會展產業〉。《台灣會展季刊》，2014年10月號。

胡平（2019）。《會展運營管理》。崧燁文化。

徐筑琴（2009）。《國際會議經營管理》。五南出版社。

張卓文（2018）。〈AFECA-IAEE聯席會議前瞻亞洲會展貿協積極參與拓商機〉。《台灣會展季刊》，2018年4-6月號。

黃性禮、黃淑芬（2009）。《國際會議籌組暨展覽管理》。台科大出版社。

黃振家（2010）。《會展產業概論》。經濟部。

二、英文部分

Allen, J. (2009). *Event Planning: The Ultimate Guide To Successful Meetings, Corporate Events, Fundraising Galas, Conferences, Conventions, Incentives and Other Special Events.* John Wiley & Sons Canada, Ltd.

Deering, C. J., & Smith, S. S. (1997). *Committees in Congress.* Congressional Quarterly Inc.

Demazière, C., Sykes, O., Desjardins, X., & Nurse, A. (2019). The 2019 conference of the french and british planning study group, the governance of metropolises and city regions: Territorial reforms, spatial imaginaries and new forms of cooperation, tours polytechnic, tours, 11-12 april 2019. *The Town Planning Review, 90*(5), 571-578.

Falk, M., & Hagsten, E. (2018). The art of attracting international conferences to european cities. *Tourism Economics, 24*(3), 337.

Fenich, G. G. (2011). *Meetings, Expositions, Events & Conventions: An Introduction to the Industry* (3rd Edition). Pearson Education.

Friedmann, S. A. (2003). *Meeting & Event Planning For Dummies.* Wiley Publishing, Inc.

Lewis, D. (2002). *Convention: A Philosophical Study*. Blackwell Publishing

LoCicero, J. (2008). *Streetwise Meeting and Event Planning: From Trade Shows to Conventions, Fundraisers to Galas, Everything You Need for a Successful Business Event*. F & W Publications.

McCartney, S. (2018). Shaping justice and sustainability within and beyond the city's edge: Contestation and collaboration in urbanizing regions, 48th urban affairs association annual conference, 4-7 april 2018, toronto, canada. *The Town Planning Review, 89*(6), 645-649.

Mistilis, N. & Dwyer, L. (1999). Tourism gateways & regional economies: The distributional impacts of MICE. *International Journal of Tourism Research. 1*(6), 441-457.

Press, E. (2007). *Start Your Own Event Planning Business*. Entrepreneur Media, Inc.

Rogers, T., Davidson, R. (2006). *Marketing Destinations and Venues for Conferences, Conventions and Business Events (Events Management)*. Elsevier Ltd.

Shure, P. (1995). Conventions, Expositions, Meetings and Incentive Travel: Red-Hot Industry Outpaces Growth of a White-Hot Economy [Online]. Available: http://www.pcma.org/clc_eco. htm [1995, August].

Statista. Global No. 1 Business Data Plateform (https://www.statista.com/)

Streck, D. R. (2006). The scale of participation: From municipal public budget to cities' conference. *International Journal of Action Research, 2*(1), 78-97.

Tabei, S. (1997). *Conventions: A Guide to a Flourishing Industry*. Tokyo: The Simul Press Inc.

Weissinger, S. S. (1992). *A Guide to Successful Meeting Planning*. John Wiley & Sons, Inc.

「COVID-19（新冠肺炎）」展覽及會議／活動防疫指南

壹、「COVID-19（新冠肺炎）」展覽防疫指南

一、前言

　　新冠肺炎疫情肆虐國際，對全球各地已造成相當大的經濟與社會衝擊，幸我國在中央疫情指揮中心及全體國人之共同努力防疫下，將我國疫情限制於可控之狀態，並日趨平緩，我國擬逐步開放、引導展覽重新辦理，本指南供各展覽主辦單位重新辦理展覽時參考，館方將與會展活動主辦單位成立防疫小組，並於活動前雙方　就防疫措施議題召開協調會。

二、主辦單位辦理展覽應配合之防疫措施

(一)開展前

　　1.多元宣傳管道：透過如官網、簡訊、電子報、廣告、紙本文宣、社群媒體等管道，向參展廠商及參觀者宣導防疫措施及衛教知識。

　　2.公設及文宣指引製作：於主要公共設施（如：活動現場、主要出入口、大會服務台、換證櫃檯等處）進行防疫措施及衛生宣導，並於展覽文宣（如：展覽地圖、展覽指南等）明確標示動線出入口、報到櫃檯及醫護室等位置，方便廠商與參觀者隨時參考使用。

　　3.建立緊急應變措施、員工教育訓練：組成防疫小組並建置防疫通報流程（SOP），針對緊急應對措施進行演練，確保工作人員瞭解防疫措施執行之原則與標準作業程序。

　　4.工作人員進場防疫規劃：要求相關工作人員、裝潢商、參展廠商及補（送）貨人員需全程配戴口罩，每日入場量測體溫，若高於攝氏37.5度者嚴禁入場，並建議自行就醫。

5.展場衛生消毒：展前一天進行會展活動區域清潔消毒工作。

6.請向參展商等工作人員宣導，勿將工作證／參展證借給他人使用，避免「實聯制」之紀錄與事實不符。

(二)展覽期間

1.測量體溫，並執行門禁管理措施，額溫超過37.5度，則拒絕入場：於所有入口設置人員管制，服務人員須配戴口罩及醫療手套，以額溫槍測量入場者額溫，進入展場人員額溫如高於攝氏37.5度，主辦單位將拒絕入場，暫時安置於隔離區並勸導就醫。

2.落實衛生防護，宣導勤洗手：主辦單位須於所有出入口及展場主要走道處設置酒精消毒用品供民眾使用，亦應備足量的清潔防護用品以備不時之需。

3.確實執行實聯制：主辦單位應確實掌握現場人員名單（如承包廠商、參展商、買主及參觀民眾等），任何人入場前均須填寫聯絡資訊，以利後續聯繫，所蒐集之個資為配合中央疫情指揮中心疫調需求（保存28日後即銷毀），禁止目的外使用，並確保個資安全不外洩。（詳情請參閱中央疫情指揮中心公告之「實聯制措施指引」）

4.需配戴口罩才予以入場：主辦單位除須要求所有入場民眾配戴口罩外，同時亦須設置糾察人員稽查會場人員全程戴口罩情形，及時勸導提醒未戴口罩者配合。

5.保持適當社交距離：依展覽租用攤位數及容留人數限制進場人數，以分散人流；展場內展會活動的座位配置、排隊動線等，也須保持適當社交距離，若有洽談需求，請設置洽談等候區，避免群聚。

6.展場衛生消毒：每日展畢後，進行會展活動區域清潔消毒工作。

7.若於活動中有安排大型聚會餐宴，須針對與會賓客實施上述 1、2、3、5措施，若以桌菜用餐，建議加大座位間距，並以「公筷母匙」方式進行。

8.若在展覽內提供「試吃」，建議採「一人一份」單獨容器盛裝提供「試吃」服務，並加強宣導勤洗手之衛生習慣。

(三)展覽後

1.協助中央單位疫情調查：應隨時配合衛福部與中央流行疫情指揮中心之需求，若有工作人員、買主、參展廠商及參觀民眾等有疑似新冠肺炎感染，應盡量提供其他潛在接觸者之聯繫方式並協助追蹤，以協助疫情調查並控制。

2.進行成效檢討及修正標準作業程序：根據本次展覽實施防疫措施之可行性與執行情況，進行展後總檢討，並修正展前規劃之標準作業程序，以備其他展覽規劃使用。

三、場館針對重新辦理展會活動防疫措施

1.於主要出入口設置紅外線熱顯像攝影機或測量額溫，如體溫高於攝氏37.5度，本館將勸導就醫或拒絕該員進入。

2.設置隔離空間，若有疑似案例，將由專人引導至該處，並通報防疫單位。

3.於各出入口及梯廳處均備有酒精淨手液供入館人員消毒。

4.每天由以稀釋漂白水擦拭展館大廳、廁所、廊道、客（貨）電梯、電扶梯及展覽場等區域地面；每週空調人員於展館空調機房噴灑漂白水，進行機房消毒作業。

5.展館每天三次空調新鮮空氣定時換氣作業，加速室內空氣循環。

6.展館第一線及商店工作人員一律配戴口罩，每日量測體溫；店家隨時維持環境清潔，提供酒精淨手液供消費者使用，座椅間隔與排隊取餐動線間隔加大，安排梅花座加大用餐距離。

7.展館公共區域與電子看板張貼告示，加強自主防護之防疫宣導。

8.館方於展覽期間至少配置一名醫護人員待命。

貳、「COVID-19（新冠肺炎）」會議／活動防疫指南

一、前言

　　新冠肺炎疫情肆虐國際，對全球各地已造成相當大的經濟與社會衝擊，幸我國在中央疫情指揮中心及全體國人之共同努力防疫下，將我國疫情限制於可控之狀態，並日趨平緩，我國擬逐步開放、引導會議／活動重新辦理，本指南供各會議／活動主辦單位重新辦理時參考，館方將與會議／活動主辦單位成立防疫小組，並於大型之國際會議／活動前雙方就防疫措施議題召開協調會。

二、主辦單位辦理會議／活動應配合之防疫措施

(一)會議／活動前

1. 多元宣傳管道：透過如官網、簡訊、電子報、廣告、紙本文宣、社群媒體等管道，向出席與會者宣導防疫措施及衛教知識。

2. 公設及文宣指引製作：於主要公共設施（如：活動現場、主要出入口、大會服務台、換證櫃檯等處）進行防疫措施及衛生宣導，並於會議／活動文宣（如：大會／活動議程等）明確標示動線出入口、報到櫃檯及醫護室等位置，方便出席者隨時參考使用。

3. 建立緊急應變措施、員工教育訓練：組成防疫小組並建置防疫通報流程（SOP），針對緊急應對措施進行演練，確保工作人員瞭解防疫措施執行之原則與標準作業程序。

4. 工作人員進場防疫規劃：要求包含裝潢包商及補（送）貨人員在內等相關工作人員等全程配戴口罩，每日入場量測體溫，若高於攝氏37.5度者嚴禁入場，並建議自行就醫。

(二)會議／活動期間

1. 測量體溫，並執行門禁管理措施，額溫超過 37.5 度，一律拒絕入場：於所有入口設置人員管制，服務人員須配戴口罩，以額溫槍測量入場者額溫，進入會場人員額溫如高於攝氏37.5度，主辦單位將

拒絕入場，暫時安置於隔離區並勸導就醫。

2.落實衛生防護，宣導勤洗手：主辦單位須於所有出入口及展場主要走道處設置酒精消毒用品供民眾使用，亦應備足量的清潔防護用品以備不時之需。

3.確實執行實聯制：主辦單位應確實掌握現場人員名單（如承包廠商、參展商、出席者等），任何人入場前均須填寫聯絡資訊，以利後續聯繫，所蒐集之個資為配合中央疫情指揮中心疫調需求（保存28日後即銷毀），禁止目的外使用，並確保個資安全不外洩。（詳情請參閱中央疫情指揮中心公告之「實聯制措施指引」）

4.需配戴口罩才予以入場：主辦單位除需要求所有出席者均需配戴口罩外，應監管現場人流，並建立相關因應措施，會議／活動的座位配置、排隊動線等，也須保持適當社交距離。

5.會場衛生消毒：每日會議／活動結束後，進行相關區域清潔消毒工作。

6.若於活動中有安排大型聚會餐宴，須針對與會賓客實施上述1、2、3、5措施，若以桌菜用餐，建議加大座位間距，並以「公筷母匙」方式進行。

(三)會議／活動後

1.協助中央單位疫情調查：應隨時配合衛福部與中央流行疫情指揮中心之需求，若有承包廠商、參展商及出席者等有疑似新冠肺炎感染，應盡量提供其他潛在接觸者之聯繫方式並協助追蹤，以協助疫情調查並控制。

2.進行成效檢討及修正標準作業程序：根據本次會議／活動實施防疫措施之可行性與執行情況，進行會議／活動後總檢討，並修正會議／活動前規劃之標準作業程序，以備其他會議／活動規劃使用。

三、會場針對重新辦理會議／活動防疫措施

1.於主要出入口設置紅外線熱顯像攝影機或測量額溫，如體溫高於攝氏37.5度，本館將勸導就醫或拒絕該員進入。

2.設置隔離空間，若有疑似案例，將由專人引導至該處，並通報防疫單位。

3.於各出入口及梯廳處均備有酒精淨手液供入館人員消毒。

4.每天以稀釋漂白水擦拭會議場館大廳、廁所、廊道、客（貨）電梯、電扶梯等公共區域。

5.會場每天三次空調新鮮空氣定時換氣作業，加速室內空氣循環。

6.會場第一線及相關服務包商工作人員一律配戴口罩，每日量測體溫；並隨時維持環境清潔，提供酒精淨手液供消費者使用，並加大座椅間隔與排隊取餐動線間隔。

7.會場公共區域與電子看板張貼告示，加強自主防護之防疫宣導。

Chapter **2**

國際會議之企劃與管理

- 管理組織與架構
- 國際會議之企劃
- 時程表之擬定

 第一節　管理組織與架構

　　要辦好一場出色的國際會議，首要之務為組織分工與責任分配，影響國際會議成敗甚大。國際會議籌備工作的重點，在於各項議程、活動及服務等細節之排定，以求會議能順利舉行，達到知識交流及商務、經驗交換的目的，並讓與會來賓擁有一個深刻體驗及難忘回憶。對於會議大小各項工作，籌備單位應以仔細及謹慎的態度進行規劃及處理，避免因人為的疏忽，影響到會議的進度，是國際會議能圓滿成功的關鍵。若無舉辦國際會議經驗者，可參考以下典型籌備組織圖與職責說明為範本（**圖2-1**）。各型國際會議可依據現況及需求稍作調整後即可適用無疑。

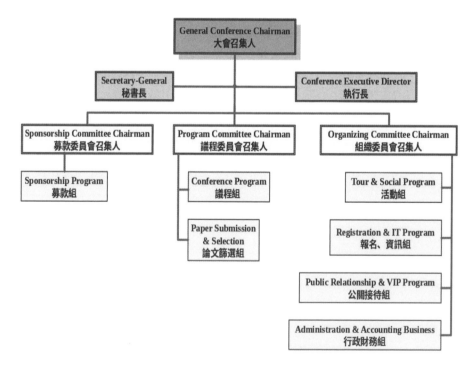

圖2-1　國際會議籌備組織架構

一、大會召集人（general conference chairman）

大會召集人的主要任務為督導、指揮、協調三大委員會的作業，及規劃經費的來源與執行方案的可行性。大會召集人可能是或不是國際組織的理事長或大會主席。

二、執行長（conference executive director）

執行長的職責為襄助大會召集人執行各項內部作業，並配合監督三大委員會的作業進度與績效評估。執行長為國際會議實際規劃的操刀手，也是國內業務掌舵手；因此，執行長多為本國人士，也有可能是專業會議（PCO）管理人士。

三、秘書長（secretary-general）

秘書長的職責為襄助大會召集人聯絡與執行國際組織各項外部業務，並配合執行長監督國際會議的進度與國際標準。基本上秘書長是國際組織對外的會務窗口。由於大會召集人可能是或不是國際組織的理事長；因此，秘書長也可能是或不是國際人士。

四、募款委員會（sponsorship committee）

募款委員會的主要功能為籌募國際會議的主要經費來源與贊助。由於募款的成效直接關係到國際會議的成敗與規模，故十分重要。募款委員會的召集人及主要成員以邀請國內、外相關機構（公司）擔任，其下並設募款工作推動小組（簡稱募款組），協助分期分階段執行各項募款工作。以下為募款委員會之主要工作：

1.負責撰寫募款企劃書並與贊助單位聯繫。

2.負責將募款所得列表向總召集人與執行長報告。

3.監督議程委員會及組織委員會之工作進度與贊助經費使用績效。

4.協調大會的資金來源。

五、議程委員會（program committee）

議程委員會的主要功能為設計國際會議的議程與討論題綱、邀請貴賓演講、論文徵稿與篩選、安排邀請研討會或論文發表會主持人、評論人等工作項目。由於本委員會的功能以學術性為重，委員則邀請國內、外知名學界人士擔任。以下為議程委員會之主要工作：

1.決定國際會議主題與詳細議程內容。

2.負責徵稿、籌組審稿與篩選小組。

3.安排各項演講、研討會與論文發表，包括：早、午、晚餐專題演講（breakfast, lunch, and dinner speeches）、專題討論會（plenary sessions）、論文發表會（selected paper sessions）及海報展示會（poster sessions）等。

4.配合秘書長安排國際組織各式國際會議，例如，早餐工作會報、理事會、技術委員會、會員大會、理事長私人餐、酒會及記者會等議程。

5.邀請國內、國際知名人士做主題演講（keynote speech）。

6.邀請國內、國際知名人士或單位主持專題討論會（plenary sessions）。需注意的是專題討論會演講人名單有時是必須配合專題討論會主持人或協辦單位共同邀請。

7.擬定論文發表會及海報展示會發表人。

8.按時寄發國際會議通知（announcement）、信件與相關資料。

9.與募款委員會共同處理及編列相關預算。

10. 與組織委員會共同處理註冊費、住宿費、公關接待費、參觀與觀光費用等相關事宜。

11. 與組織委員會共同提供國際會議進行時所需之各項協助。

六、組織委員會（organization committee）

組織委員會的主要功能為負責國際會議所有行政後勤支援工作，議定住宿旅館、餐飲、旅遊及文化參觀活動相關活動的場地及其專業執行機構，國際會議資料的準備、報名及網頁資訊系統，公關接待、媒體宣傳及會計帳務等工作。以下為組織委員會之主要工作：

1. 篩選培訓會場工作人員。
2. 安排各式會場之設備與布置。
3. 安排國際會議成員的技術參觀、文化活動及旅遊行程。
4. 安排表演活動。
5. 安排與會者之住宿及餐飲。
6. 安排貴賓之酒會及餐飲活動。
7. 負責議程表、文宣海報、大會手冊、論文摘要及各式文件之印刷與郵寄。
8. 規劃大會之媒體宣傳、廣告曝光。
9. 負責註冊及公關接待。
10. 各式大會物品，如名牌、資料袋、禮品等之製作。
11. 負責國際會議所有資訊之集中與流通。
12. 負責國際會議成員之交通、保全、緊急應變及保險。
13. 負責大會收支及會計帳務工作。
14. 與議程委員會共同提供國際會議進行時所需之各項協助。
15. 與募款委員會共同處理及編列相關預算。

 # 第二節　國際會議之企劃

　　在成立國際會議管理籌備組織後，最重要的工作就是接辦國際會議。通常中、大規模的國際會議都有相對應的國際組織。因此，遞交一份申辦國際會議的企劃書是必要的程序。本節簡明敘述申辦國際會議企劃書之格式與撰寫要件，各別項目的規劃內容則詳見後文各章。一份成功的申辦企劃書之撰寫在於以簡單易懂且系統式的呈現國際會議之初步規劃內容及預算，而國際會議規劃項目則為籌辦過程中必須思考的基本面向。

一、國際會議規劃項目

　　申辦國際會議企劃書會依內涵可區分為七大部分（如**表2-1**）。

表2-1　國際會議規劃項目

1. 會議宗旨
會議的動機與需求為何？舉辦會議希望達成之目標為何？
2. 會議時間
開會的日期為何？會議的時間有多長？會議各項活動的時間安排為何？
3. 會議參與者
與會者有哪些？配合會議宗旨，主席、與談人、演講者、論文審查委員為何？
4. 議程
會議要呈現或討論的議題為何？負責規劃議程者為何？負責配置或執行議程者為何？負責參與各項議程者為何？
5. 會議地點
會議地點與設備所需之特質為何？場地陳設應有何條件？
6. 功能角色
哪些功能角色必須安排？秘書、燈光、翻譯、錄音、或其他會議所需之功能角色？
7. 會議後續
如何蒐集與會人士的回饋與意見？如何評估舉辦會議的效率與效益？

Source: Henkel (2007). *Successful Meetings: How to Plan, Prepare, and Execute Top-notch Business Meetings*.

(一)國際會議宗旨

國際會議宗旨來自於舉辦國際會議的動機、需求與目的。明確的國際會議宗旨可清楚地傳達舉辦國際會議目標。

(二)國際會議時間

包含開會期程之擬定與國際會議進行過程中各主要活動時間之掌控。開會日期一般為2～5天（不包含會前、後旅遊），依據可掌握的資源，如場地、淡旺季、可訂房數，決定開會日期。規劃國際會議活動時間，必須根據活動之重要性及流程的順序排列，將重要活動的時間先行確定（如理監事會時間、演講時間、論文發表時間、參訪時間或宴會時間等），其他活動時間再依序插入（如每段活動間的休息茶敘時間等）。**表2-2**為國際會議時間規劃的範例，一般在規劃時，會依議題規劃為全體國際會議（plenary sessions）、技術分會（concurrent session）與支援活動（side events）等三大基本類型。

(三)國際會議參與者

配合國際會議的宗旨，邀請合適的人擔任主席、與談人、演講者或論文審查委員，決定被邀請人後，必須發給正式的邀請函（**圖2-2**），確定與會後，必須告知其明確的演講時間、地點、講題、其他與會者、付費條件或特殊服裝要求等資訊。

(四)議程

國際會議的舉辦，是希望在2～5天的時間內，透過專題報告、論文發表、演講或討論的方式來傳達國際會議的宗旨，因此，每一天的活動與時間的安排，必須精準，以確實掌控流程的順暢（請參考**表2-2**所示）。每一階段的活動，必須詳列議題、活動內容、參與人及時間。

表2-2　國際會議期程規劃（範例）

2012 TEI International Conference Schedule - Example
The Grand Hotel, Taipei, June 2 (Saturday) - June 6 (Wednesday), 2012

Time	June 2 Saturday	June 3 Sunday	June 4 Monday	June 5 Tuesday	June 6 Wednesday
07:30 – 08:00			2th Conference Planning Meeting / TEI Affiliate Leaders Meeting	3th Conference Planning Meeting / Energy Journal Board	Asian Affiliate Leaders Meeting / TEI Student Scholarship Meeting
08:00 – 08:30		TEI Council Meeting / Technical Tour			
08:30 – 09:00			Welcome Introduction		
09:00 – 09:30			Keynote Plenary Session	Plenary Session I / Poster Session 2	Plenary Session II / Poster Session 4
09:30 – 10:00		TEI Council Meeting / Technical Tour			
10:00 – 10:30					
10:30 – 11:00			Coffee Break	Coffee Break	Coffee Break
11:00 – 11:30		TEI Council Lunch / Technical Tour	Dual Plenary Session A / Dual Plenary Session B	Dual Plenary Session C / Dual Plenary Session D / Poster Session 2	Dual Plenary Session E / Dual Plenary Session F / Poster Session 4
11:30 – 12:00					
12:00 – 12:30					
12:30 – 13:00			Luncheon / Best Paper & Student Best Paper Award	Luncheon / Outstanding Contribution Award	Luncheon / Denver Conference Presentation
13:00 – 13:30					
13:30 – 14:00					
14:00 – 14:30		TEI Council Meeting / Technical Tour	Concurrent Sessions 1 - 5 / Poster Session 1		
14:30 – 15:00				Concurrent Sessions 11 - 15 / Poster Session 3	Concurrent Sessions 21 - 25 / Poster Session 5
15:00 – 15:30			Coffee Break		
15:30 – 16:00				Coffee Break	Coffee Break
16:00 – 16:30	Registration		Concurrent Sessions 6 - 10 / Poster Session 1	Concurrent Sessions 16 - 20 / Poster Session 3	Concurrent Sessions 26 - 30 / Poster Session 5
16:30 – 17:00					
17:00 – 17:30					
17:30 – 18:00			TEI General Assembly		Closing Plenary Session
18:00 – 18:30		Opening Reception	Reception	Taipei Cultural Night Party	Reception
18:30 – 19:00			Welcome Dinner / Berlin Conference Presentation		
19:00 – 19:30					
19:30 – 20:00		Opening Reception / TEI Council Dinner		Taipei Cultural Night	Farewell Dinner
20:00 – 20:30					
20:30 – 21:00					
21:00 – 21:30					
21:30 – 22:00					

台灣三益策略發展協會
Triple-E Institute (TEI)

Room 304, Zi-Qiang Building,
53 He-Jiang Street, Taipei, TAIWAN 10479
Tel: 886-2-2517-7811 ext. 201; Fax: 886-2-2517-7215
E-mail: bory47@gmail.com

February 14, 2010

Professor Keynote Speaker
The University of New South Wales
Sydney, NSW 2052
Australia

Dear Professor Keynote Speaker:

On behalf of the TEI, I would like to invite you to be the honorable keynote speaker at the TEI 1th International Conference at the Grand Hotel, Taipei, Taiwan, June 3-6, 2012.

I welcome your contribution on "The Future of Energy: Solar Energy and Photovoltaics." I am sure that it will be a subject of great interest to the members of TEI, and international delegates. I believe that this is an important subject to the future of the global economy, environment, and renewable energy.

We would also like to extend our invitation to include your wife as well. TEI will offer two roundtrip business-class tickets, US$XXX honorarium, two free registration fees, and a suite at the Grand Hotel. Reimbursement for the air tickets is based on actual costs, and the offer is only valid for you and your wife. In addition, if you have time, we will also arrange tours or business visits, including social and cultural programs, or trips to the high-tech science-based industrial park in Hsinchu. I have personally asked Yunchang Jeffrey Bor, with whom you are no doubt familiar, to handle your visit. Please feel free to consult Dr. Bor if you have any questions.

I am sure you that you and your wife will have a wonderful experience. The conference will offer a fantastic opportunity to enjoy Chinese and Taiwanese culture. I hope that you and your wife will allow plenty of time for visiting the island. We very much look forward to your positive response and hearing your inspiring speech.

With warmest regards,

Conference Chairman

c.c. Conference Executive Director, Secretary-general

圖2-2　正式邀請函（範例）

(五)國際會議地點

　　國際會議地點必須考量的因素包含交通便利性、設施完整性及空間容量、服務能力、通信能力，以及其他如住宿、交通、休閒旅遊與當地支持等因素。而場地的類型，包含旅館、國際會議中心、大學、大型郵輪、會展中心與休閒度假中心，必須視國際會議場地所需條件來決定。

(六)功能角色

功能角色指的是國際會議現場所需之各項設施與支援性服務，如燈光、音效、攝影、翻譯、秘書、錄音等，必須安排到位，以確認流程之順暢。

(七)國際會議後續

國際會議後續的資料蒐集，如國際會議參與人的基本資料、與會人士的回饋與意見等，為下一次舉辦國際會議重要的基礎；同時，舉辦國際會議的效率與效益評估，亦為評判國際會議成功與否的重要依據，同時可作為後續舉辦國際會議的參考。

二、申辦企劃書基本格式

申辦企劃書的撰寫，主要目的在於陳述國際會議的基本規劃，其內容將舉辦國際會議的緣由、國際會議的性質與目標、各項基本資料（預定時間、地點、天數、參加人數……）、籌備計畫、籌備組織、籌備工作分項條列，以期周延。撰寫申辦企劃書之目的在爭取舉辦權，以下就申辦企劃書各項大綱，說明其功能與內容。

(一)計畫目標

申辦企劃書開宗明義必須先說明舉辦本次國際會議的緣由與預期目標。不論是促進國民外交、拓展觀光、開拓商業貿易模式、發表新產品或增進國內外學術交流，計畫目標的目的正是讓閱讀者瞭解舉辦本次國際會議的主要與附加價值。

(二)背景說明

包括國際會議英文名稱、大會主題、國際會議期間、地點、主辦單位、協辦單位、執行單位，以及本次國際會議的簡介說明，方便讓閱讀者

在最短的時間內掌握國際會議的基本資料。

(三)籌備計畫

國際會議的籌備計畫牽涉廣泛，可考慮以時程表的方式呈現（請見〈擬定時程表〉說明），列出不同時間必須完成的工作項目，並製成表格，便可一目了然，方便調整控管工作進度。

(四)籌備人員責任分配

國際會議的籌備工作採分工負責的方式，以圖示的方式呈現本次國際會議的籌備組織，並分項說明各層次組織之工作。一般來說，籌備組織的核心組織為：大會召集人、秘書長與執行長，及三大籌備委員會分別為：(1)議程委員會；(2)組織委員會；(3)募款委員會（詳見**圖2-1**）。

(五)籌備工作

此為國際會議申辦企劃書最重要的一部分，依照籌備組織的分工，將各項籌備工作分類條列。**表2-3**為國際會議企劃書之格式與基本架構。

表2-3 國際會議企劃書之格式與基本架構

1. Cover Page	Name of Affiliate, proposed conference dates, date of proposal, etc.
2. Primary Individuals	Listing of the names/address/phone/fax/e-mail numbers of the primary individuals involved in planning the conference. (General Conference Chairman, Program Chairman, Sponsorship (fundraising) Chairman, Organizing Committee Chairman, Proposed Hotel)
3. General Overview of the Conference	(1) Goals (2) Assumptions
4. Conference Timetable	Outline of when certain actions are to occur and by what dates they are to be completed.
5. Brief Program Overview	(1) Anticipated title of the conference (2) Themes to be addressed (3) Anticipated keynote speakers to be invited

（續）表2-3　國際會議企劃書之格式與基本架構

6. Technical and Social Tour Overview	Anticipated listing of tours that could be made available to delegates.
7. Program Outline	Listing of conference days and schedule of events (e.g., when general sessions vs. concurrent sessions will be held and the times of these events)
8. Committee Overview	(1) Program Committee (2) Sponsorship Committee (3) Organizing Committee
9. Proposed Conference Management Firm or PCO Overview	(if any)
10. Budget	List detailed income and expense budget

第三節　時程表之擬定

　　唯有充足的準備時間與周詳的時程表方能成就一場成功的國際會議。一般來說，因各項事務繁雜耗時，應於國際會議舉行前兩年半至三年就開始擬定時程表，完成工作分配，並且預留彈性作業時間，才能確保每項工作均能完美達成。以下為國際會議籌備計畫時程表之範例，隨著國際會議之規模大小與主題之不同，可自行調整各項細節。

表2-4　國際會議籌備計畫時程表

完成日期	工作項目
國際會議前24-30個月	撰寫國際會議企劃書
國際會議前24-30個月	三大籌備委員會組織完成
國際會議前24-30個月	會後旅遊活動設計安排
國際會議前18-24個月	編列收支預算
國際會議前18-24個月	與旅館業者簽訂合約
國際會議前12-18個月	第一次宣傳（First Announcement）
國際會議前12-18個月	發布論文徵稿消息（First Call-for-Papers）

（續）表2-4　國際會議籌備計畫時程表

完成日期	工作項目
國際會議前12個月	徵稿海報印製完成
國際會議前11個月	開始募集經費
國際會議前11個月	第二次宣傳——文宣品印製完成寄出
國際會議前9個月	向國際媒體發布國際會議消息
國際會議前6-5個月	徵稿截止，審稿開始
國際會議前6個月	經費募集完成
國際會議前5個月	審稿結束，論文接受／婉拒通知
國際會議前4個月	國際會議資料袋及內容物設計
國際會議前3個月	確認所有國際會議主持人及主講人名單
國際會議前3個月	論文發表全文收集完畢並編輯付印、與國際期刊聯繫
國際會議前3.5個月	第三次宣傳——列出分組論文報告講者與論文題目
國際會議前3.5個月	會場工作人員招募
國際會議前2個月	支出概算確認
國際會議前2個月	追蹤尚未付款的講者
國際會議前2.5個月	籌備委員會第二次國際會議
國際會議前2個月	會場工作團隊組訓
國際會議前1個月	國際會議議程手冊印製完成
國際會議前1個月	寄送相關須知給論文發表者；確認旅館訂房情形
國際會議前1個月	聯絡國內媒體刊登國際會議訊息
國際會議前2天	國際會議現場布置完成
國際會議前1天	接待工作開始
國際會議當天	國際會議開始
國際會議結束後	會後參觀
國際會議結束後	離台
國際會議結束後1週內	寄出謝函
國際會議結束後1-3個月內	會後結案（帳目確認及其他相關事宜）
國際會議結束後2-5個月內	期末報告

國際會議規劃與管理

本章重點

　　完整的國際會議規劃與管理，包含人、事、時三方面。在人的方面：國際會議的企劃與管理，必須仰賴專業的團隊，因此，第一節提出的管理組織與架構，包含召集人、執行長、議程委員會、組織委員會與募款委員會，共同組成籌備國際會議的專業團隊組織架構。在事的方面：第二節為進行國際會議的規劃時，主要的項目包含會議宗旨、會議時間、會議參與者、議程、會議地點、功能角色與會議後續，同時針對國際會議的申辦，提出企劃書撰寫的基本格式。在時的方面：第三節的會議籌備計畫時程表，為進行國際會議之規劃與管理過程中，必須完成的工作細項與應完成與籌備的時程擬定。本章所提出的人、事、時三方規劃，為籌備國際會議的基本架構，其分別的細項與內容，詳見本書各章節。

 重要辭彙與概念

國際會議之籌備組織架構

國際會議之籌備組織架構爲大會召集人、執行長、秘書長、募款委員會、議程委員會、組織委員會。

國際會議之企劃

以簡單易懂且系統式的呈現國際會議之初步規劃內容及預算。

議程委員會

設計國際會議的議程與討論題綱、邀請貴賓演講、論文徵稿與篩選、安排邀請研討會或論文發表會主持人、評論人等工作項目。

組織委員會

負責國際會議所有行政後勤支援工作，議定住宿旅館、餐飲、旅遊及文化參觀活動相關活動的場地及其專業執行機構，國際會議資料的準備、報名及網頁資訊系統，公關接待、媒體宣傳及會計帳務等工作。

募款委員會

籌募國際會議的主要經費來源與贊助。募款委員會的召集人及主要成員以邀請國內、外相關機構（公司）擔任，其下並設募款工作推動小組（簡稱募款組），協助分期分階段執行各項募款工作。

國際會議規劃項目

爲籌辦過程中必須思考的基本面向，有會議宗旨、會議時間、會議參與者、議程、會議地點、功能角色、會議後續。

國際會議企劃書之格式與架構

企劃書的撰寫，主要目的在於陳述國際會議的基本規劃，其架構有計畫目

標、背景說明、籌備計畫、籌備人員責任分配、籌備工作。

國際會議籌備時程表之擬定

時程表之擬定應於國際會議舉行前兩年半至三年就開始,完成工作分配,並且預留彈性作業時間,才能確保每項工作均能完美達成。

問題與討論

1. 國際會議企劃書之主要內容為何？

2. 試以「2026急診醫學國際會議」（2026 International Conference on Emergency Medicine）為例，分組建立籌備組織，進行國際會議籌備工作分配。同時編制國際會議企劃書、規劃國際會議籌備時程表。其相關設定要件為：

   與會人數：約1,000人

   時間：4天，於2026年8月

   地點：台北·台灣

   參訪：至少規劃2項參訪行程（option）

   社交活動：至少3項社交活動（option）

   住宿：與簽約旅館預約足夠的房數

 相關網站

提案企劃書（RFP），http://www.destinationmarketing.org
國際會議資訊網路（MINT），http://www.MINT.IACVB.org
展覽籌劃者協會（EDPA），http://www.edpa.com
展覽承包商協會（ESCA），http://www.esca.org
國際展覽管理協會（IAEM）http://www.iaem.org
國際特殊活動協會（ISES），http://www.ises.com
專業會展管理協會（PCMA），http://www.pcma.org
政府國際會議專家協會（SGMP），http://www.sgmp.org
商展參展者協會（TSEA），http://www.tsea.org

 參考文獻與延伸閱讀

一、中文部分

George G. Fenich（2010）。《會議與展覽產業：理論與實務》。鼎茂出版社。

朱信如、潘霖蒼譯（2009）。山川悟著。《圖解企劃案撰寫入門》。商周出版。

方偉達（2016）。《圖解：如何舉辦會展活動──SOP標準流程和案例分析》（二版）。五南出版社。

古楨彥（2017）。《行銷企劃理論與實務》。全華圖書。

竹島慎一郎（2009）。《創意×企劃×簡報──以五頁式企劃簡報提升創意的說服力》。博碩出版社。

柯樹人（2010）。《國際會議活動管理實務》。經濟部。

劉錦秀譯（2009）。原尻淳一著。《企劃實用秘技》。商周出版社。

陳梅雋（2008）。《優質企劃案撰寫──實作入門手冊》。五南出版社。

曾光華（2018）。《行銷企劃：邏輯、創意、執行力》（三版）。前程文化。

葛廣宇（2010）。《企劃力：企劃力決定你人生的價值與企業的發展》。就是文化出版社。

劉碧珍（2019）。《國際會展產業概論》（二版）。華立圖書。

錢士謙（2019）。《會展管理概論》（四版）。新陸書局。

戴國良（2017）。《行銷企劃管理：理論與實務》（五版）。五南出版社。

戴國良（2018）。《成功撰寫行銷企劃案》（四版）。書泉出版社。

二、英文部分

Allen, J. (2000). *Event Planning: The Ultimate Guide to Successful Meetings, Corporate Events, Fundraising Galas, Conferences, Conventions, Incentives and Other Special Events*. John Wiley & Sons Canada Limited.

Bacon, T. R., & Pugh, D. G. (2005). *Powerful Proposals: How to Give Your Business the Winning Edge*. AMACOM (American Management Association).

Carrus, E. (2019). Colorado: A meeting and incentive planner's guide. *Successful Meetings, 68*(5), 95-96, 100, 102.

Doyle, M. (1993). *How to Make Meetings Work!* The Berkley.

Hamper, R., & Baugh, L. (2010). *Handbook For Writing Proposals (Second Edition)*. McGraw-Hill.

Meredith, L., & McCabe, V. (2001). Managing conferences in regional areas: A practical evaluation in conference management. *International Journal of Contemporary Hospitality Management, 13*(4), 204-207.

Mina, E. (2000). *The Complete Handbook of Business Meetings*. AMACOM (American Management Association).

Miner, Jeremy T., & Ball-Stahl, Kelly C. (2016). *Models of Proposal Planning and Writing*. Greenwood.

Minneci, J. (2019). Start greening your meetings. *Successful Meetings, 68*(7), 8.

O'Neal, K. (2002). *Powerful Project Proposals: Presenting to Big Shots!* Kathy O'Neal Speaks, Inc.

Pierce, H. (2004). *Persuasive Proposals and Presentations: 24 Lessons for Writing Winners* (The McGraw-Hill Professional Education Series). McGraw-Hill.

Qi, H., Smith, K. A., & Yeoman, I. (2019). An exploratory study of volunteer motivation at conferences: A case study of the first world conference on tourism for development. *Asia Pacific Journal of Tourism Research, 24*(6), 574-583.

Ukwuma, M. (2020). *Fundraising Proposal Writing: A Step by Step Guide for Beginners*. Independently Published.

Chapter **3**

議程規劃與論文審查

- 議程規劃
- 論文審查

 # 第一節 議程規劃

　　議程規劃基本上包含兩個環節：一為議題的實質內容規劃，一為時間的安排。議題實質討論內容決定後，再妥適安排各個內容的時間順序，便完成議程規劃動作。

一、議題規劃

　　議題的規劃為國際會議進行的主軸；適切的議題規劃，可幫助國際會議主旨的宣達，同時可促進與會人士的意見交流，進而達成共識。國際會議進行過程的議題規劃，主要包含全體會議（plenary sessions）、技術分會（concurrent session）與支援活動（side events）三大部分。

(一)全體會議

　　全體會議為與會代表全員參加的會議，是在主要的大型國際會議廳中舉辦，全體會議的議程主要包含下列四種形式。但須注意的是並非每場國際會議都一定要包含下列四種形式。全體會議實景範例如**圖3-1**所示。

　　1.開幕式：大會主席、主辦國家／地方代表致詞。
　　2.大會主題演講（keynote speech）。
　　3.專題演講。
　　4.論文發表。

　　全體會議進行方式的特色為少數演講者對台下全體或眾多與會者（如半場）進行演講或發表議論，為單向傳達形態，較無雙向溝通或互動模式。全體會議最多是開放一個固定時段讓台上台下進行問答（Q&A），全面性的研討會辯論多規劃在各技術分會中。

圖3-1 全體會議實景（範例）

資料來源：28th IAEE International Conference; 18th AESIEAP Conference of the Electric
Power Supply Industry

(二)技術分會

技術分會的進行模式為同一時段有多場國際會議並行；因此，同時
存在多項並行的議程，又稱同時分會。技術分會之目的是針對一些需要深
入討論或雙向互動與溝通的議題或個案進行全面性的資訊交換；因此，每
一分會參與的人數會有所限制，一般是在30～50人之間。但有些技術分會
特別採小組互動的方式進行，如圓桌會議、功能會議等，通常參與人數是
在8～12人之間。此外，學術性或醫學性的大型國際會議，常會同時規劃
近距離的海報發表方式交流。海報發表現場將提供展示看板，供發表者展
示其研究相關的綱要與圖表給與會人閱覽。發表者依表訂時間出席現場，
與閱覽人進行直接面對面的溝通與互動討論。

一般技術分會進行的模式有下列幾種：

1.專題研討（seminar）。

2.座談會（panel discussion）。

3.研習會（workshop）。

4.分組討論（concurrent break-out session）。

5.圓桌會議（roundtable session）。

6.功能會議（functional session）。

7.海報發表（poster session）。

技術分會議程範例如**圖3-2**所示，技術分會實景範例如**圖3-3**所示。

Monday, June 4, 2012

14:00 – 15:30 Concurrent Session 1
Global Warming and Energy (I)
101, 1F
Presiding: Anthony D. Owen, Professor,
University of New South Wales

Chi-Yuan Liang
The Chung-Hua Institution for Economic Research
*Effect of Carbon Tax on CO2 Emissions and Economic
Development in Taiwan, 1999-2020*

Axel Pierru, Denis Babusiaux
Institut Francais du Petrole
*Allocating a Refinery's CO2 Emissions to Petroleum Finished
Products: Further Developments of the IFP's Approach*

**Takashi Homma, Shunsuke Mori, Keigo Akimoto,
Hiromi Yamamoto, Toshimasa Tomoda,
Takanobu Kosugi**
Research Institute of Innovative Technology for the Earth
*A Multi-regional and Multi-sectoral Energy-economic Model
for the Assessment of the Carbon Emission Reduction
Policy*

Stefania Migliavacca, Enzo di Giulio
Scuola Mattei, Eni Corporate University
*Cutting Now or Buying Tomorrow?
A Quantitative Reflection on an Italian Dilemma*

圖3-2　技術分會議程（範例）

圖3-3　全體會議實景（範例）

資料來源：28th IAEE International Conference; 18th AESIEAP Conference of the Electric
Power Supply Industry

(三) 支援活動

　　支援活動可提升國際會議的多元性與豐富性，主要目的為幫助與會人士透過除了語言溝通之外的形式。透過靜態或動態活動的安排，與會人士將更深入瞭解並接受國際會議的主旨與內涵，同時增加對主辦國或主辦地點文化的瞭解。支援活動多半安排在全體會議與技術分會之外的空餘時間，如與會人士抵達後或離境前的空檔、會議期間的夜晚等。常見的支援活動如大會前的接待酒會與記者會；大會安排的技術參訪，讓與會人士對主辦地的相關機構、大學或科學園區進行訪視；會前、會後的休閒旅遊活動，如當地的觀光景點或風土人情的體驗與接觸等。關於文化活動、參訪行程與觀光行程等規劃，因相當重要，特詳述於第六章。就支援活動的安排，其進行的模式有下列數種，本節僅就搭配會議的部分作實景示範範例如圖3-4所示。

文化活動

接待酒會

圖3-4　支援活動實景（範例）

資料來源：18th AESIEAP Conference of the Electric Power Supply Industry

1.接待酒會（reception）。

2.記者會（press conference）。

3.技術參訪（technical visit）。

4.市區觀光（city tour）。

5.會前、會後的休閒旅遊活動（before and after-conference tour）。

6.文化活動（cultural event）。

7.廠商展覽（professional exhibition）。

二、議程規劃

國際會議的議程規劃是一個國際會議的基礎架構，而議程表（agenda）也是用以引導國際會議籌備的依據。國際會議籌劃者在進行議題規劃時，會先決定全體會議、技術分會與支援活動舉辦的場次，而議程規劃是將這些主要的議題用時間串連起來。因此，議程的設計，必須考量的重點為「時間」與「議題」的合理安排。規劃重點分述如下文。

(一)輕鬆的開始

國際會議開始的第一天可安排較為輕鬆的活動如接待酒會（例如圖3-4）或晚宴，讓與會人士在經過長途旅行後，可以從容註冊並放鬆心情，不需即刻面臨嚴肅的議題討論與技術或學術研討。

(二)時間分配

正式的研討議程時間安排，必須考量與會人士的專注力與周邊設備，通常一個標準會議時段是設定在90分鐘，注意不是60分鐘，也不是50分鐘；中間的休息時段則是設定在30分鐘，注意不是10分鐘。中間的休息時段必須考慮大會的參與人數與場地設施。若議程安排過於緊湊，且場地提供的洗手間或茶水設備又不多時，中間休息時間過短，會造成大排長龍，甚至影響下一個時段的進行。因此，相關條件的限制皆必須在規劃議

程時納入考量。

(三)保留彈性

除了研討議程的時間安排必須考慮實際的設施和與會人士的需求外，支援活動的配合亦為議程規劃的另一重要項目。無論技術參訪或市區觀光，若後續有晚宴，其間的間隔必須拉長。由於參訪的過程中，交通因素、甚至與會人士因興趣而多問問題或多停留，都可能會影響參訪或觀光的結束時間。若後續晚宴因場地租借問題或長官蒞臨而無法延後，便會有難以配合或檻尬的情況產生。因此，保留彈性對於國際會議流程的順暢有著一定程度的影響。

(四)目的導向

國際會議的與會人士不辭千里而來，通常都有著很強的目的導向；亦即，議題與議程的安排必須能深切扣合國際會議公告（announcement）的主旨。透過研討議題與相關活動的安排，讓與會人士能在大會規劃的主旨下，拓展視野、擴充人脈與解決問題是國際會議成功的第一步。

(五)活動安排

基於國際會議與會人士強烈之目的導向需求，除了研討議題外，支援活動的安排常常能讓與會人士透過較為動態與非語言溝通的形式接收大會欲傳達的訊息。因此，適切的活動安排，除了可以提升大會傳達主旨的功能外，亦可強化國際會議的豐富性與多元性，為議題與議程規劃的重要關鍵之一。

議程安排的結果呈現在議程表，議程表必須詳列議題、活動內容、參與人及時間，集中式陳列的範例如**表3-1**。

表3-1 議程安排（範例）

Program at a Glance

Thursday, June 2, 2005

Registration

| 12:00 – 21:00 | Reception Counter – West Foyer |

Friday, June 3, 2005

Registration

07:00 – 21:00	Reception Counter – West Foyer
06:30 – 08:00	Breakfast
	Grand Garden Western Dining Room (bring hotel voucher)
08:00 – 18:00	IAEE Council Meeting
	101, 1F (by invitation)
12:00 – 13:00	IAEE Council Lunch
	101, 1F (by invitation)
18:00 – 21:00	*Opening Reception*
	Yuan Shan Club
19:00 – 22:00	IAEE Council Dinner
	Cheer Life Recreation Restaurant & Spa (by invitation)

Saturday, June 4, 2005

Registration

07:00 – 21:00	Reception Counter – West Foyer
06:30 – 08:00	Breakfast
	Grand Garden Western Dining Room (bring hotel voucher)
07:30 – 09:00	IAEE Affiliate Leaders Meeting
	101, 1F (by invitation, bring hotel breakfast voucher)
07:30 – 08:30	IAEE Student Scholarship Meeting
	102, 1F (by invitation, bring hotel breakfast voucher)
08:30 – 09:00	*Welcome and Introduction*
	Auditorium, 10F
09:00 – 10:30	Keynote Plenary Session
	Auditorium, 10F
10:30 – 11:00	Coffee Break
	East Foyer, 1F
11:00 – 12:30	Plenary Session A
	Auditorium, 10F
11:00 – 12:30	Plenary Session B
	Song Bo Room, 10F
12:30 – 14:00	Luncheon
	Der Hou, B1
	IAEE Journalism Award
	Outstanding Contributions to the Profession Award
14:00 – 15:30	Concurrent Sessions 1~7
15:30 – 16:00	Coffee Break
	East Foyer, 1F
16:00 – 17:30	Concurrent Sessions 8~14
18:00 – 18:30	IAEE Annual General Membership Meeting
	The Grand Ballroom, 12F
18:30 – 21:00	*Welcome Dinner*
	The Grand Ballroom, 12F
	Berlin Conference Presentation

Sunday, June 5, 2005

Registration

07:00 – 21:00	Reception Counter – West Foyer
06:30 – 08:00	Breakfast
	Grand Garden Western Dining Room (bring hotel voucher)
07:30 – 09:00	Berlin Conference Planning Meeting
	102, 1F (by invitation, bring hotel breakfast voucher)
09:00 – 10:30	Plenary Session C
	Auditorium, 10F
09:00 – 10:30	Plenary Session D
	Song Bo Room, 10F
09:00 – 10:30	Special Japan Session 1
	Chan Ching Room, 10F
10:30 – 11:00	Coffee Break
	East Foyer, 1F
11:00 – 12:30	Plenary Session E
	Auditorium, 10F
11:00 – 12:30	Plenary Session F
	Song Bo Room, 10F
11:00 – 12:30	Special Japan Session 2
	Chan Ching Room, 10F
12:30 – 14:00	Luncheon
	Der Hou, B1
	IAEE Past President Acknowledgement
14:00 – 15:30	Concurrent Sessions 15~21
15:30 – 16:00	Coffee Break
	East Foyer, 1F
16:00 – 17:30	Concurrent Sessions 22~28
18:30 – 20:15	*Taipei Cultural Night Party*
	CPC Hall Corridor
20:15 – 22:30	*Taipei Cultural Night*
	CPC Hall
	IAEE Student Best Paper Award

Monday, June 6, 2005

Registration

07:00 – 18:00	Reception Counter – West Foyer
06:30 – 08:00	Breakfast
	Grand Garden Western Dining Room (bring hotel voucher)
07:30 – 09:00	Asian Affiliate Leaders Meeting
	101, 1F (by invitation, bring hotel breakfast voucher)
07:30 – 09:00	30th IAEE International Conference Planning Meeting
	102, 1F (by invitation, bring hotel breakfast voucher)
09:00 – 10:30	Special Regional Energy Policy Session
	Auditorium, 10F
09:00 – 10:30	Plenary Session G
	Song Bo Room, 10F
10:30 – 11:00	Coffee Break
	East Foyer, 1F
11:00 – 12:30	Plenary Session H
	Auditorium, 10F
11:00 – 12:30	Plenary Session I
	Song Bo Room, 10F
12:30 – 14:00	Luncheon
	Der Hou, B1
	Bergen Conference Presentation
	Denver Conference Presentation
14:00 – 15:30	Plenary Session J
	110, 1F
14:00 – 15:30	Concurrent Sessions 29~31
15:30 – 16:00	Coffee Break
	East Foyer, 1F
16:00 – 17:30	Special Developing Country Round Table Session
	110, 1F
16:00 – 17:30	Concurrent Sessions 32~34
18:00 – 18:30	Closing Plenary Session
	Der Hou, B1
18:30 – 21:00	*Farewell Dinner*
	Der Hou, B1

Follow-up Contact
Yunchang Jeffrey Bor, Ph.D.
Conference Executive Director
Chung-Hua Institution for Economic Research
75 Chang-Hsing Street, Taipei, TAIWAN 106, ROC.
Tel: +886-2-2735-6006 ext 631
　　+886-2-8176-8504
Fax: +886-2-2739-0615
Email: iaee2005@mail.cier.edu.tw
Official Conference Website: www.iaee2005.org.tw

資料來源：28th IAEE International Conference

 第二節　論文審查

　　舉辦國際會議的主要目的之一，在於學術與知識的交流，因此徵求品質優良、立論新穎的論文投稿並在國際會議現場發表，實爲國際會議成功與否之重要關鍵。徵稿與出版重點分述如後文。

一、徵文投稿流程

　　國際會議首次進行國際會議宣傳時，即應公布論文徵稿主題、截止日期、論文格式、聯絡資訊等重要訊息，以方便有意投稿論文者及早準備提交論文摘要。之後，應每月寄發電子郵件提醒會員及有意願參與人士論文投稿的截止日。在論文摘要提交截止前兩個月，提醒資訊應改爲每兩週寄發一次電子郵件；最後一個月則改爲每週提醒一次；最後一週則改爲每天提醒一次。徵求論文的同時，議程委員會也應邀請相關領域之專家學者，成立專業公正之論文篩選委員會以審核論文摘要。論文摘要審核完畢後，議程委員會應立刻發出論文接受／拒絕通知信，並告知入選之論文作者完整論文的提交截止日期。通常大型國際會議不會請作者依篩選委員會之建議修改論文摘要及論文，一切著作初稿（working paper）的責任都在作者本身。等到所有或大部分論文收集完畢後，就進行校對編排、印刷裝訂、製作論文光碟等後製流程。在整個徵文投稿的過程中，議程委員會應隨時掌握每階段進度、論文審查之公正性，以及論文的品質，才能順利完成徵稿工作。

圖3-5　徵文投稿流程

　　徵稿過程中，爲求審稿及排版效率，一般會規定摘要格式。另論文全文的收集前，也會公告論文全文格式，例如，要求按照某一特定期刊（如*The American Economic Review: Guidelines*、*The Energy Economics: Guidelines*等）的格式及頁數等，以利後續的編排與製作（參考**圖3-6**、**圖3-7**所示）。

二、成立論文篩選委員會

　　爲求公平公正，議程委員會應邀請相關領域之專業學者專家，組成論文篩選委員會（人數不能太多，約3～5人即可），訂定審核論文摘要之準則並對外公告，使論文投稿者信服，以避免產生審核不公之糾紛疑慮。至於論文篩選的數量，則可依會議之目的及場地容量作規劃。邀請論文篩選委員除了應注意審稿人之學術專長背景，也應考慮其公正客觀性。以下爲論文審核準則之範例，可視實際需要增減修改：

1. 論文徵稿截止後，議程委員會應進行初審，稿件有下列不當情節之一者，得予退稿：
   (1) 不符合徵稿主題的稿件。
   (2) 已發表之論文著作（視情況而定）。
   (3) 不符合論文規格的稿件。
   (4) 研究內容差或不吸引人的稿件。
   (5) 投稿過遲的稿件。
   (6) 超出大會空間所能容納的稿件（可考慮改爲海報發表）。
2. 爲確保審查結果的公平及客觀，採雙向匿名審查制。若論文篩選委員有參與論文投稿，不得評審自己投稿的論文，亦不得參與其投票。
3. 論文篩選委員會就審查意見作成綜合意見決定接受、不予接受或改爲海報發表的多數決建議。

28TH IAEE ANNUAL INTERNATIONAL CONFERENCE

Hosted by:
International Association for Energy Economics (IAEE)
Chinese Association for Energy Economics (CAEE)

3-6 June 2005
at the Grand Hotel, 1 Chung-Shan N. Road, Section 4, Taipei, Taiwan 104, ROC

Conference Themes and Topics

1. Prospects of Global Energy Development:
Global and Regional Energy Demand and Supply
New Paradigm under the World Trade Organization
Restructuring and Deregulation
Inter-Regional Energy Security and Reliability
Liberalization and Market Power
Role of International Energy Suppliers

2. Prospects of Energy Technology Development:
Green and Renewable Energy Technology
Conservation Know-how and R&D
Fuel Cell and Hydrogen Technology
Distributive Energy Systems
Diffusion and Collaboration in Energy Technology

3. Sustainability:
Sustainable Energy Development
Global Warming and Energy
Energy and Pollution Control
Nuclear Safety and Waste Disposal
Rationality and Energy Selections
Policy Options and Strategies

Keynote Plenary Session Theme:
The Future of Energy

4. Individual Energy Sectors:
Coal
Oil
Natural Gas (including LNG)
Electricity
Renewable Energy and New Energy

5. Energy Efficiency and Energy Modeling:
Energy Statistics and Energy Efficiency Indicators
Energy Modeling, Simulation, and Forecasting
Energy Conservation Program and Demand-Side
  Management
Integrated Resource Planning and Demand Response
ESCO and New Business Models

Dual Plenary Session Themes:
The Middle East Situation and Energy Security
Regulation vs Deregulation of the Energy Market
The Impact of GHGs Emission Control on Energy Supply
  and Demand
Rethinking Nuclear Energy
Prospects of New Energy Technology
The Scope and Potential of Renewable Energy

Abstract Submission Deadline:
(Include a short CV when submitting your abstract)

We are pleased to announce the first Call for Papers for the 28th IAEE Annual International Conference entitled 'Globalization of Energy: Markets, Technology, and Sustainability', scheduled for 3-6 June 2005 at the Grand Hotel in Taipei. Please mark your calendar for this important conference. There will be at least 7 plenary sessions and 27 concurrent sessions, as well as 5 poster sessions. During the conference, we will also ensure that you and your spouses can enjoy the wonderful hospitality and rich content of traditional Chinese and Taiwanese culture.

Abstracts should be double-spaced and between 300-500 words giving an overview of the topic to be covered. Abstracts must be prepared in standard Microsoft Word format or Adobe Acrobat PDF format and within one single electronic attachment file. Complete contact details should be included in the first page of the abstract, which should be submitted to the CAEE conference secretariat either through the e-mail system (as an electronic mail attachment) or the postal system (in a 1.44Mb diskette) to: **Yunchang Jeffrey Bor**, Ph.D., Conference Executive Director, Chung-Hua Institution for Economic Research (CIER), 75 Chang-Hsing Street, Taipei, Taiwan 106, ROC, Tel: 886-2-2735-6006 ext 631; 886-2-8176-8504, Fax: 886-2-2739-0615, e-mail: iaee2005@mail.cier.edu.tw

General Organizing Committee

Vincent C. Siew: General Conference Chairman; Chairman of the Board, Chung-Hua Institution for Economic Research (CIER), Taiwan, ROC. **Yunn-Ming Wang**: Program Committee Chairman; Chairman of the Board, Chinese Association for Energy Economics (CAEE), Taiwan, ROC. **Neng-Pai Lin**: Organizing Committee Chairman; Chairman of the Board, Taiwan Power Company, Taiwan, ROC. **Ching-Tsai Kuo**: Sponsorship Committee Chairman; Chairman of the Board, Chinese Petroleum Corporation, Taiwan, ROC.

IAEE BEST STUDENT PAPER AWARD: US$1,000 cash prize plus waiver of conference registration fees. If interested, please contact IAEE headquarters for detailed applications/guidelines. **STUDENT PARTICIPANTS**: Please inquire about scholarships for conference attendance to **iaee@iaee.org**

圖3-6 首輪論文徵稿通知（範例）

資料來源：28th IAEE International Conference

CEPSI 2010 Abstract Submission

Guidelines for Abstract Submission

CEPSI 2010 Technical Sessions will be organized from accepted abstracts. Please submit abstracts (maximum two pages in length; one page is highly recommended), comprising (1) overview, (2) methods, (3) results, and (4) conclusions. Please also attach a short CV within one page. The corresponding author submitting the abstract must provide complete contact details: mailing address, phone, fax, e-mail etc.

At least one author of accepted paper must pay the registration fee and attend the conference before July 26, 2010. Authors will be notified by May 25, 2010 of their paper status. Authors whose abstracts are accepted will have to submit their full-length papers no later than July 26, 2010.

While multiple submissions by individual or groups of authors are welcome, the abstract selection process will seek to ensure as broad participation as possible: each speaker is to deliver only one presentation in the conference. If multiple submissions are accepted, then a different co-author will be required to pay the reduced registration fee and present the paper.

Kindly note that we **ONLY** accept abstracts which use our **ABSTRACT TEMPLATE**! (i.e. text documents only: doc; NO pdf) Please e-mail to CEPSI2010@cier.edu.tw entitled with "Abstract Submission-Your Name" after completion. The online submission system will also launch soon.

IMPORTANT DEADLINES	
Submission of Abstract	April 25, 2010
Notification of Abstract Acceptance	May 25, 2010
Submission of Full Paper	July 26, 2010
Register the Conference*	July 26, 2010

* One for each accepted paper, at least one author must register before July 26, 2010 unless agreed to later date by the Organizer. Otherwise, the accepted paper will be rejected directly by the Organizer.

圖3-7　論文摘要格式（範例）

資料來源：18th AESIEAP Conference of the Electric Power Supply Industry

台灣三益策略發展協會
Triple-E Institute (TEI)

Room 304, Zi-Qiang Building,
53 He-Jiang Street, Taipei, TAIWAN 10479
Tel: 886-2-2517-7811 ext. 201; Fax: 886-2-2517-7215
E-mail: bory47@gmail.com

June 6, 2011

Dear Professor ABC:

Please be informed that the program committee accepted your paper abstract for the TEI 1th International Conference at the Grand Hotel, Taipei, Taiwan, June 3-6, 2012. The committee provides special privilege (registration fee will be exempted) for the main presenter of each paper.

Enclosed herewith please find the related forms and information that would be highly appreciated if you would:

1. Please follow the instruction in Paper Submission Kit and Full Paper Format for conducting your full paper and PowerPoint presentation then submit such files at your earliest convenience, but not later than February 6, 2012, to tei2012@gmail.com, the committee will arrange the conference CD of all papers.
2. Please fill-out (key-in) the registration and hotel forms then save the files and send back (before February 6, 2012) by email to tei2012@gmail.com, or go to www.tri.org.tw (registration button) for registration online (no registration fee payment).
3. Kindly be notified that your paper number (ID) is **TEI-01-01**; please use this number to be the reference in the full paper and other related matters.

Should you have any query please feel free to contact me at tei2012@gmail.com. We are looking forward to welcoming you to Taipei for this occasion.

With our best regards,

Yunchang Jeffrey Bor
Conference Chairman

圖3-8　論文摘要接受信（範例）

台灣三益策略發展協會
Triple-E Institute (TEI)

Room 304, Zi-Qiang Building,
53 He-Jiang Street, Taipei, TAIWAN 10479
Tel: 886-2-2517-7811 ext. 201; Fax: 886-2-2517-7215
E-mail: bory47@gmail.com

June 6, 2011

Dear Professor ABC:

Please be informed that the program committee declined your paper abstract for the TEI 1th International Conference at the Grand Hotel, Taipei, Taiwan, June 3-6, 2012 due to the limitation of conference space. The committee has received over 2,000 abstracts; however, the maximum conference space for oral presentation is less than 1,000 papers only. Nevertheless, we still highly welcome your participation to the exciting and important conference.

Enclosed herewith please find the related forms and information that would be highly appreciated if you would fill-out (key-in) the registration and hotel forms then save the files and send back (before March 6, 2012) by email to tei2012@gmail.com, or go to www.tri.org.tw (registration button) for registration online.

Should you have any query please feel free to contact me at tei2012@gmail.com. We are looking forward to welcoming you to Taipei for this occasion.

With our best regards,

Yunchang Jeffrey Bor
Conference Chairman

圖3-9　論文摘要拒絕信（範例）

4.論文作者得就篩選結果提異議（通常很少發生），論文篩選委員得審議之；接受與否，由論文篩選委員會決議之。

5.原則上，國際會議不會支付任何稿費、審查費、評論費或其他相關費用。

三、與國際期刊聯繫

國際間有不少知名的學術期刊，具有相當高的學術地位，學術界往往將國際性的學術期刊分為一級（top-tier），二級（second-tier）及三級（third-tier）。一級的學術期刊多為歷史悠久，學術水平高，絕大部分的學界均公認其地位。一級學術期刊審核極為嚴格，均採用「雙匿名評核（double blind review）」的方式。由於一級學術期刊對投稿的採用率（acceptance rate）極低，因此學者均以在這些期刊發表論文為榮。一篇一級期刊論文，可以抵得上多篇一般期刊的論文，這大致是學術界公認的習慣。若國際會議籌備預算許可，可以與國際知名的一級學術期刊聯繫，洽談刊登廣告國際會議訊息；或是與其合作，從本次國際會議中入選之論文中再篩選出優質的論文數篇，共同出版論文集特刊（special issue），將這些優秀人才介紹給國際學術界，為國際會議增光，也能讓國際學術期刊的讀者對本次國際會議留下良好深刻的印象。共同出版論文集特刊也是吸引專業人士投稿給大會的方法之一。

與國際學術期刊聯繫時，總編輯是核心人物，大會執行長或議程召集人可撰寫正式信函給特定期刊總編輯（**圖3-10**），介紹國際會議以及詢問合作之可能性，通常出版特刊是需要贊助印刷費，每一家期刊的贊助費用不一，必須事先確認。通常國際會議有合作出版國際學術期刊特刊的動作，較能吸引專業人士的青睞，大幅增加報名與會的意願。

事實上，有些國際期刊本身也會舉辦或贊助國際研討會，主要目的是提供投稿者會面並交流意見的機會與場合，如管理學界學術地位崇高的管理學會（Academy of Management, AOM），出版一級期刊如

台灣三益策略發展協會
TRIPLE-E INSTITUTE
Room 304, Zi-Qiang Building,
53 He-Jiang Street, Taipei, TAIWAN 10479
Tel: 886-2-2517-7811; Fax: 886-2-2517-7215

June 1, 2010

Dear Honorable editor,

This is Linda Chen from Triple-E Institute (TEI).

On behalf of Professor Yunchang Jeffrey Bor, Conferece Executive Director and President of Triple-E Institute, I am writing to ask your permission to publish a special issue/edition of quality papers under a regular number for the 1st international TEI Conference, which will be held in Taipei, Taiwan on June 3-6, 2012.

Please see the attachment of the invitation letter. It would be a great honor if we could have the opportunity to cooperate with you. We look forward to hearing from you at your earliest convenience.

With warmest regards,

Linda Chen
Conference Secretary
linda.chen@tei.org.tw

c.c. Conference Executive Director, Secretary-general, Conference Chairman

圖3-10　出版特刊正式信函格式（範例）

Academy of Management Review（AMR）與*Academy of Management Journal*（AMJ），而每年的AOM年會（Annual Meeting of the Academy of Management）為管理學界的盛事，同時也是AMR與AMJ論文的重要來源之一。其他類似的期刊與研討會，如國際能源經濟學會（International Association of Energy Economics）與其出版的*The Energy Journal*及*Economics of Energy & Environmental Policy*也都是期刊與研討會結合的著名案例。

　　議題與議程的規劃為國際會議進行的主軸。國際會議進行過程的議題規劃，主要包含全體會議（plenary sessions）、技術分會（concurrent session）與支援活動（side events）三大部分。全體大會的議題規劃重點，必須包含：主辦國家／地方代表致詞、大會主題演講（keynote speech）、專題演講與論文發表。而技術分會的進行模式為同一時段有多場國際會議並行，其模式有辯論會（debate）、專題研討（seminar）、座談會（panel discussion）、個案討論（case study）、研習會（workshop）、分組討論（concurrent break-out session）、圓桌會議（roundtable session）、功能會議（functional session）與海報發表（poster session）等。而支援活動的安排，可依循的模式包含：接待酒會（reception）、記者會（press conference）、技術參訪（technical visit）、市區觀光（city tour）、會前、會後的休閒旅遊活動（before- and after-conference tour）與文化活動（cultural event）。

　　而各項議題的規劃，必須考量時間安排的適切性，議程表（agenda）即結合議題與時間安排，用以引導國際會議進行的依據。其規劃的重點為：輕鬆的開始、時間分配、保留彈性、目的導向與活動安排。

　　國際會議投稿、徵文與審查為舉辦會議的主要目的之一。本章重點在於徵文、投稿與論文審查流程的內涵與應注意事項。徵文投稿流程中，除了進行會議宣傳，相關規定如徵稿主題、截止日期、論文格式與聯絡資訊等，必須清楚陳述。對於投稿人和與會人士的後續提醒，為維持會議論文發表數量重要的工作之一。在論文品質方面，成立專業公正之論文篩選委員會審核論文摘要，為重要的任務。此外，與國際知名的學術期刊合作，可提升國際會議的知名度與專業度，合作模式包含在期刊刊登國際會議訊息；或從國際會議中篩選出優質論文數篇，共同出版論文集特刊（special issue）。

國際會議規劃與管理

重要辭彙與概念

全體國際會議（plenary sessions）

主要在大型的國際會議廳中舉辦，全體會議的議程主要包含開幕式、大會主題演講、專題演講、論文發表。

技術分會（concurrent session）

技術分會的進行模式為同一時段有多場國際會議並行，又稱同時分會，目的是針對一些需要深入討論或雙向互動與溝通的議題或個案進行全面性的資訊交換。

支援活動（side events）

支援活動可提升國際會議的多元性與豐富性，主要目的為幫助與會人士透過除了語言溝通之外的形式。透過靜態或動態活動的安排，與會人士將更深入瞭解並接受國際會議的主旨與內涵，同時增加對主辦國或主辦地點文化的瞭解。

專題研討（seminar）

指一群（10～50位）具不同技術但有共同特定興趣的專家，藉由一次或一系列的集會，來達成訓練或學習的目的之研討。大都為期1～2天，籌辦目的通常是教育或布達。

座談會（panel discussion）

有一位引言人主持，針對專題或問題提出論點加以討論，其建議的意見或看法可持正反面，最後由引言人作出總結。

研習會或分組討論（workshop or break-out session）

由幾個人進行密集討論的集會，其緣起係為整合某一特定主題或訓練的分歧意見。目的是在使研究人員之發現能藉由充分討論來使之發揮最大而有效的應用。

圓桌國際會議（roundtable session）

有些技術分會特別採小組互動的方式進行，通常參與人數是在8～12人之間。

海報發表（poster session）

現場將提供展示看板，供發表者展示其研究相關的綱要與圖表給與會人閱覽。發表者依表訂時間出席現場，與閱覽人進行直接面對面的溝通與互動討論。

接待酒會（reception）

安排在全體會議與技術分會之外的空餘時間，如與會人士抵達後或離境前的空檔、會議期間的夜晚等。

記者會（press conference）

與接待酒會相似，安排在全體會議與技術分會之外的空餘時間，如與會人士抵達後或離境前的空檔、會議期間的夜晚等。

技術參訪（technical visit）

大會安排讓與會人士對主辦地的相關機構、科學園區或大學進行訪視。

市區觀光（city tour）

會前、會後的休閒旅遊活動，如當地的觀光景點或風土人情的體驗與接觸。

開會公告（announcement）

國際會議的與會人士不辭千里而來，通常都有著很強的目的導向；亦即，議題與議程的安排必須能深切扣合國際會議公告的主旨。

雙匿名評核（double blind review）

學術界往往將國際性的學術期刊分為一級、二級及三級。一級的學術期刊多為歷史悠久，學術水平高，絕大部分的學界均公認其地位。一級學術期刊審核極為嚴格，均採用「雙匿名評核」的方式。

論文篩選委員會（paper screening committee）

　　爲求公平公正，議程委員會應邀請相關領域之專業學者專家，組成論文篩選委員會（人數不能太多，約3～5人即可），訂定審核論文摘要之準則並對外公告，使論文投稿者信服，以避免產生審核不公之糾紛疑慮。

問題與討論

1. 議題規劃一般分為哪三大類？
2. 全體大會的主要目的為何？
3. 技術分會有哪幾種形式？
4. 支援活動有哪幾種形式？
5. 試以「2026急診醫學國際會議」（2026 International Conference on Emergency Medicine）為例，進行議題規劃。
6. 試以「2026急診醫學國際會議」（2026 International Conference on Emergency Medicine）為例，進行議程表的編制。
7. 國際會議投稿審查作業有哪三大主要工作？
8. 試以「2026急診醫學國際會議」（2026 International Conference on Emergency Medicine）為例，進行論文投稿與審查程序的演練，包含：
   (1) 徵文流程之模擬
   (2) 評審委員會之建立，同時擬定論文接受函與拒絕函（中英文版）
   (3) 尋找合適的國際期刊（至少三件），進行合作之規劃。
9. 試以「2026急診醫學國際會議」（2026 International Conference on Emergency Medicine）為例，編制下列相關之文件：
   (1) 開會通知（中英文）
   (2) 論文摘要格式（中英文）
   (3) 國際摘要期刊邀請函（中英文）

 相關網站

AOM Annual Meeting (Academy of Management): annualmeeting.aomonline.org
International Conference for Management of Technology: www.iamot.org/
International Conference on Biomedical Engineering and Technology: www.icbet.org
International Technology Management Conference: www.ieee-itmc.org
The ISPIM Conference (Int'l Society for Professional Innovation Management): conference.ispim.org/

 參考文獻與延伸閱讀

一、中文部分

方偉達（2010）。《國際會議與會展產業概論》。五南出版社。

方偉達（2017）。《期刊論文寫作與發表：第一本針對華人學者投稿國際期刊的實務寫作專書》。五南出版社。

王麗斐審訂（2010）。P. Paul Heppner、Mary J. Heppner著。《研究論文寫作：撰寫與投稿的寫作祕笈》。洪葉文化出版社。

沈燕雲、呂秋霞（2007）。《國際會議規劃與管理》（第二版）。揚智文化。

段恩雷（2010）。《會展行銷規劃》。經濟部。

韋伯文化編輯部譯（2019）。Ridley, D.、Payne, G.、Payne, J.、Punch, K. F.、O'Dochartaigh, N.、Oliver, P.著。《研究方法套書》（二）。韋伯出版社。

陳立航（2011）。《會議手冊》。憲業出版社。

黃熾森（2009）。《如何與國際期刊評審對話（SCI、SSCI）》。鼎茂出版社。

意得輯（2019）。《英文科技論文寫作的100個常見錯誤》。清華大學出版社。

廖柏森（2020）。《英文研究論文寫作：文法指引》（第三版）。眾文出版社。

廖柏森（2020）。《英文研究論文寫作：段落指引》（第二版）。眾文出版社。

二、英文部分

Axtell, P. (2020). *Make Meetings Matter: How to Turn Meetings from Status Updates to Remarkable Conversations*. Simple Truths.

Axtell, P. (2020). *Make Virtual Meetings Matter: How to Turn Virtual Meetings from Status Updates to Remarkable Conversations*. Simple Truths.

Carrus, E. (2019). Colorado: A meeting and incentive planner's guide. *Successful Meetings, 68*(5), 95-96, 100, 102.

Deering, C. J., & Smith, S. S. (1997). *Committees in Congress*. Congressional Quarterly Inc.

Doyle, M. (1976). *How to Make Meetings Work!* The Penguin Putnam Inc.

Driessen, A. (2019). *The Non-Obvious Guide to Event Planning (for Kick-Ass Gatherings That Inspire People)*. Ideapress Publishing.

Friedmann, S. (2003). *Meeting & Event Planning for Dummies.* Wiley Publishing, Inc.

Golub, A., & Carrus, E. (2018). Oh, the places you'll go. *Successful Meetings, 67*(3), 20-28.

Henkel, S. L., & Luianac, M. (2007). *Successful Meetings: How to Plan, Prepare, and Execute Top-Notch Business Meetings*. Atlantic Publishing Group, Inc.

Jones, L. J. (2020). *The Event Planning Toolkit: For the Unexpected, Unprepared, and Reluctant Event Planner*. Rowman & Littlefield Publishers.

Kelsey, D., Plumb, P., & Braganca, B. (2004). *Great Meetings! Great Results.* Great Meeting, Inc.

Kilkenny, S. (2006). *The Complete Guide to Successful Event Planning with Companion*. Atlantic Publishing Group, Inc.

Krugman, C., & Wright, R. R. (2007). *Global Meetings and Exhibitions (The Wiley Event Management Series)*. John Wiley & Sons, Inc.

Lawson, F. (2000). *Congress, Convention and Exhibition Facilities: Planning, Design and Management* (Architectural Press Planning and Design Series). Architectural Press.

Mathilda, V. N. (2017). Contemporary issues in events, festivals and destination management. *International Journal of Contemporary Hospitality Management, 29*(3), 842-847.

Miziker, R. (2015). *Miziker's Complete Event Planner's Handbook: Tips, Terminology, and Techniques for Success*. University of New Mexico Press.

Mosvick, R. K., & Nelson, R. B. (1996). *We've Got to Start Meeting Like This: A Guide to Successful Meeting Management*. Park Avenue Productions.

Mulcrone, K. (2011). Talking tech in seoul. *Successful Meetings, 60*(1), 12.

Mundry, S. E., Britton, E., Raizen, S. A., & Horsley, S. L. (2000). *Designing Successful Professional Meetings and Conferences in Education: Planning, Implementation, and Evaluation*. Corwin Press, Inc.

Parker, G. M., & Hoffman, R. (2006). *Meeting Excellence: 33 Tools to Lead*

Meetings That Get Results. John Wiley & Sons, Inc.

Press, E. (2007). *Start Your Own Event Planning Business*. Entrepreneur Media, Inc.

Rogers, T., & Davidson, R. (2006). *Marketing Destinations and Venues for Conferences, Conventions and Business Events (Events Management)*. Elsevier Ltd.

Streibel, B. J. (2003). *The Manager's Guide to Effective Meetings*. The McGraw-Hill Companies, Inc.

Winter, C. (1994). *Planning a Successful Conference (Survival Skills for Scholars)*. Sage Publications, Inc.

Chapter 4

報名與註冊

- 報名流程與名單的管理
- 製作報名表
- 線上報名系統

一般而言，報名係指事前作業，註冊則多指現場（事後）作業，但兩者之切割界線並不是那麼明確。國際會議的報名與註冊比普通會議的報名與註冊複雜許多。一個好的報名與註冊系統設計往往可以大幅節省籌辦國際會議的人力、時間與經費並提升品質。以下作者舉例說明報名與註冊系統設計的重點。實務上的操作仍需視個案做細部修改，俾符合個別國際會議的需求。

 # 第一節　報名流程與名單的管理

一、報名流程的重點

國際會議的報名一般可分為現場報名（on-site registration）與線上報名（online registration），流程大致上可區分為五大重點：

(一)報名表的內容與公布時間、地點

報名表需包含個人基本資料、會員身分、報名費金額、旅館以及特殊要求等欄位（範例見**圖4-1**）。報名表確認無誤後應儘早公布於宣傳品刊物與網站上，以方便有興趣參與的人士利用。

(二)邀請函及確認函之發送

為爭取時效與節能減碳，現代國際會議之相關聯繫多採電子郵件方式處理為宜。邀請函及確認函的範例見**圖4-2**所示。

(三)出席證明

設計及製作與會證明以提供國內、國際人士差假與申請經費使用，並於國際會議報到或開議期間發送。出席證明範例見**圖4-3**所示。

REGISTRATION FORM
28th Annual IAEE International Conference
Globalization of Energy: Markets, Technology, and Sustainability
3-6 June 2005, The Grand Hotel, Taipei

Type of Registration (*Please check the appropriate box:*)	Received on or Before April 30, 2005	Received May 1 to May 31, 2005	Received After June 1, 2005 and Onsite Fee
☐ Speakers **NOTE:** payment must be received by Apr 30, 05	495 USD		
☐ IAEE Members	570 USD	620 USD	645 USD
☐ Nonmembers (includes membership)	670 USD	720 USD	745 USD
☐ Nonmembers (without membership)	705 USD	755 USD	780 USD
☐ Full Time Students	325 USD	375 USD	425 USD
☐ Guests (no meeting sessions)	325 USD	375 USD	425 USD
☐ Student Scholarship Fund Support	50 USD	50 USD	50 USD

Last Name: _____ (*Please circle one:*) Prof. / Dr. / Mr. / Ms.

First Name: _____ Initial Name: _____

Date of Birth (mm/dd/yyyy): _____ Nationality: _____

Passport No: _____ Email: _____

Business Title: _____

Company / Organization: _____

Address: _____

_____ City / Country: _____

Fax: _____ Telephone: _____

Please check the box(es) if you attend:

☐ Technical Visit (June 3, 2005) #   ☐ Opening Reception (June 3, 2005)
☐ City Tour (June 4, 2005) # **   ☐ Welcome Dinner (June 4, 2005)
☐ Cultural & Shopping Tour (June 5, 2005) # **   ☐ Taipei Cultural Night Party (June 5, 2005)
☐ Historical Tour (June 6, 2005) # **   ☐ Farewell Dinner (June 6, 2005)

\# Participations in these activities are subject to availability for registrations after Friday, May 6, 2005
** Hold during the meeting sessions

Methods of Payment (*Please check the appropriate box and fill in the information:*)

☐ By Wire Transfer to IAEE 2005 Conference Secretariat:
Bank: Hua Nan Commercial Bank LTD.
Branch: Ho Ping Branch
SWIFT Address: **HNBKTWTP121**
A/C Name: **Institute For Information Industry**
A/C No: **121-97-000636-6**
Address: NO.93, Sec 2, Ho Ping East Road, Taipei, Taiwan, ROC.
Fax: +886-2-2709-9230
Telex: 11307

☐ By Credit Card: Total Payment (US$) _____
Name on Credit Card: _____
Bank of Issue: _____
Visa/Master (*check one*): ☐ Visa   ☐ Master
Card Number: _____
Expiration Date (mm/yy): _____
Signature: _____

At what hotel will you be staying (*Check one*)? ☐ The Grand Hotel ☐ Other (please indicate) _____

Special Needs: (*Check if they apply:*) ☐ Have a disability or special need ☐ Vegetarian ☐ Muslim

CANCELLATIONS / SUBSTITUTIONS: All cancellations and substitutions must be received in writing to Conference Executive Director. Cancellations received on or before May 2, 2005 are subject to a non-refundable US$ 200.00 administrative fee. Cancellations received after May 2, 2005 will be honored, however, no refund will be made. There will be no refunds for no-shows. There is no exception allowed to this policy. Should you be unable to attend, substitutions may be made to transfer your registration to another member of your organization at any time up to May 31, 2005.

REGISTRATION FEES are payable in advance. Complete this form and fax, mail, or email to Conference Executive Director. Conference registration fees may be paid by wire transfer or by credit card. Hotel and related travel costs are not included in registration fees.

STUDENTS: Submit a letter stating that you are a full-time student and are not employed full-time. The letter should provide the name and contact information for your main faculty supervisor or your department chair and a copy of your student identification card. IAEE reserves the right to verify student status.

Conference Executive Director: Yunchang Jeffrey Bor, Chung-Hua Institution for Economic Research
75 Chang-Hsing Street, Taipei, TAIWAN 106, ROC.
Tel: 886-2-2735-6006 ext.631; 886-2-8176-8504 Fax: 886-2-2739-0615
Email: iaee2005@mail.cier.edu.tw

圖4-1 報名表範例

資料來源：28th IAEE International Conference

The 2nd Congress of the East Asian Association of Environmental and Resource Economics
2-4 February, 2012, Bandung – INDONESIA
Faculty of Economics and Business, Padjadjaran University
Secretariat: Jalan Cimandiri No.6, Bandung – 40115, West Java - Indonesia
p/f: +62.22.4204510 e: eaaere2012@fe.unpad.ac.id w: www.eaaere2012.org

Bandung, October 19th, 2011

To: Prof. Yunchang J. Bor

Re: Your submission to the 2nd EAAERE Congress

Dear Prof. Bor,

We would like to thank you again for submitting your abstract title "Economic Instrument and Renewable Energy Policy – An Empirical Study of Green Electricity in Taiwan" (Abstract ID 0107) for consideration to be presented on the congress sessions. We received quite a large number of submissions and the decision has been difficult. However, the program committee has completed the review and we are happy to let you know that your abstract has been accepted to be presented in one of the congress parallel session.

You are expected to submit your full paper by November 30th, 2011. The early registration is closed on November 23rd, 2011 and the late registration is closed on December 1st, 2011. You can submit your full paper and register through our website. It is necessary to submit the full paper and register before the due dates for your papers to be included in the final program.

Regarding the presentation, we will provide a projector and a laptop computer in each room for presentations. Presenters are strongly encouraged to come to the room 15 minutes prior to the start of the session so that the power-point file can be copied onto the laptop before the session begins. We will have assistants that can help in case of technical difficulties. Please let the organizer know in case you need to use your own computer or other kind of presentation tools one day before the session.

Each parallel session will present 4 papers. For each paper there will be 15 minutes of presentation, 5 minutes of brief comments from a discussant, and 10 minutes for questions and answers from the floor.

Please communicate with the local organizing committee regarding any special equipment, or other requests, or if you have any special needs. The Local Organizing Committee can also be contacted for general queries about the conference at: eaaere2012@fe.unpad.ac.id.

You will find registration details, as well as travel and accommodation information, on the conference web-site: www.eaaere2012.org.

We look forward to meeting you at EAAERE 2012.

Yours sincerely,

Dr. Arief Anshory Yusuf
Chair of Local Organizing Committee

圖4-2　邀請函及確認函範例

資料來源：2ndCongress of EAAERE

圖4-3 出席證明範例

資料來源：3rd IAEE Asian Conference

(四)統計與會者人數與彙整國際會議論文篇數

隨時提供大會及籌備委員會參考及掌握臨時變化，例如調整主持人、報告人、場地大小等動作。

(五)國際會議前的報名標準作業流程

與會者報名與繳費（現金、信用卡或電匯轉帳等）息息相關，這也是籌辦單位最關心的問題之一。其他尚與餐飲、旅館、觀光考察及貴賓接

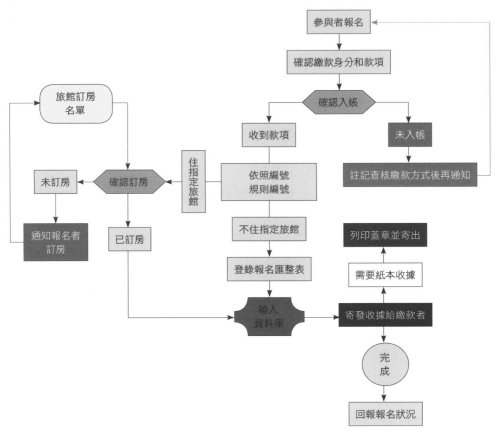

圖4-4　報名作業流程

資料來源：3rd IAEE Asian Conference

待等動作也高度相關，必須保持即時的溝通聯絡（詳見**圖4-4**）。

二、細節規劃

接著說明各個細部動作規劃如下文。

(一)收到報名單

1. 網路報名／傳眞報名／郵寄報名：若同時提供不同的報名方式，需分類處理，除了妥善保存報名表，也必須定期檢查報名管道是否暢通。

2. 輸入資料庫並分類製表：報名者資料庫的表格內容通常包括：與會者姓名、國籍、服務單位、職稱、通訊地址、電話、傳眞、電子郵件信箱、住宿飯店，是否攜眷（攜伴、秘書或隨扈），是否參加歡迎酒會、晚宴及文化活動，到達及離開日期、時間、航班，是否需安排接送機，是否參加旅遊行程，將上述資料彙整後，隨時提供籌備委員會掌握最新參加人員及貴賓狀況。

(二)確認身分與款項

1. 分類確認身分：將所有報名與會者細分爲貴賓、主持人、演講者、眷屬、學生等不同身分，以便確認基本資料與款項。範例如**圖4-3**所示。

2. 核對其他的資料（同行者、額外要求……等）：與會者如有其他同行者欲一起參加國際會議，也必須確認同行者的基本資料與款項。另外，參與者若有飲食、住宿等特殊要求（如素食、回教餐）或額外要求（無障礙要求），也要特別注意。

(三)確認收款

1. 銀行電匯：每隔一或數天需刷存摺或核對銀行對帳單，確認每一筆金額之來源帳戶與相對應的報名者。

2. 信用卡付款：若報名者是以信用卡付款，需確認卡號資料以及簽名是否無誤及是否已入帳。若無入帳，則需立刻與對方聯繫並請確認信用卡資料的正確性。

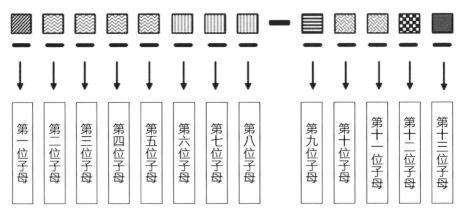

圖4-5　報名者編號

(四)編號

1. 確認收到款項再正式編號，否則就會大亂。

2. 建立編號規則：報名者編號由兩部分組成，即「報名序號」及「演講與眷屬身分代號」，以13位字母及阿拉伯數字表示爲例，格式舉例如圖4-5。

3. 報名序號：

　(1)首位：以英文字母大寫表示

　　T：台灣地區報名者。

　　I：台灣地區以外報名者。

　(2)第二位至第五位：以阿拉伯數字表示

　　報名日期，例如：1月21日→0121；5月7日→0507。

　(3)第六位至第八位：以阿拉伯數字表示

　　當天報名的序號，例如：1月21日的第6位報名者→006；1月21日的第29位報名者→029。其中，應注意台灣地區報名者與台灣地區以外報名者序號須獨立計算。

4. 演講與眷屬身分代號：

　(1)第九位：以英文字母大寫表示

K：Keynote Session 演講人

P：Plenary Session演講人

C：Concurrent Session 演講人

G：同行人員眷屬

A：其他人員（非演講及眷屬人員）

(2)第十位至十一位：以阿拉伯數字表示

演講場次，例如：Concurrent Session 7→07；Concurrent Session 36→36。

若Keynote Plenary Session只有一場，則場次代號為01；依此類推。若遇到與會者第九位代號為C或A同行人員及眷屬），則代號為00。

(3)第十二位：以阿拉伯數字表示

該場演講中的演講序號，例如：Concurrent Session 7 中的第3位演講人→3；Concurrent Session 36中的第1位演講人→1。

5.特別身分代號：

(1)第十三位：以英文字母大寫表示

V：VIP 貴賓。

S：Student學生。

F：Staff 工作人員。

(2)若是一般報名人士，既不是演講人、同行眷屬，也不是特別身分人士，則只有「報名序號」的部分，沒有「演講與眷屬身分代號」的部分。

6.注意事項：報名者之報名手續完成後，包括填寫資料及繳費收到款項後，才會給予正式編號，以避免錯誤。報名編號隨著國際會議的規模與品資要求嚴謹程度可以更簡單化或複雜化；但不可諱言的是，過分粗糙的報名編號系統只有一句話可以形容其下場：「一團混亂」！

7.舉例說明：

(1)若報名者是台灣地區以外人士，於3月5日第9位完成報名手續，其亦為Concurrent Session 24第2位演講人，此報名者的編號為：I0305009-C242。

其兩位同行眷屬人員之編號為：

第一位：I0305009-S001

第二位：I0305009-S002

(2)若報名者是台灣地區人士，於4月11日第10位完成報名手續，其不是演講人，亦不是同行人員，此報名者的編號為：T0411010。

(五)查詢飯店房間預定狀況

1.確認與會者是否住指定旅館。

2.向旅館索取訂房名單，確認與會者是否已訂房。

(六)收據

名單集中整理好後，統一發出電子收據；若與會者要求紙本收據，列印出來後以掛號信件寄出，或現場發放。範例如**圖4-3**所示。

(七)輸入

確定資料均正確輸入，隨時更新資料（編號）。

(八)回報報名狀況

1.每週報告報名情況，傳送更新之excel檔。

2.重要截止日期（deadlines）前一星期，每天報告一次。

(九)資料保密

不得任意外借或copy文件和資料檔，報名表放在辦公室需鎖好，以免重要個人資料外流。大型國際會議名單為有價的商業資料，不應任意外流。

 第二節　製作報名表

　　籌辦單位至少在國際會議舉行日期一年以前就必須開始著手製作報名表（範例如**圖4-1**所示），收錄於國際會議宣傳手冊中，並公布在國際會議官方網站上，提供使用者下載填寫報名。報名表內涵大致必須包含以下項目：

1.國際會議簡介：

　　包括國際會議名稱、舉行時間、地點、國際會議主題。

2.報名費率：

　　報名費依照身分而有不同的收費標準。受邀演講者、會員、非會員（若爲承辦國際學術組織之國際會議，常會有會員與非會員的收費差異）、學生（爲了鼓勵來自世界各地的學生參與國際會議，通常會提供較低廉的學生報名費率）、眷屬／同行者等均有不同的收費標準。通常爲了鼓勵有意願參與國際會議的人員早點報名，會設立一「早鳥」（early bird）期限。在此期限之前的報名者便可享有優惠的「早鳥」報名費率（early bird rate），一旦超過此期限，就必須繳交原始費率。

3.報名者基本資料：

　　爲方便工作人員將報名者資料建檔記錄，報名者必須於報名表填寫詳細的個人基本資料〔姓（last name）、名（first name）、中間名（middle name）、生日、國籍、護照號碼（視需要而定）、電子郵件信箱、服務單位、職稱、聯絡住址、聯絡電話、傳眞等〕，這些個人基本資料僅供國際會議使用，嚴禁外洩。

4.活動選擇：

　　國際會議參與者抵達台灣第一天，通常將會舉行歡迎酒會／晚宴，

另外國際會議的開始與結束亦有開幕與閉幕典禮等。大會可於報名表中詳列，讓報名者依自身需要勾選是否參加。若有安排文化表演活動與會前、後活動（如參觀行程、訓練課程、免費或付費旅遊活動等），也應一併列舉。

5.付款方式與帳號：

基本上付款方式有信用卡付款與電匯付款兩種方式，報名表應詳細說明付款方式與帳號。大會不應鼓勵現場報名與繳費，因為太多現場報名與繳費只會破壞國際會議的品質。但有時現場報名與繳費是不可避免的事，籌辦單位必須另行準備一套機制以應付現場報名。這不是單純指繳費機制，各種活動、食宿、保安均需一併考量。

6.食宿需求：

一般來說，籌辦單位會列出兩種以上不同價位的旅館，讓報名者選擇想要投宿的旅館。若報名者因宗教或個人因素有特殊的飲食需求（如吃素或不吃牛、豬肉等），也應註明，以利工作人員事先安排特殊餐飲。

7.取消報名辦法：

報名程序完成後，若報名者因故無法參與國際會議，應設立退款機制與截止日期，在此特定截止日期前取消報名可退還部分款項（扣除行政成本），若超過此日期就不應退款，避免虧損。

8.其他注意事項與聯絡資訊：

報名表最後應列出其他相關資訊或注意事項，並附上國際會議聯絡人資訊，以方便有意報名者詢問報名相關問題。報名表範例如**圖4-1**所示。

第三節　線上報名系統

　　為方便世界各國／地區人士報名參與，並簡化、加速報到的處理流程，籌辦單位可設計一套自動化之線上報名系統。欲報名參與之人士可隨時隨地透過與網際網路連接的電腦，傳送個人報名及論文大綱等資料；且報名系統本身亦設有資料保護傳送及保存的安全機制，讓使用者免於個人資料外洩的疑慮。國際會議往往規模龐大，報名參與者將會來自世界各地，為了能快速、準確、安全及親切地服務各地區的報名者，並提供完備而高效率的服務，可將報名者大致分為非本國及本國人士兩類，針對兩類不同需求的使用者分別設計中、英文兩種不同版本的線上報名系統。此兩個不同語文版本的線上報名系統在架構上及絕大部分的功能上皆為相同的設計，故在本書的介紹中將以英文版線上報名系統作為範例及主要描述對象。

一、線上報名系統之建置設計原則

　　線上報名系統的建置設計是以使用者易於操作、資料傳送及儲存安全保密、快速回應使用者之各項查詢，以及有效管理與維護為主要設計的重點。根據設計的指向，系統能達到快速、準確、安全及親切服務與有效管理的原則為目標。

(一)簡易操作及親切使用介面

　　線上報名系統的使用者介面應以簡易、親切及清晰為主要設計構圖，並在適當的位置加入扼要的文字指示，讓使用者在入門時即清楚且明確地知道如何操作且完成報名程序。使用者不會因操作不當而中途迷失。整個系統操作指示文字及圖示必須能清楚的引導使用者輸入各項個人資

料、論文（或／及論文摘要）、參與項目資料及繳費情況等步驟。

(二)系統及資料之安全保密

　　爲保障所有報名者的隱私權利，線上報名系統在設計上必須達到在資料傳送或儲存時的安全保密的要求，再配合後端管理人員運作的操守管理機制，防止資料在系統中遭受破壞或洩漏，或在用戶端在與系統連接時遭到病毒的入侵而蒙受不必要的損失。

　　傳統的網路架構大都是專屬性的封閉式環境，因此較爲安全。但由於現在公眾網路的普及，及系統平台多爲開放式的架構，故在任何人（包含駭客等不肖人士）皆可上網連至系統的時候，資訊安全的考量成爲首要條件。亦因近年來寬頻網路環境的普遍性，各式各樣之駭客程式也伺機而起，故防火牆成爲保障網路安全的重要關鍵。

　　一般來說，防火牆是內部網路和外部網路間，所建立起的一道屏障，來防護這道邊界的安全，將駭客阻絕於門外。每個防火牆都代表一個單一進入點，所有透過網路而進入的任何存取行爲都會被檢查，並賦予授權及認證，另外，防火牆亦會根據一套設定好的規則來過濾可疑的網路存取行爲，並發出警告。

(三)快速回應

　　線上報名系統須以自動化互動的線上模式開發，方能達至快速回應的標準。系統自動化的互動提示及檢視可使報名者在操作期間盡量避免輸入錯誤的資料，且報名者在完成第一次系統報名程序及取得使用線上系統報名權限後，系統須能自動回覆及與報名者確認其資料，並讓報名者在一定期間內重複多次進入系統修改，以求達至準確貼心的服務水準。

(四)有效管理及維護

　　要使資料安全保密及線上報名系統發揮最大的效能，須完善的管理及維護機制加以配合方可達成目的；故線上報名系統的設計除了滿足使用者的需求外，還須配合管理機制的運作，才能讓線上報名功能發揮至極大，

協助國際會議之舉辦成功。大會行政人員的基本管理及維護工作如下：

1. 每日統計報名及繳費狀況，提供會計單位查核入帳狀況。
2. 系統即時回覆報名狀況之確認通知。
3. 針對報名程序未完成者，電子郵件聯絡補件。
4. 製作與會人員資料彙整表，內容包括：與會者姓名、與會身分、服務單位、職稱、住宿飯店，是否攜眷，是否參加歡迎晚宴及歡送宴，到達及離台日期、時間、航班，是否需安排接送機，是否參加旅遊行程等各式交叉統計報表。線上報名系統可彙整上述資料隨時提供大會掌握最新參加人員及會議發展狀況。

二、線上報名系統運作架構

建置線上報名系統的目的在於方便報名者在世界上的任何角落，於任何時間均能進行報名的程序。在報名者完成報名程序離開系統的一瞬間，系統立即將資料存入資料庫建檔儲存，節省大會行政人員事後進行資料整理的時間。

由於為方便部分欲報名者所在的地方有不便上網或網路品質不佳的情況，亦會接受以傳真、信件或電子郵件的報名方式，大會行政人員再將以此類方式所收集的報名資料，輸入系統資料庫中儲存。此外，為避免已報名之國際會議參與者的疏忽，例如忘記辦理簽證或訂飯店房間等，線上報名系統亦可設計了寄發提醒通知e-mail的自動發信功能，於特定的時間點均會自動寄發相關通知，提醒已報名的報名者來台與會的必須辦理項目。

整個線上報名系統的架構開發理念如**圖4-6**所示。報名者可直接上網進入系統填寫資料或將其報名資料透過傳真、信件或電子郵件的方式傳送給大會行政人員代為輸入報名系統。但不論以何種方式進行報名，當報名系統收到資料存檔後，均會發送一封電子郵件通知報名者，請報名者再次核對資料，確認在報名系統已收集的資料是否有錯誤。

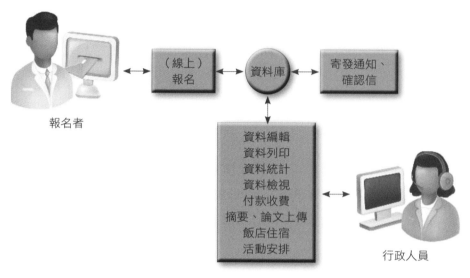

報名者

（線上）
報名

資料庫

寄發通知、
確認信

資料編輯
資料列印
資料統計
資料檢視
付款收費
摘要、論文上傳
飯店住宿
活動安排

行政人員

圖4-6　大會報名、管理系統示意

　　另外，所有已投遞的論文摘要（abstract），在經過篩選委員審核後所得之入選名單，將由大會行政人員確認並輸入系統紀錄後，系統會自動選取及整理已通過者的名單，針對名單發出審查通過與繳費通知的信。至於審查未獲通過者，系統亦會在管理者確認後發信通知至此類報名者，仍歡迎其與會。在報名者繳費，及經大會行政人員審查無誤後，大會行政人員於報名系統中輸入已繳費的註記，且系統亦會在此時發出報名手續全部完成之通知信給該報名者。報名者在取得報名認證及截止繳費日期間，系統會自動發出兩種不同的提醒通知信：即針對所有報名者的「繳費及訂房等手續辦理提醒通知」；與針對通過論文摘要審查的「論文繳交提醒通知」。

三、資料備份及回復機制

　　在遇到電腦無預警當機的時候，整個系統即停擺下來而使所有的使用者無法繼續操作，及可能導致資料的流失。導致無預警性的停機事件大

致來自於：(1)網際網路上外來入侵者的惡意破換；(2)某種因素導致硬體的損壞而使資料流失；(3)無法抗拒的環境災害（如淹水、火災等）。

因此，資料的備份及回復機制，成為一個非常重要且必須受到重視的課題。對於伺服端（server-side）的防護，除了防火牆、硬體環境的設置防護及系統提供的安全機制外，針對「報名系統主機」與「資料庫主機」功能性的不同，亦應採取不同的資料備份及回復程序，說明如次。

(一)「報名系統主機」的資料備份及回復程序

報名系統主機雖是整個系統的核心所在，但由於其本身並不具資料記錄能力，故所有系統執行期間使用者所輸入的資料均須經由另一條內部的網路線連接至資料庫主機，因此資料的備份及回復計畫則採取「系統完整備份」的方式。此方法係將相關檔案完整的燒錄成一份光碟備份並將光碟保存於異地，即可達到防止主機所在位置遭受嚴重性的災變時資料全毀的狀況發生。而執行系統回復程序所需的時間，預估從發現系統停止運作起24小時內即能使系統重新上線運作。

(二)「資料庫主機」的資料備份及回復程序

針對伺服端的資料庫主機，系統應採取更嚴密的備份程序；除了採用與報名系統主機相同的「系統完整備份」程序外，更針對資料庫內的資料進行每星期例行性的完整備份工作並將備份保存於異地，以防止資料的流失。至於系統完整資料備份的週期，可視報名者使用系統的頻率而進行適度的調整。不過，在執行系統回復程序與報名系統主機的回復程序略有不同，共可分兩種狀況來說明：

◆資料庫主機「硬體未損壞」

此狀況只須還原資料庫內的資料，但還原後的資料則為前次備份時間點的資料。預估從發現系統停止運作起12小時內能使系統重新上線運作。

123

◆資料庫主機「硬體損壞」

此狀況在更換過同型號新的主機後，需要還原的部分共有兩處，分別為作業系統及資料庫。在作業系統的還原上，則以「系統完整備份」光碟，進行系統的復原作業。至於資料庫內的資料則以最近一次的完整備份資料來進行還原工作。預估從發現系統停止運作起24小時內能使系統重新上線運作。

四、資料備份與保密作業要點

為確保國際會議網站正常運作，及確保報名者資料之完整及保密性，應訂定資料備份與保密作業要點，詳述如後。

(一)運作組織及權責

設「資料備份作業小組」，統籌網站、系統及報名資料備份及保密事宜。資料備份作業小組組織成員及工作職掌，詳列如**表4-1**。資料備份作業小組為推動業務之需要，將不定期召開小組國際會議。

(二)資料備份範圍及保密原則

資料備份範圍包括網站中、英文版網頁資料，線上報名系統程式及報名資料庫。

表4-1　資料備份作業小組組織成員及工作職掌

編組職稱	工作職掌
召集人	資料備份作業小組事項之協調、推動及召集小組（國際）會議。
副召集人	協助召集人推動資料備份作業小組業務並召集小組（國際）會議。
組員	統籌網頁維護、備份事宜並定期備份網頁及報名資料，同時負責資料保密事宜。

(三)資料備份週期

1. 網站中、英文版網頁資料：平日每星期進行一次完整備份；當網頁資料有更新時，隔日即進行差異備份。

2. 線上報名系統程式：平日每星期進行一次完整備份；當系統程式進行修整測試無誤後，即進行差異備份。

3. 報名資料庫：每星期完整備份一次；但可視離開會日期接近程度增加備份頻率的需求，如每天或12小時完整備份一次。

(四)資料備存地點

　　所有備份之資料均經加密保護並燒錄於唯讀光碟，儲存於機房以外之固定場所，以防資料因環境災害而流失。

本 章 重 點

報名與註冊為國際會議重要的作業。報名作業流程依其主要工作項目,可區分為五大重點,包含:

1.報名表的內容與公布時間、地點。

2.邀請函及確認函之發送。

3.出席證明。

4.統計與會者人數與彙整國際會議論文篇數。

5.國際會議前的報名標準作業流程:

　(1)收到報名單

　(2)確認身分與款項

　(3)確認收款

　(4)編號

　(5)查詢飯店房間預定狀況

　(6)收據

　(7)輸入

　(8)回報報名狀況

籌辦單位國際會議舉行日期一年以前就必須開始著手製作報名表,收錄於國際會議宣傳手冊中,並公布在國際會議官方網站上,提供使用者下載填寫報名。報名表必須包含的項目有:

1.國際會議簡介。

2.報名費率。

3.報名者基本資料。

4.活動選擇。

5.付款方式與帳號。

6.食宿需求。

7.取消報名辦法。

8.其他注意事項與聯絡資訊。

線上報名系統方面,其設計原則為:

1.簡易操作及親切使用介面。

2.系統及資料之安全保密。

3.快速回應。

4.有效管理及維護。

重要辭彙與概念

報名作業流程

其主要工作項目，可區分為五大重點，包含：(1)報名表的內容與公布時間、地點；(2)邀請函及確認函之發送；(3)出席證明；(4)統計與會者人數與彙整國際會議論文篇數；(5)與國際會議前的報名標準作業流程。

國際會議前的報名標準作業流程

包含：(1)收到報名單；(2)確認身分與款項；(3)確認收款；(4)編號；(5)查詢飯店房間預定狀況；(6)收據；(7)輸入；(8)回報報名狀況等八大工作項目。

報名表

報名表需包含個人基本資料、會員身分、報名費金額、旅館以及特殊要求等欄位。

優惠的報名費率（early bird rate）

通常為了鼓勵有意願參與國際會議的人員早點報名，會設立一「早鳥」期限。在此期限之前的報名者便可享有優惠的「早鳥」報名費率，一旦超過此期限，就必須繳交原始費率。

線上報名系統

為方便世界各國／地區人士報名參與，並簡化、加速報到的處理流程，籌辦單位可設計一套自動化之線上報名系統；且報名系統本身亦設有資料保護傳送及保存的安全機制，讓使用者免於個人資料外洩的疑慮。

問題與討論

1.試以「2026急診醫學國際會議」（2026 International Conference on Emergency Medicine）為例，進行報名標準作業系統的演練，包含：

　(1)收到報名單

　　A.網路報名／傳真報名／郵寄報名

　　B.輸入資料庫並分類製表

　(2)確認身分與款項

　　A.分類確認身分

　　B.核對其他資料（同行者、額外要求等）

　(3)確認收款

　　A.銀行電匯

　　B.信用卡付款

　(4)編號

　　A.確認收到款項再編號

　　B.建立編號規則

　(5)查詢飯店房間預定狀況

　(6)收據的處理與寄發

　(7)資料的輸入

　(8)回報報名狀況

　　A.每週報告報名情況，傳送更新之excel檔。

　　B.重要截止日期（deadline）前一星期，每天報告一次。

　(9)資料保密管理

2.試以「2026急診醫學國際會議」（2026 International Conference on Emergency Medicine）為例，擬定論文發表人的出席證明。

 參考文獻與延伸閱讀

一、中文部分

何蟬秀譯（2020）。《小笠原種高著。圖解！一次搞懂資料庫》。碁峰出版社。

李紹綸（2019）。《大數據時代：資料庫系統實作與案例分析》（強銷版）。上奇資訊。

楊季方譯（2019）。 井敏克著。《圖解資訊安全與個資保護——網路時代人人要懂的自保術》。碁峰出版社。

趙柳榕（2020）。《資訊系統安全技術管理策略：資訊安全經濟學》。財經錢線文化有限公司。

二、英文部分

Chamberlin, C. (2019). *Windows 10 Backup And Recovery: A Step-By-Step Visual Guide*. Independently Published.

Blokdyk, G. (2018). *Virtual Machine Backup and Recovery: Second Edition*. Createspace Independent Publishing Platform.

Henkel, S. L., & Luianac, M. (2007). *Successful Meetings: How to Plan, Prepare, andExecute Top-Notch Business Meetings*. Atlantic Publishing Group, Inc.

Smith, K., & Haisley, S. (2020). *Oracle Backup & Recovery 101*. McGraw-Hill/Osborne Media.

Chapter **5**

國際會議現場

- 場地規劃
- 設備規劃
- 現場調度與掌控
- 緊急應變措施

在國際會議的現場有許多應注意的重點,例如場地、設備、服務人員、翻譯及緊急應變措施等。雖然其中多屬現場的工作,但事前的準備工作不可或缺。良好的規劃將大幅提升國際會議的品質。本章詳列各項重點如下文。

 第一節　場地規劃

籌備國際會議的各項工作中,場地及設備的準備是國際會議成功與否的最重要關鍵之一。一個設備充足、環境良好的國際會議場地不僅能帶給與會人員輕鬆與舒適,更能促進國際會議進行的效率,以收事半功倍之成效。國際會議場地之挑選,需經過多次事前「現場勘查」(site inspection)與討論,通常應在國際會議舉辦前兩年確定,並與業者簽訂合約。以2005年第28屆國際能源經濟學會國際年會(The 28thInternational Association for Energy Economics(IAEE)International Conference)為例,籌辦單位選擇台北圓山大飯店為國際會議與住宿之場地;2010年東亞暨西太平洋地區電力事業協會2010年電力產業會議暨展覽(2010 Conference of the Electric Power Supply Industry of the Association of the Electricity Supply Industry of East Asia and the Western Pacific, CEPSI 2010 of AESIEAP)則選擇台北國際會議中心及台北世界貿易中心展覽一館為國際會議暨展覽之場地,都是非常成功且不錯的例子。選擇大會場址的基本區別在人數與經費預算的差別。

場地規劃的重點可區分為八大面向說明:

一、會場戶外布置(如圖5-1)

可於會場外設置立旗與路燈旗,除了表達熱烈歡迎與會來賓蒞臨之意,並有宣傳作用。路燈旗的設置可延伸至較遠及廣的會場外之道路上,

立旗、路燈旗　　　　　　　　　　騎樓旗

圖5-1　會場戶外布置示範

資料來源：28th IAEE International Conference; 18th AESIEAP Conference of the Electric
　　　　　Power Supply Industry

另收交通指示之作用。

二、會場入口處、大廳布置（如**圖5-2**）

　　會場入口處可設置精神堡壘，搭配花藝設計，呈現國際會議的主要
意象與精神，同時展現國際會議的活力及提供熱情的服務。期許國際會議
在融合和諧的氣氛下，積極討論交流，為相關學術領域的發展帶來新契機
之理念。精神堡壘旁可張貼國際會議議程表，讓與會來賓可藉此找尋各場
次時地及討論議題。精神堡壘也是拍照留念地標的好選擇。

精神堡壘

氛圍設計

精神堡壘

大廳展覽表

圖5-2　會場入口處、大廳布置示範

資料來源：1th IAEE Asian Conference; 17th AESIEAP Conference of the Electric Power
　　　　　Supply Industry; 2008 SKAL World Congress

三、國際會議廳與國際會議室布置（如圖5-3）

　　依國際會議程之設計，需準備適當之大型國際會議廳供開幕及閉幕典禮、會員大會等使用，及提供論文發表之中、小型研討會之國際會議室。為避免與會人員誤入或混淆國際會議場地，國際會議廳與國際會議室外均需設立議程表，列出國際會議名稱、時間、地點、議講者以及主辦單

大廳議程表

大廳議程表

指示牌

會議室議程表

講桌看板

橫幅

圖5-3 國際會議廳、會議室布置示範

資料來源：17th and 18th AESIEAP Conference of the Electric Power Supply Industry; 28th
IAEE International Conference

位等相關資訊，以利與會人員辨識是否來到正確的會場。並於會場的適當醒目的位置豎立方向指示板，正確指示與會人員出入行進方向。國際會議室必須備有完整而先進的國際會議設施，包括單槍投影機、筆記型電腦、投影白幕、麥克風等等。另外，為因應各個國際會議室在不同時段的不同用途，需規劃安排不同的場地配置，使與會來賓不論坐在哪一角落，都能清楚看見及聽見主持人及演講人在台上的講話及與他們對話。

在座位安排部分，典型的形態有四種（如圖5-4、圖5-5），劇院型與教室型對演講者而言，視野與掌控度是最好的，但是不利於台上與台下的互動，劇院型與教室型的座位安排與場地條件相似，但劇院型容納人數較多；圓桌型與研討會型的互動性較佳；安排時應以實際國際會議需求作考量。

在座位的安排上，一般的排位順序，可分為三種：按英文字母順序、按參加組織的先後順序，以及按身分職位的高低順序。國際會議最常用的為按英文字母順序排位，如聯合國大會的席次便是依字母順序排位，但為避免有些國家總是占前面的位置，所以每年大會都會抽籤決定當年大會席次由哪一個英文字母開始。

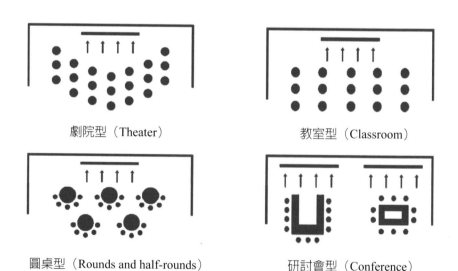

劇院型（Theater）　　　　　　教室型（Classroom）

圓桌型（Rounds and half-rounds）　　研討會型（Conference）

圖5-4　國際會議室的座位安排

劇院型

圓桌型

教室型

研討會型

圖5-5　國際會議室的座位安排實景

四、工作室及貴賓室（如圖5-6）

　　會場至少應設有工作室一間以上，配備電話、傳真機、影印機、雷射印表機及寬頻網路，供大會工作人員之會務處理及諮詢服務，並設置與會會員電腦設備使用專區，供其對外收發電子郵件、資料搜尋、文書處理、影印傳真及試片（含上傳、下載投影片）等服務。為方便邀請與會貴賓之休息及準備或記者訪問，應設置貴賓室一間，內含大型沙發、電腦設備及小型桌椅，無貴賓使用時，亦可作為媒體室使用。有時國際組織與籌辦單位的工作室宜分開設置以免相互干擾。

工作室

貴賓室

圖5-6 工作室及貴賓室布置示範

資料來源：18th AESIEAP Conference of the Electric Power Supply Industry

五、服務台（如圖5-7）

國際會議期間於國際會議大廳設本會之報到櫃檯及服務台。報到櫃檯的後方應設立一大型背板，以方便辨識。報到櫃檯上方應懸掛或張貼功能區域標示（如註冊、已繳費、未繳費、旅遊諮詢等）。報到處的附近則設置服務中心，提供各項國際會議諮詢服務。另外，在報到處鄰近區亦設立一大型議程表，提供與會來賓瀏覽。

圖5-7 報到櫃檯布置示範

資料來源：17th and 18th AESIEAP Conference of the Electric Power Supply Industry

六、用餐場地（如圖5-8）

中場休息茶點場地、中餐、晚餐及晚宴場地之預定與安排，應採方便與會人員用餐及選定交通方便，富地方風味，視野廣闊處舉行。為使參加人員對舉辦地留下良好印象，至少應選一主會場外的地點舉辦晚宴。若計畫於用餐時間舉行頒獎儀式或演講，則應布置一簡要的舞台，以表其事，同時應設計背板或橫幅帶出國際會議歡迎主題供攝影取景，但應避免遮掩舞台上精彩的活動及專業的演講。

桌餐

自助餐

High Table

Halal Table

圖5-8　用餐場地布置示範

資料來源：17th and 18th AESIEAP Conference of the Electric Power Supply Industry

七、表演場地（如圖5-9）

　　文化表演之舞台場地應以寬敞為主要考量，令表演者與觀賞者均有充分的空間發揮才華、盡情觀賞。另外，為避免場地過於空曠，可搭配花卉與造景植物襯托，主持台上也應以花卉點綴，以專主持之格調。文化表演尚可搭配外地晚宴選取名勝古蹟、博物館、美術館、音樂廳、劇場作優質的饗宴。

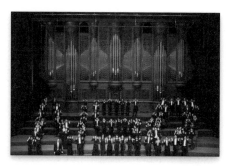

圖5-9 各式文化表演示範

資料來源：17th and 18th AESIEAP Conference of the Electric Power Supply Industry; 28th
IAEE International Conference

八、人員配置（如圖5-10）

國際會議現場的人員配置可概分為接待人員配置與後勤人員配置兩部分。接待人員為影響與會人士最重要的因素，接待人員負責引導、服務，接待人員不僅需要專業的訓練，亦必須具備良好的臨場反應能力，以隨時應對接待過程中許多突發狀況或特殊要求。貴賓接待也是一個重頭戲，需特殊訓練。後勤人員則包含國際會議現場的設備規劃相關人員（如燈光、錄音、攝影等，國際會議的設備規劃詳見下一節）與國際會議現場的翻譯人員、記錄人員、維安人員、醫護人員等。

圖5-10 接待人員訓練示範

資料來源：18th AESIEAP Conference of the Electric Power Supply Industry; 28th IAEE International Conference

第二節 設備規劃

國際會議室相關設備，如視聽音響（Audio Visual, A/V）與燈光效果（lighting effects）於國際會議開議前，即應依國際會議之性質、場次、場地空間特性、動線等，事先規劃所需之軟硬體配備並在現場進行設備搬運、安裝與連線測試等工作。由於相關之規劃日趨專業，籌辦單位通常也會考慮委託給專業人員或公司來進行規劃或操作，本書僅針對視聽器材與同步翻譯應檢視之基本項目提出建議作法。

一、國際會議視聽器材

一般國際會議普遍使用的視聽設備（圖5-11），包含：

1. 單槍投影機（projector）：單槍投影機一般可分為數位投影（DLP）與液晶投影（LCD）兩大主流，為國際會議最常用的視聽器材。

2. 幻燈機（slide projector）：幻燈機就是將縮小的照片放大映出在投

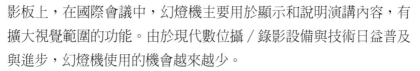

影板上，在國際會議中，幻燈機主要用於顯示和說明演講內容，有擴大視覺範圍的功能。由於現代數位攝／錄影設備與技術日益普及與進步，幻燈機使用的機會越來越少。

3. 圖形投影機（graphic projector）：圖形投影機指任何可以處理從圖形工作站或是引擎發送的高解析度（高於一般的VGA水準）訊號的投影機。

4. 麥克風（microphone）：基本類型分為兩大類，即單向麥克風（unidirectional microphone）和全向麥克風（omni-directional microphone）。無線麥克風（radio-mike）則為透過一個小型發射器（可放置在演講者身上）來傳輸音訊的麥克風，而電容式麥克風（condenser microphone）則運用靜電式元件取代傳統需要電源供應器的發聲體，具較佳高頻。

5. 視訊牆（cube wall）：利用後方投影機的堆疊設置所產生的視訊表面，由於各螢幕之間幾乎沒有間隙，畫面和文字顯現效果佳。

單槍投影機

幻燈機

圖形投影機

麥克風

視訊牆

提詞設備

圖5-11　視聽設備示範

6.提詞設備（prompting devices）：用來讓台上或移動中的演講者面對攝影機，不需要文稿能夠發聲或演出。國際上有多種系統廣被使用，其中之一為自動字幕機（autocue）。

二、同步翻譯（Simultaneous Interpretation）

國際會議與一般國內會議最大的不同，在於參與國際會議的人員來自世界各國，因此語言的溝通便成為重要的課題之一。一般來說，國際會議現場各項活動以及論文發表均以「英文」為主，若有同步翻譯的需要，則必須確定同步翻譯的場次與時間，租借附有活動翻譯隔間的國際會議場地、翻譯機、耳機或接收機等設備（**圖5-12**、**圖5-13**）。此外，籌備單位也需與專業同步翻譯公司或人員接洽詢價，一般慣例，同步翻譯只限於英文及主辦國使用語言（即中文）兩種語言。如需安排更多語言，則費用相當昂貴。除非是多國談判會議，甚少安排多語同步翻譯。少數國際與會者如需同步翻譯，可自行聘請攜帶翻譯員同行。

安排專業的口譯服務，必須注意的要點包含譯員資歷與服務品質，尤其口譯員必須兼具雙語（英文及主辦國使用語言，即中文）能力與多元文化背景，讓主客雙方在會談中突破語言障礙外，還有助於強化彼此關係。而安排口譯的前置作業也很重要，必須儘早提供口譯員有關講稿資訊與內容，以供其研習演練，或與演講者請教交流有關專業詞彙，以發揮現

圖5-12　同步翻譯設備示範

TICC✿

台北國際會議中心同步翻譯設備租金價目表

生效日期：97 年 3 月 10 日

會 議 室		主控機	語言數	翻譯機	耳機／接收機
大 會 堂		6,000	6 國	1,500	100（有線耳機）或 150（無線接收機組，詳參備註 1）
401 會議室		4,500	5 國		
201 會議室	全 室	17,500	15 國	1,500	150（無線接收機組）
	單 間	7,000	3 國		
	二間組合	8,500	5 國		
	三間組合	11,000	8 國		
	四間組合	13,500	9 國		
101 會議室	全 室	17,500	15 國		
	單 間	7,000	4 國		
	二間組合	11,000	7 國		
102 會議室		4,500	5 國		
四樓貴賓廳		8,500	3 國		
103 會議室〔須租用活動翻譯隔間〕		7,000	3 國	1,500	150（無線接收機組）
105 會議室〔須租用活動翻譯隔間〕		7,000	2 國		
三樓宴會廳〔須租用活動翻譯隔間〕		17,500	4 國		

備註

1. 紅外線發射器每時段租金 2,500 元，大會堂前區之貴賓椅及舞台接收訊號時須使用。

   本中心大會堂座椅維修期間，需改租用上述紅外線發射器 2～8 組及無線接收機組（NT＄150/副）。

2. 租用活動翻譯隔間，每時段租金 3,000 元。

3. 每部翻譯機僅供單一語言翻譯之用，同一會場有多種語言需求時，須按實際需求加租翻譯機。

圖5-13　TICC同步翻譯報價示範

場最佳互動溝通效果。

在口譯相關設備方面，可區分爲三大類：

(一)口譯傳送設備

包含發射主機、口譯員機組、發射器等。

1. 發射主機：基本功能爲傳送大會的聲音給口譯室。另外包含設定翻譯頻道與啓動功能、雙重頻道選擇與自動切換功能，同時具備測試

音指示燈與重置鍵，同時原音及各口譯室聲音輸出頻道可提供教學
評量及錄音用。

2. 口譯員機組：包含口譯員機與麥克風組，可聆聽大會聲音以進行翻
   譯，並提供各口譯室聲音聆聽以利轉譯，同時可雙向對講。

3. 發射器：主要功能是將大會及各口譯室的聲音傳送出去，常用的發
   射器類型包括無線電與紅外線兩種形式。

(二)來賓耳機與接收器

常用的接收器包括無線電與紅外線兩種形式，其功能為接收各頻道
翻譯語言與大會語言，同時可輔助聽障者。

(三)現場錄音／記錄服務

重點在於口譯室的安排。通常口譯室具備的功能為隔絕現場聲音及
串音問題，並隔絕不同語言口譯員之間聲音的互擾。同時由工程師現場監
控，以進行錄音／記錄服務。

第三節　現場調度與掌控

為求國際會議順利進行，並提供來賓高品質的服務，國際會議現場
的各項大小工作均需以時間與工作區塊為分類，由自有或召募的服務人員
分工執勤。重要分區包括：服務台、報到區、試片區、上網區、入口接待
區、貴賓接待區與辦公區等，舉大項說明如下文。基本場地配置規劃如圖
5-14所示，但能需視現場場地大小而定。

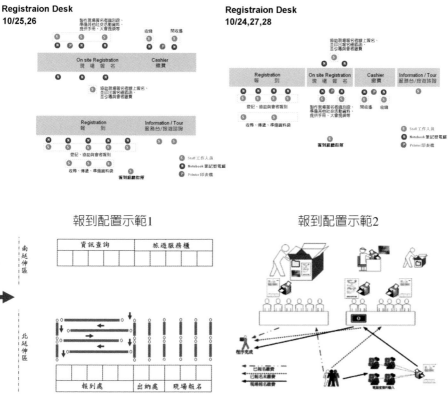

報到配置示範1　　　　　報到配置示範2

報到配置示範3　　　　　報到配置示範4

圖5-14　報到處、服務台場地配置示範

一、服務台

(一)主要服務事項

　　1.協助報到。

　　2.指引方向／帶位。

　　3.疏導及維持秩序。

4.會場相關問題諮詢、提供各項資料。

5.查詢旅遊報名狀況,協助旅遊報名。

6.統計隔日旅遊人數及整理名單,並向旅行社確認遊覽車數量。

7.發停車券。

8.會場攝影、整理／蒐集每日會場照片。

9.負責發放貴賓的工作證。

10.指引媒體領取記者證。

11.整理／蒐集演講者簡報資料(登記場次、時間及演講者姓名)。

(二)準備資料

1.國際會議手冊。

2.紙本報名表。

3.會場平面圖&地圖:

　(1)會場各層平面圖。

　(2)會場附近主要街道地圖。

4.交通資訊:

　(1)旅館至飯店的簡要地圖與基本資料。

　(2)計程車的概略價格與車程。

5.午晚餐桌次表。

6.FAQ檔案。

(三)每日應記錄事項

1.填寫「FAQ表格」,建立FAQ檔案(如表5-1)。

2.確實填寫「服務台交／接班注意事項」(如表5-2)。

(四)熟記當日所有活動

每天值勤前先熟記當日所有活動,以利回答與會者詢問。例如:

1.國際會議:開始及結束時間、演講者、地點。

表5-1 2012 TEI International Conference 服務台FAQ

日期／星期	/
服務人員姓名	
問題提報	

Q1：	
A1：	
Q2：	
A2：	
Q3：	
A3：	

表5-2 2012 TEI International Conference服務台注意事項

日期／星期	/		
注意事項說明（變更）		時間	簽名
白班人員簽名： 晚班人員簽名：			

　　2.旅遊：集合時間、地點／結束回到旅館時間等。

(五)其他

　　1.隨時保持有人值勤，不可同時離開服務台。

　　2.隨時保持服務區及桌面整潔。

　　3.站立即時回答問題，面帶微笑注意儀態。

二、報到區

基本上與會者的報到程序如圖5-15所示。

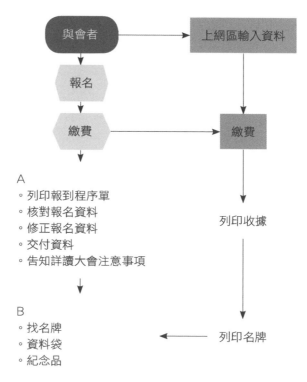

圖5-15　與會者的報到程序

因此，報到區需負責的相關業務包含：

(一)交付與會者資料

1.名牌。

2.報到程序單。

3.收據。

4.資料袋（內含國際會議手冊、紀念品、邀請函、旅遊資料、文化景點介紹、各類注意事項、與會者通訊錄）。

(二)作業區

1.報到台（已報名已繳費者）：協助貴賓及與會者完成報到程序，核對報到程序單、每日午／晚宴資料是否正確，領取名牌、收據、資料袋，並提醒參加旅遊者領取相關資料及演講者繳交簡報資料至服務台（注意：報到尖峰期過後，應縮減櫃檯數）。

2.繳費台（已報名未繳費者、現場報名繳費者）：提醒匯率和費用總額無誤後繳費〔刷卡或繳現（一般僅收美金和新台幣）〕，其餘工作和已繳費櫃檯相同。

(三)工作項目

1.列印報到程序單、核對資料、修改資料、交付資料：
  (1)每日午／晚餐。
  (2)晚宴。
  (3)旅遊。
2.詳讀大會注意事項。
3.貴賓請至國際會議辦公室領取貴賓資料。
4.演講者請至服務台或試片區繳交簡報檔案。
5.報到程序完成後，與會者若勾選參加旅遊，請至服務台領取相關資料。

(四)繳費台注意事項

1.準備驗鈔機（筆），收費方式只接受刷卡及現金（美金及新台幣），並檢查每筆現金是否有偽鈔。如為避免麻煩，可僅收新台幣現金或刷卡。與會者可自行到銀行兌現新台幣現金。
2.於窗口張貼每日最新匯率（報到當天依當日匯率，之後則依國際會議第一天台灣銀行收盤價為準）。如為避免麻煩，亦可指定匯率。

國際會議規劃與管理

3.收費時，請先告知收費金額。收費後，列印收據交與會者。

4.每日中午及下班各結帳一次，並於下班時繳交收費明細報告。

(五) 資料整理

每日分段或及時整理報到程序單，統計已報到人數。

三、上網區（圖5-16）

上網區的服務事項大致有：

1.協助與會者輸入報名資料、列印報到程序單。

2.協助與會者／記者列印、影印資料。

3.保持電腦可用狀態及報名表畫面或大會網頁。

4.協助媒體採訪作業（媒體採訪區可在上網區內分設，或另設他區）。

5.維護電腦於可使用狀態並維持電腦首頁於報名表或大會網頁頁面上。

6.協助論文發表者試片及蒐集投影片。

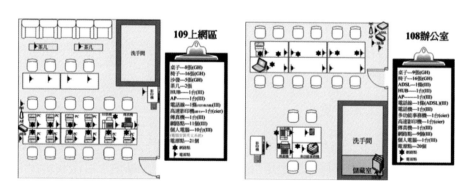

上網區配置示範　　　　　　　工作室配置示範

圖5-16　上網區、工作室場地配置示範

152

四、入口接待區

(一)服務事項

1. 協助報到：
   (1)已報名者指引至報到區。
   (2)未報名者指引至上網區填寫資料。
   (3)提供紙報名表，協助填寫並指引至上網區鍵入報到資料。
2. 指引方向／帶位。
3. 視報名人數多寡調整紅龍排列方式。
4. 疏導報到區人潮及維持秩序。
5. 會場攝影：
   (1)每日至大會秘書室領取數位相機，熟悉數位相機操作，並善盡保管責任。
   (2)數位相機維持備電狀態以應隨時需求。
   (3)國際會議開始後，依議程至各國際會議場地拍照，每位演講者都需拍到，拍後立即檢查相片品質，如有問題即刻補拍。
   (4)拍照時，請先拍演講者名字（桌上立牌）再拍攝人（以便輸出時名和人對照）。
   (5)每日17:30將照片輸出，依日期場次及演講者姓名存檔。交大會秘書室值班人員。

(二)其他應注意事項

1. 隨時保持一位固定及數位機動人員，固定人員隨時於入口處迎賓，如需帶位或指引，由機動人員處理。
2. 機動人員待任務結束後，立即回入口處待命。
3. 報到區作業流程。

五、國際會議區

(一)國際會議前準備

1.每場國際會議前30分鐘進行會前檢視工作。

2.至大會秘書室領取國際會議相關物品及資料。

　(1)物品：麥克風（小國際會議室）、雷射筆、議事鈴、桌牌。

　(2)資料：議程及議事規則（二份，一份給主持人）。

　(3)單槍、筆記型電腦由工程師先行安裝於國際會議室。

3.檢視事項包括：

　(1)（大國際會議室）舞台上之桌椅定位、講台位置。

　(2)測試單槍、筆記型電腦、麥克風。

　(3)依議程檢閱簡報檔，若打不開或無檔案，速與大會秘書室聯絡。

　(4)檢視門口海報，當日議程海報及每場主題。

　(5)主持人桌面置放一份議事規則，置放演講者桌牌，備主桌茶水。

　(6)整理國際會議室桌椅，排列整齊，桌面清潔，若需特別整理速通知會場人員處理。

　(7)電腦設定不休眠裝置。

(二)國際會議中執行事項

1.協助操作簡報檔。

2.議程時間控制（依每場議事規則控制）。

3.國際會議中若需支援，請機動區人員支援處理。

4.在大國際會議室引導與會發言者出列至台前麥克風發言。

(三)會後執行事項

1.將單槍、筆記型電腦、麥克風、雷射筆、議事鈴、桌牌交回大會秘書室，由大會秘書室簽收。

2.檢核次日國際會議議程、議事規則、簡報檔、桌牌。

3.若缺簡報檔,與大會秘書室確認如何取得。

　　由於國際會議現場為一個總體的服務區塊,各組的服務項目或表現皆會影響與會人士對國際會議的總體觀感。因此,現場工作有區塊之分,彼此之間亦應有橫向的連結,讓彼此的資訊相互交流,以進行服務的調整,共同提升國際會議現場的服務品質。

表5-3　2012 TEI International Conference現場問題回覆

日期	6月　□2日　□3日　□4日　□5日　□6日
服務組別	□國際會議組　□報到區(含繳費)　□服務台　□媒體區 □入口接待　□上網區　□其他＿＿＿＿＿＿＿
值勤人員姓名	
問題提報	
處理方式	
建議事項	
服務人員簽名:＿＿＿＿＿＿＿＿＿＿ 工作人員簽名:＿＿＿＿＿＿＿＿＿＿	

大型服務台

小型服務台

圖5-17　報到區、服務台示範

資料來源:18th AESIEAP CEO Conference and 18th AESIEAP Conference of the Electric
　　　　Power Supply Industry; 28th IAEE International Conference

 # 第四節　緊急應變措施

　　為確保大會順利進行，有關貴賓及與會者安全事宜之安排、聯繫，事前均需有詳細周密之規劃，為緊急應變計畫（Contingency Plan）。如飯店的保全人員不敷使用，而又有重要政府首長出席國際會議時，應聯繫專業保全公司，並安排專人一對一貼身保護。相關與會人員及工作人員均有需識別證，以便區別。另外，若安排免費與付費之參觀旅遊活動，也應與旅行社確認保險之細節，以防意外情形發生。

　　中華民國對外貿易發展協會編印的會展系列叢書提出一套針對國際會議的「危機處理計畫與流程」，值得參考。此流程是將國際會議執行前、國際會議準備階段、國際會議進行階段的危機處理方案與事項進行條列式的整理，包含：

一、國際會議執行前

1. 仔細過濾報名者身分，並核對是否為主辦單位希望邀請之名單，以避免未受邀者臨時參與國際會議。
2. 協助主辦單位撰擬新聞稿，明確告知媒體大會舉辦目的。
3. 協助主辦單位針對媒體可能提出之問題與相對回應作法，進行模擬與規劃。
4. 建議主辦單位事先擇定面對媒體之發言人以及安全維護小組負責人。
5. 協調飯店主管、業務單位及保全單位共商相關安全維護事宜及程序。
6. 請飯店知會轄區警局說明大會情況，並在緊急時向警局請求支援。

二、國際會議準備階段

1. 事先勘查飯店會場及周邊環境，完成緊急疏散動線規劃。
2. 安排一位經驗豐富之經理擔任緊急應變小組總指揮，並完成緊急應變小組任務編組及協調聯繫網。
3. 協調飯店保全單位，請全館服務人員於國際會議期間隨時提高警覺且不得對外透露大會消息。國際會議開始前一小時，協同主辦單位安全維護小組負責人巡視會場，確定安全狀況。

三、國際會議進行階段

1. 於大會秘書室成立協調中心。
2. 請飯店保全單位、主辦單位、籌備單位先行排除可疑人士。
3. 國際會議進行間如發現任何可疑人、事、物等或認為有安全之虞者，如攜帶危禁品、布條或宣傳品入場者，立即通知主辦單位安全維護小組負責人並協同處理。
4. 國際會議報到期間，報到接待處工作人員協同主辦單位人員在會場門口共同仔細核對身分，並配合認證才允許進入國際會議室。
5. 若接待處發生未邀請之與會者蒞臨現場，表達強烈意欲參與國際會議，報到接待處負責人立即通知主辦單位安全維護小組負責人，並協同處理與協調相關報到作業。
6. 如遇不理性團體或個人，由籌辦單位先行以溝通及勸說方式排除。
7. 發現有陳情請願騷擾事件，立即通知主辦單位安全維護小組負責人，並於必要時報警處理。
8. 國際會議進行期間，由籌辦單位隨時掌握現場狀況，以確保國際會議順利進行。
9. 如遇特殊狀況（天災地變等），立即協同大會籌委會進行現況判定及處置安排；例如：暫停國際會議進行或改變國際會議場地。

國際會議規劃與管理

本 章 重 點

　　籌備國際會議的各項工作中，場地及設備的準備是國際會議成功與否的最重要關鍵之一。場地規劃的重點包含：會場戶外布置、會場大廳、國際會議廳與國際會議室、工作室及貴賓室、服務台、用餐場地、表演場地與人員配置。

　　國際會議的設備規劃包含視聽器材與同步翻譯兩方面：視聽器材主要包含單槍投影機（projector）、幻燈機（slide projector）、圖形投影機（graphic projector）、麥克風（microphone）、視訊牆（cube wall）與提詞設備（prompting devices）。而安排口譯的前置作業，須儘早提供口譯員有關講稿資訊與內容，或與演講者請教交流有關專業詞彙，以發揮現場最佳互動溝通效果。口譯設備主要有口譯傳送設備（包含發射主機、口譯員機組、發射器）、來賓耳機與接收器與口譯室的安排。

　　在現場調度與掌控方面，重要分區包括：服務台、報到區、試片區、上網區、入口接待區、貴賓接待區與辦公區等，其主要服務事項與準備事項略有出入，應依其分別的規定辦理，現場若有緊急狀況發生，應分別依國際會議執行前、準備階段與進行中之緊急應變措施處理。

重要辭彙與概念

國際會議室的座位安排形態

通常可分為劇院型國際會議室、教室型國際會議室、圓桌型國際會議室、研討會型國際會議室,其座位安排形態可參考**圖5-4**。

單槍投影機(Projector)

單槍投影機一般可分為數位投影(DLP)與液晶投影(LCD)兩大主流,為國際會議最常用的視聽器材。

幻燈機(Slide Projector)

幻燈機就是將縮小的照片放大映出在投影板上,在國際會議中,幻燈機主要用於顯示和說明演講內容,有擴大視覺範圍的功能。

圖形投影機(Graphic Projector)

圖形投影機指任何可以處理從圖形工作站或是引擎發送的高解析度(高於一般的VGA水準)訊號的投影機。

麥克風(Microphone)

無線麥克風則為透過一個小型發射器(可放置在演講者身上)來傳輸音訊的麥克風,而電容式麥克風則運用靜電式元件取代傳統需要電源供應器的發聲體,具較佳高頻。

視訊牆(Cube Wall)

利用後方投影機的堆疊設置所產生的視訊表面,由於各螢幕之間幾乎沒有間隙,畫面和文字顯現效果佳。

提詞設備(Prompting Devices)

用來讓台上或移動中的演講者面對攝影機,不需要文稿能夠發聲或演出。國

際上有多種系統廣被使用，其中之一爲自動字幕機。

口譯傳送設備

包含發射主機、口譯員機組與發射器等。

危機處理計畫與流程

此流程是將國際會議執行前、國際會議準備階段、國際會議進行階段的危機處理方案與事項進行條列式的整理。

問題與討論

1. 國際會議現場調度區分為哪幾個重要的區塊？其分別應負責的任務為何？

2. 試以「2026急診醫學國際會議」（2026 International Conference on Emergency Medicine）為例，進行現場場地規劃演練。

3. 試以「2026急診醫學國際會議」（2026 International Conference on Emergency Medicine）為例，進行現場設備規劃演練。

4. 熟讀本章的危機處理計畫與流程，並以「2026急診醫學國際會議」（2026 International Conference on Emergency Medicine）為例，模擬可能發生的緊急狀況與應變措施。

 相關網站

展場管理公司：
Global Spectrum，http://www.global-spectrum.com
SMG，http://www.smgworld.com
展覽設計公司：
法蘭克福，http://www.messestandkonfiguratir.eu/
科隆，http://www.stand.koelnmesse-service.com
展架，http://www.octanorm.de
國際會議中心公司：
Aramark，http://www.aramarkharrisonlodging.com
Hilton，http://www.hiltondirect.com
Dolce，http://www.dolce.com

參考文獻與延伸閱讀

一、中文部分

王玉馨譯（2010）。Richard F. Mull、Brent A. Beggs、Mick Renneisen著。《休閒設施規劃與管理》。華都文化出版社。

王聖智譯。Adrian G.著（2017）。《策展人工作指南》（*The Curator's Hand Book*）。典藏藝術家庭。

姚晤毅（2017）。《展覽行銷與管理實務》（四版）。鼎茂出版社。

高崇洋（2015）。《安全衛生管理系統與緊急應變之知識庫管理規劃設計及建置 103-S511》。勞動部勞研所。

高崇洋、鄭子涵（2010）。《緊急應變決策支援系統模組化設計與製作：應變現場模組設計》。勞委會安全衛生研究所。

許傳宏（2017）。《會展服務與現場管理》（三版）。中國人民大學出版社。

黃泰民、朱梅君（2010）。《會議與展覽現場管理》。經濟部。

劉斌、塗強、彭娟（2019）。《展示設計》。崧燁文化。

劉碧珍（2019）。《國際會展產業概論》（二版）。華立圖書。

錢士謙（2019）。《會展管理概論》（四版）。新陸書局。

謝致慧（2009）。《賣場規劃與管理》（精華版）。五南出版社。

二、英文部分

Craven, R. E., & Golabowski, L. J. (2006). *The Complete Idiot's Guide toMeeting & Event Planning*. the Penguin Group.

Jakobson, L. (2018). BRITAIN. *Successful Meetings, 67*(4), 56-56, 58, 60.

Lawson, F. (2000). *Congress, Convention and Exhibition Facilities: Planning, Design and Management (Architectural Press Planning and Design Series)*. Architectural Press

Lee, K. E. (2016). An examination of the decision-making process for utilization of mobile applications in the MICE industry. *Doctor of Philosophy Dissertation, Department of Apparel, Events and Hospitality Management*. Iowa State University.

Lippincott, S. M. (1999). *Meetings: Do's, Dont's and Donuts: The Complete*

Handbook for Successful Meetings. Lighthouse Point Press.

LoCicero, J. (2007). *Streetwise Meeting and Event Planning: From Trade Shows to Conventions, Fundraisers to Galas, Everything You Need for a Successful Business Event*. Adams Media.

Meredith, L., & McCabe, V. (2001). Managing conferences in regional areas: A practical evaluation in conference management. *International Journal of Contemporary Hospitality Management, 13*(4), 204-207.

Rogers, T., & Davidson, R. (2006). *Marketing Destinations and Venues for Conferences, Conventions and Business Events (Events Management)*. Elsevier Ltd.

Weissinger, S. S. (1992). *A Guide to Successful Meeting Planning*. John Wiley & Sons, Inc.

Wright, R. R., & Siwek, E. J. (2005). *The Meeting Spectrum: An Advanced Guide for Meeting Professionals (Second Edition)*. Rudy Wright.

Chapter **6**

會議周邊活動

- 餐飲及文化活動
- 旅遊活動規劃
- 住宿與交通

除了議程規劃、論文審查、報名與註冊及會議現場等會議核心活動之外，國際會議的周邊活動包含餐飲及文化活動、旅遊活動、住宿與交通的安排，皆是影響國際會議成功與否的重要因素之一。

第一節　餐飲及文化活動

一、餐飲設計

國際會議餐飲設計之目的不僅僅是單純為提供來賓口腹之慾，更是與會者多元交流之大好機會。基本上，每日中午舉行之午宴應儘量以輕鬆聯誼方式進行較佳，安排圓桌開放貴賓隨機就座，並規劃主持人串場及現場頒獎等活動，讓與會貴賓在休閒中更拉近彼此距離。如有安排贊助者演講，則主持人應提醒與會者安靜聆聽以符合國際禮儀。但演講時間必須控制，不可太長（例如5～10分鐘為限），以免與會者秩序失控。此外，晚餐則多以正式餐會呈現。國際會議籌辦人多半會將餐飲外包，但屬於國際會議籌辦的部分，仍需考量場地、菜色與餐會形式三個主要部分。

(一)用餐場地（圖6-1）

為方便國際會議期間與會人員用餐，應事先勘查會場周邊之餐廳，如上、下午茶點、午餐及晚餐。並運用指示牌以便快速指引與會人員動線至專用餐廳享用餐點。若有邀請媒體採訪，且媒體記者人數不少，也應另備有記者用餐專區。

(二)菜色安排（圖6-2）

籌備單位應於事前請餐廳安排不同之主題菜色、配菜及點心部分。國際會議期間菜色亦需有所變化，菜單於事前先行確認。另外也可考慮特別選定代表中華美食文化之菜餚，採中餐西用方式，讓貴賓留下深刻的印象。

用餐場地

用餐場地

茶點時間場地

晚宴主桌安排

圖6-1 用餐場地示範

資料來源：28th IAEE International Conference; 17th and 18th AESIEAP Conference of the Electric Power Supply Industry

除此之外，各國習俗、宗教信仰等各種特殊需求，亦應詳加考慮；例如佛教徒吃齋；印度教徒不吃牛肉；回教徒不吃豬肉、不吃無鱗之魚、不喝酒；天主教徒每周五應守小齋，不食肉類；非洲人不喜豬肉、淡水魚類；歐美人士不吃動物內臟或膠質多的菜；環保人士不喜保育類動、植物菜色等。

(三)餐會形式（圖6-3）

國際會議的餐會，可區分為下列數種形式：

1.開幕酒會（opening cocktail party）或接待酒會（welcome

國際會議規劃與管理

（＊回）表示回教徒不可食用
素食者另備簡單套餐附湯

Taipei
WORLD TRADE CENTER CLUB
台北世貿聯誼社 信義會館

Lunch Buffet Menu（10/25）
NT$ 850 + 10% service charge per person

※ 素食－各式生菜沙拉 6 種，附千島醬、油醋醬、優格醬 6 Kinds salad with 3 kinds of
Dressing-Thousand Island Sauce、French Vinegar Sauce、Yogurt Sauce

冷盤類 — **Cold Items**
凱撒沙拉 — Caesar Salad
（素）雙菇義麵沙拉 — Pasta Salad w/Mushroom
義式海鮮沙拉 — Seafood Salad Italy Style
牛肉蘆筍沙拉 — Beef with Asparagus Salad
（素）優格草莓筍 — Bamboo with Yogurt and Strawberry
（素）蘋果蜜桃沙拉 — Apple with Peach Salad
紹酒醉雞 — Marinated Chicken with Chinese Wine
芥末鮮蝦 — Fresh Shrimps with Wasabi

燒烤類 — **Carving**
（＊回）維吉尼亞火腿（鳳梨醬）附麵包籃 — Roasted Ham w/Pineapple Sauce and Bread Basket

湯類 — **Soup**
（素）義式蔬菜湯 — Minestrone Soup Italian
（素）薑汁豆花 — Tofu Pudding with Ginger Juice Sweet Soup

熱菜類 — **Hot Items**
茄汁燴牛肉 — Braised Beef w/Tomato Sauce
（＊回）奶油培根蘑菇燴雞腿 — Chicken Leg with Bacon, Mushroom & Cream Sauce
豉汁蒸鮮魚 — Steamed Fish with Fermented Soybeans
香料海鮮義大利麵 — Spaghetti with Seafood
（＊回）京都燄子排 — Sautéed Spareribs with Sweet and Sour Sauce
X.O.醬蝦球 — Shrimps Ball with X.O. Sauce
干貝扒津白 — Dry Scallop with Chinese Cabbage
（素）蛋白青花菜 — Fried Broccoli with Egg White
黑椒鮭魚炒飯 — Fried Rice with Salmon and Black Pepper

點心類 — **Dessert Items**
抹茶優格慕斯 — Green Tea Yogurt Mousse
草莓鮮奶油蛋糕 — Strawberry Cream Cake
杏仁榛果蛋糕 — Almond Hazelnut Cake
巧克力蛋糕捲 — Chocolate Cake Roll
新鮮水果盤 — **Fruit Platter**

飲料類 — **Beverage Items**
咖啡、紅茶、柳橙汁 — Coffee、Tea and Orange Juice

台北世貿聯誼社 信義會館 － 台北國際會議中心 餐飲部
台北世界貿易中心國際貿易大樓(股)公司 台北營業處
11049 台北市信義區信義路 5 段 1 號 2～4 樓
Tel：886 2 8789-9933、886 2 2725-5200 ext. 3265～8   Fax：886 2 2729 6320
http://www.ticcplaza.com.tw
2010/3/20

自助式午餐

圖6-2 菜單、飲料單、菜卡示範

資料來源：18th AESIEAP Conference of the Electric Power Supply Industry

Taipei
WORLD TRADE CENTER CLUB
台北世貿聯誼社 信義會館

每桌備刀、叉。
主桌、貴賓桌，
第一道菜位上服務。

AESIEAP CEPSI 2010 Farewell Dinner

中式酒席菜單（一般）

NT$ 20,000 Net per table【10 人】

（含果汁、烏龍茶、礦泉水、紅酒、白酒，暢飲）

鴻運大拼盤
【烤鴨、軟絲、烏魚子、油雞、牛腱】
Roasted Duck, Squid, Mullet's Roe, Boil Oil Chicken with Beef Tendon

龍蝦沙拉盤
Lobster with Vegetable Cold Plate

荷香珍珠飯
Steamed Glutinous-rice with Lotus Leaf

紅酒香烤羊排（頂級）
Grilled Lamb Chop with Red Wine

九孔燉雞盅【位上】
Braised Mussel and Chicken Soup

剁椒海上鮮（大紅椒）
Steamed Fish with Pepper

黑椒牛小排
Pan-fried Beef Lamb Chops with Black Pepper Sauce

碧綠田園蔬（蘆筍、彩椒、銀杏）
Seasonal Vegetables (Asparagus、Sweet Pepper、Ginkgo)

蘿蔔絲酥餅
Baked Turnip Crispy Cake

烤豆沙酥夾
Baked Bean-Paste Crispy Cake

四季水果盤
Formosa Fresh Fruit Plate

台北世貿聯誼社 信義會館 － 台北國際會議中心 餐飲部
Taipei World Trade Center Club, Xinyi Plaza
台北世界貿易中心國際貿易大樓(股)公司 台北營業處
Taipei World Trade Center International Trade Building Corporation, Branch Taipei
11049 台北市信義區信義路 5 段 1 號 2－4 樓
2－4F, 1, Hsin-Yi Road, Sec. 5, Taipei, 11049 Taiwan, R.O.C.
Tel：886 2 8789-9933、886 2 2725-5200 ext. 3265～8 Fax：886 2 2729 6320
http://www.ticc.com.tw / http://www.ticcplaza.com.tw   2010/09/16

一般晚餐

（續）圖6-2　菜單、飲料單、菜卡示範

資料來源：18th AESIEAP Conference of the Electric Power Supply Industry

WORLD TRADE CENTER CLUB
台北世貿聯誼社 信義會館

每桌備刀、叉。

AESIEAP CEPSI 2010 Farewell Dinner

中式酒席菜單（回教）

NT$ 20,000 Net per table【10 人】
（含果汁、烏龍茶、礦泉水、紅酒、白酒，暢飲）

鴻運大拼盤
【烤鴨、軟絲、烏魚子、油雞、牛腱】
Roasted Duck, Squid, Mullet's Roe, Boil Oil Chicken with Beef Tendon

龍蝦沙拉盤
Lobster with Vegetable Cold Plate

葡式海鮮飯
Baked Seafood Rice Portuguese

紅酒香烤羊排（頂級）
Grilled Lamb Chop with Red Wine

九孔燉雞盅【位上】
Braised Mussel and Chicken Soup

剝椒海上鮮（大紅椒）
Steamed Fish with Pepper

黑椒牛小排
Pan-fried Beef Lamb Chops with Black Pepper Sauce

碧綠田園蔬（蘆筍、彩椒、銀杏）
Seasonal Vegetables (Asparagus、Sweet Pepper、Ginkgo)

黃金蘋果派
Golden Apple Pie

提拉米蘇點
Tiramisu

四季水果盤
Formosa Fresh Fruit Plate

台北世貿聯誼社 信義會館 － 台北國際會議中心 餐飲部
Taipei World Trade Center Club, Xinyi Plaza
台北世界貿易中心國際貿易大樓(股)公司 台北營業處
Taipei World Trade Center International Trade Building Corporation, Branch Taipei
11049 台北市信義區信義路 5 段 1 號 2－4 樓
2－4F, 1, Hsin-Yi Road, Sec. 5, Taipei, 11049 Taiwan, R.O.C.
Tel : 886 2 8789-9933、886 2 2725-5200 ext. 3265～8 Fax : 886 2 2729 6320
http://www.ticc.com.tw / http://www.ticcplaza.com.tw

2010/09/16

回教晚餐

（續）圖6-2　菜單、飲料單、菜卡示範

資料來源：18th AESIEAP Conference of the Electric Power Supply Industry

AESIEAP CEPSI 2010 Farewell Dinner

中式酒席菜單（素食）

NT$ 20,000 Net per table【10 人】

（含果汁、烏龍茶、礦泉水、紅酒、白酒，暢飲）

鴻運當頭四喜拼
【滷杏鮑菇、蘋果烏魚子、黃瓜山藥、秘製蘿蔔球】
Stewed Mushroom with Soy Sauce, Vegetarian Mullet's Roe with Apple, Cucumber with Yam, Pickle Baby Radish

降龍羅漢花菇盤
Assorted Vegetables and Mushroom

五穀米香菩提心
Steamed Glutinous Grains Rice wrap with Lotus Leaf

鮑片西生蠔香味
Fried Vegetarian Abalone with Vegetable

南瓜香素火腿盅【位上】
Vegetarian Ham with Pumpkin

鍋巴豆魚糖醋鮮
Steamed Vegetarian Fish and Crispy Rice with Sweet and Sour Sauce

蟹黃碧綠扒節瓜
Fried Zucchini with Vegetable and Crab's Roe

碧綠田園蔬（蘆筍、彩椒、銀杏）
Seasonal Vegetables (Asparagus 、Sweet Pepper 、Ginkgo)

黃金蘋果派
Golden Apple Pie

提拉米蘇點
Tiramisu

四季水果盤
Formosa Fresh Fruit Plate

台北世貿聯誼社 信義會館 － 台北國際會議中心 餐飲部
Taipei World Trade Center Club, Xinyi Plaza
台北世界貿易中心國際貿易大樓（股）公司 台北營業處
Taipei World Trade Center International Trade Building Corporation, Branch Taipei
11049 台北市信義區信義路 5 段 1 號 2－4 樓
2－4F, 1, Hsin-Yi Road, Sec. 5, Taipei, 11049 Taiwan, R.O.C.
Tel：886 2 8789-9933、886 2 2725-5200 ext. 3265 ~ 8 Fax：886 2 2729 6320
http://www.ticc.com.tw / http://www.ticcplaza.com.tw   2010/09/16

素食晚餐

（續）圖6-2　菜單、飲料單、菜卡示範

資料來源：18th AESIEAP Conference of the Electric Power Supply Industry

(回*)表示回教徒不可食用

歡迎酒會
2009/10/14(晚) 金鳳廳

Cold Selection & Salad:　　　　　冷盤沙拉類：
Smoked Salmon with Bread and Blue Cheese Dressing　　藍紋汁鮭魚花小點法國麵包
Smoked Ham Roll and Shrimp with Cookies　　美國燻鹽火腿卷佐鮮蝦小點(回*)
Assorted Cheese Dish　　綜合乳酪盤附法國麵包
Ham Quiche　　法式羅蘭火腿蛋派(回*)
Seafood Tomato Salad　　美式茄香海皇沙拉
Mixed Vegetable with Spicy Dressing　　美墨式辣味千島汁蔬菜絲(素)
Assorted Sushi　　綜合壽司(其中一樣素食)(回*)
Green Salad and Spicy Beach with Blue Berry Dressing　　蜜桃田園沙拉藍莓醬

Hot Dishes:　　　　　熱菜類：
Bacon and Pork Roll　　培根肉卷
Pan-Fried Salmon with Lemon Butter　　法式檸汁煎鮭魚
Deep Fried Fish with Truffle Tomato Salsa　　酥炸鯛魚佐松露蕃茄莎莎
Baked Seafood Pasta with Cream Cheese Sauce　　焗烤海鮮乳酪斜麵
Chicken Brochette　　香料雞肉串
Stir-fried Mixed Vegetable　　中式炒時蔬(素)
Stir-fried Shrimp with Oyster Sauce　　蠔油汁炒鮮蝦
Fried Rice with baby Shrimp　　櫻花蝦炒飯
Cheesy Mashed Potatoes　　馬鈴薯泥(素)

Carving:　　　　　現切類：
Roasted Bone Ham　　烤帶骨火腿(回*)

Desserts:　　　　　甜點類：
6 Kinds of Cakes and Pastries　　6種各式蛋糕及小點
Selection Fruits Platter　　各式季節水果

Beverage:　　　　　飲料類：
Coffee and Tea　　咖啡和茶
Beer　　台啤
Red Wine　　紅酒
Fruit Punch　　雞尾酒

NT$ 900 + 10% S.C PER PERSON

酒會餐飲單

（續）圖6-2　菜單、飲料單、菜卡示範

資料來源：18th AESIEAP Conference of the Electric Power Supply Industry

菜卡

（續）圖6-2　菜單、飲料單、菜卡示範

資料來源：18th AESIEAP Conference of the Electric Power Supply Industry

午餐會演講　　　　　　　　　　　自助餐形式

圖6-3　餐會形式示範

資料來源：18th AESIEAP Conference of the Electric Power Supply Industry

reception）：國際會議的主辦單位通常會在國際會議正式開始前舉
辦開幕酒會或接待酒會，目的是凝聚與會人士感情，讓大家在國際
會議開始前進行交流與互動。

2.早餐會（breakfast meeting）：國際會議舉辦通常在飯店，理事會、
秘書長可能會為研究某些特定議題或交換意見，藉早餐時間進行討
論。通常國際會議籌辦人不需特別為早餐會進行特殊安排，除非秘

書長特別提出要求（如需安排簡報場地或電腦設備等）。

3. 午餐會（lunch, luncheon）：通常在中午12點到下午2點間舉行，由於與會人士在白天均有工作，所以時間安排不宜過長，以免影響下午國際會議的進行。

4. 大會晚宴（conference banquet）：大會晚宴為國際會議必須舉辦的晚餐餐會，舉辦時間多在下午6點以後，晚宴中通常會邀請主要貴賓進行簡短的演說（例如5～10分鐘為限），而餐點多半會以主辦國家或地區的在地美食為主，餐會間甚至會安排具當地文化特色的表演活動。

5. 茶會（tea party）或中間茶歇（tea break）：通常安排在國際會議中間休息時間，會在會場外準備茶點，供與會人士品嚐、活動充電同時進行交流。

　　無論早餐、午餐、晚宴或茶會，採自助餐或盤餐（buffet）為比較常見的方式。自助餐是將各種食品、飲品準備齊全，用餐人各取所需，因此較不需為客人飲食習慣不同而費心，同時自助式餐會可節省人力與場地空間，因此，為許多國際會議採用的方式。但如需安排正式晚宴或文化之夜（gala dinner），則桌餐較為合適。

(四)餐會現場工作

　　餐會現場工作項目繁多，依不同的餐會種類，有不同之需求，以下將分述接待酒會（welcome reception）、午餐會（luncheon）與大會晚宴（conference banquet）的現場工作項目。

◆接待酒會

1. 餐前準備：

　(1)餐前1～2小時進行會場檢視工作及綵排

　　‧布置物：橫幅、氣氛布置、入口區看板、席次卡。

　　‧設備：音響、音樂、麥克風。

・餐點、飲料是否備妥。

・司儀彩排。

(2)餐前30分鐘服務人員定位進行迎賓

・現場播放輕音樂。

・技術旅遊交通車下車引導入席。

・無識別證者友善詢問是否參加此國際會議，是則引導入場，非則告知本時段不對外開放。

2.酒會進行中：

(1)拍照。

(2)主席準時開場，服務人員遞麥克風。

(3)協助貴賓入座。

(4)自由用餐，酒會結束。

3.酒會結束：

(1)引導貴賓回大會飯店，其他與會者自由離席並在服務台協助叫車。

(2)協助結帳事項（清點紅酒白酒啤酒數量）。

◆**午餐會**

1.餐前準備：

(1)餐前1～2小時進行會場檢視工作及採排

・布置物：橫幅、氣氛布置、入口區看板。

・設備：講台、麥克風、單槍、筆記型電腦、雷射筆。

・物品：桌牌（主桌席次牌、貴賓桌、學生桌、素桌、回教桌）就定位、頒獎物備用、確認簡報檔。

・司儀彩排。

(2)餐前30分鐘服務人員定位進行迎賓

・服務人員前、中、後、門口定點就位，定點引導入座。

・依識別證引導入席，無識別證有繳費者請至服務台索臨時證，未繳費者至繳費區繳費始得入場。

‧主桌依席次入座，貴賓與學生等特殊身分者分別引領入席。

‧後六桌先保留（先將桌裙掀起，不得入座），盡量往前坐、集中桌次、併桌，每桌坐滿10～12人，滿座後再逐一開新桌（將桌裙復原）。

2.午餐會進行中：

(1)12:30-13:30用餐，餐需於13:30前上完。

(2)13:30司儀宣布頒獎／演講開始，請主席上台。

(3)流程控制：主席致詞、介紹貴賓、貴賓致詞、頒獎／演講。

(4)服務人員引導貴賓上台，遞頒獎物給主席、協助操作簡報。

3.午餐會結束：引導至各國際會議室，進行其他議程。

◆大會晚宴

1.餐前準備：

(1)餐前1～2小時進行會場檢視工作及採排

‧布置物：橫幅、氣氛布置、入口區看板。

‧設備：講台、燈光、音響、麥克風、單槍、投影螢幕、筆記型電腦、雷射筆。

‧物品：桌牌（主桌席次牌、貴賓桌、學生桌、素桌、回教桌）就定位、頒獎物備用、確認簡報檔。

‧司儀彩排。

(2)餐前30分鐘服務人員定位進行迎賓

‧服務人員前、中、後、門口定點就位，定點引導入座。

‧依識別證引導入席，無識別證有繳費者請至服務台索臨時證，未繳費者至繳費區繳費始得入場。

‧主桌依席次入座，金色識別證入貴賓桌，綠色識別證入學生桌。

‧後六桌先保留（先將桌裙掀起，不得入座），盡量往前坐、集中桌次、併桌，每桌坐滿10-12人，滿座後再逐一開新桌（將桌裙復原）。

2.晚宴進行中：

(1)開場、致詞、表演活動，服務人員引導貴賓及表演團體上台。

(2)注意上餐時段，需分段完成，以利演講、簡報及頒獎順利進行。

(3)頒獎：引導受獎者上台及回座，遞頒獎物給主席。

(4)簡報：協助操作簡報。

3.晚宴結束：

(1)引導貴賓回大會飯店，其他與會者自由離席並在服務台協助叫車。

(2)協助結帳事項（清點紅酒白酒啤酒數量）。

二、文化活動設計

　　為使與會人員在專業或學術研討的議題之外，能夠有輕鬆愉快的心情，並增進與會人士對本土文化的認識，大會往往以不同形式的文化活動，提供機會並促進不同層面的經驗交流。文化活動是國際會議成功不可或缺的要素之一。通常活動安排係以靜態的文化展覽與動態的民俗活動表演或帶動唱為主軸。

　　以2005年第28屆國際能源經濟（IAEE）學會台北年會為例，與會人士來訪台灣的首晚即於圓山飯店舉行歡迎酒會，以輕鬆而隆重的戶外進行方式歡迎各國地區之來賓。隔日晚上又於圓山飯店最頂層之大會廳舉行歡迎晚宴，讓來賓在欣賞迷人的台北市區及群山夜景之餘，同時享有中式料理並欣賞原住民舞蹈表演。國際會議最後一天晚上更舉行豐富的文化之夜，有各式台灣傳統美食小吃，及國術、醒獅、國樂團等表演，讓賓客感受不一樣的台北風情，留下深刻的美好印象。整體節目並分為三階段呈現，分別說明如後文。

　　第一階段外場安排文化街的展覽，搭配自助式的用餐，讓與會來賓在愉快的用餐氣氛中，輕鬆地體驗台灣文化藝術之精神與奧妙。現場安排的「台灣文化藝術迴廊」邀請了多位台灣著名之工藝師至現場製作及展示

他們的代表作品，內容包括：皮革雕塑、紙藝的變化、樹皮編織、彩土捏塑、布的藝術等。現場展示品皆為工藝師利用各種不同材料，以純手工方式及各式特殊技法表現出各種栩栩如生、精緻細膩的作品。現場提供兩面開放的空間，讓賓客能與工藝師互動，並選購具有濃厚台灣風味且獨一無二的作品。另外特別邀請在台灣茶葉名店之專家——天仁茗茶，現場展示台灣茶道，並介紹具有特殊香味之台灣茶葉，同時配合端午節即將到來，大會特別邀請工藝師製作香包、龍舟等相關作品，希望使賓客深刻體驗台灣文化特色。

第二階段的外場活動高潮，安排活潑熱鬧，融合傳統藝技與舞蹈美感，鏗鏘有力的台灣民俗技藝表演，吸引與會來賓的目光。中國民俗活動是一種高度趣味性的體能活動，也是一種綜合性的民俗藝術。這些古老的運動長久以來一直是多采多姿地在各地流傳著。民俗活動種類很多，例如踢毽子、扯鈴、跳繩、放風箏、舞龍、舞獅、抽陀螺等等。台灣由於政府的積極推廣，各項民俗活動普遍受到學生們的喜愛，除了健身、娛樂休閒外，也可以採用單人、雙人或團體的方式進行表演，因而動作技術不斷地提升與創新，近幾年來，更發展成為慶典活動中最具特色的表演節目之一。且自1981年起，台北市便有每年選拔中、小學優秀學生組成青少年民俗運動訪問團，赴世界巡迴演出，足跡遍及亞、美、歐、非四大洲，除了宣慰僑胞、訪問國際友人外，亦在世界性的運動會、學術國際會議、民俗節慶中獲得好評，不僅成功地扮演文化親善大使的角色，更將我國固有的民俗運動介紹到世界各地，而逐漸成為國際性的活動。故在文化之夜中，安排可成為台灣特色的民俗技藝表演，為來賓呈現。

第三階段的內場節目安排傳統台北市立國樂團的表演，讓來賓靜靜欣賞優美國樂，幽靜心靈，為文化之夜做完美的結束。

其他著名的案例如2010年亞太電協（AESIEAP）第18屆電力產業會議暨展覽（18th CEPSI）文化之夜假財團法人張榮發基金會與國家音樂廳舉行。同時結合美食、參觀博物館及至國家音樂廳欣賞表演。國家音樂廳的表演分為兩階段：遊藝音樂廳及樂動音樂廳。在第一階段遊藝音樂廳，

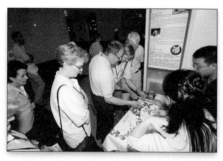

文化踩街

傳統藝技扯鈴欣賞

親身體驗舞獅餵紅包

台北市立國樂團神乎其技

圖6-4　分段式文化活動設計示範1

資料來源：28th IAEE International Conference

與會者入場後可在音樂廳1樓及4樓欣賞由中國文化大學國樂系、國術系、舞蹈系、國劇系及書法家所帶來的表演。第二階段樂動音樂廳的表演，則由國家交響樂團演出。演出時間約一小時，曲目皆以台灣原創樂曲為主，融合視覺與聽覺的美學感官體驗，具體而微展現台灣藝文之美。該文化之夜活動也是一次相當完美與成功的國民外交經驗，操作說明如下文。

　　文化之夜第一場地於10月26日晚間假財團法人張榮發基金會與國家音樂廳舉行。因需於國際會議結束後，將與會者批次由台北國際會議中心接駁至財團法人張榮發基金會，當日議程提早於下午16:30結束，並於16:00～17:00進行交通車接駁。先抵達會場之與會者，首先在1樓大廳可欣賞長榮交響樂團四重奏優美的弦樂演出，或由服務人員引導至5樓參觀

長榮海事博物館,該館皆有中英語解說員服務。待大多數與會者到場後,於17:00引導進入B1宴會廳享用晚餐。

晚宴為站立式自助餐形式,會場中央兩側擺放餐檯,酒水供應設於會場後方;會場中央散置高腳圓桌,供與會者擺放餐盤,場地兩側則放置椅子,方便與會者小憩。貴賓桌則以高桌(High Table)形式,擺放在會場前舞台上,由專人以套餐形式服務用餐。晚宴同時致贈感謝牌給協辦廠商。

大會工作人員於18:30陸續引導貴賓至國家音樂廳欣賞演出,大會司儀也多次廣播提醒與會者稍後的活動。由於當日天氣微微飄雨,工作人員於張榮發基金會大廳發送輕便雨衣,讓與會者不致淋雨;另也準備黑色大傘,讓一對一接待人員可接送貴賓至國家音樂廳。現場約於19:00淨空。

與會者手持於報到時所發放之門票,由國家音樂廳4號門(信義路側)及6號門(音樂廳大門)驗票入場;本團隊事先預留貴賓席及一般席次之票券,如有未攜帶門票之與會者,則引導至6號門,由工作人員利用電腦查詢、確認與會身分後,根據身分發放備用票券。國家音樂廳的表演分為兩階段:遊藝音樂廳及樂動音樂廳,與會者入場後可在音樂廳1樓及4樓欣賞由中國文化大學國樂系、國術系、舞蹈系、國劇系及書法家陳永模老師所帶來的表演。

遊藝音樂廳的表演時間為18:30～19:30,各表演區每10～15分鐘演出一次,與會者除了可欣賞精緻的表演節目外,也可參觀音樂廳的建築與陳設。遊藝音樂廳的演出曲目及相關圖片如下。由於後續還有第二階段樂動音樂廳的表演,遊藝音樂廳的演出到19:30告一段落,國家音樂廳人員透過廣播系統提醒與會者可準備入場,在音樂廳工作人員的引導下,所有與會者順利入場就座,聆聽國家交響樂團的演出。演出時間約一小時,曲目皆以台灣原創樂曲為主,融合視覺與聽覺的美學感官體驗,具體而微展現台灣藝文之美。

表演結束後,所有與會者在工作人員的引導下,搭乘巴士返回大會官方飯店,約於當晚21:15順利結束。

參觀長榮海事博物館

致贈感謝牌給協辦廠商

發送輕便雨衣

親身體驗國劇貴妃醉酒

親身體驗中國舞蹈閑情

那魯灣台灣原住民舞蹈表演

圖6-5 分段式文化活動設計示範2

資料來源：18th AESIEAP Conference of the Electric Power Supply Industry

國樂陽明春曉演出

國家交響樂團演出

（續）圖**6-5**　分段式文化活動設計示範**2**

資料來源：18th AESIEAP Conference of the Electric Power Supply Industry

簡述文化之夜活動，其配合的工作項目包含餐前、晚宴中與晚宴後三個階段：

(一)餐前準備

1.餐前2～3小時進行會場檢視工作及採排：

(1)布置物：橫幅、氣氛布置、文化街、外燴區、草坪圍籬、關東旗、指示牌、內外場舞台。

(2)設備：內外場－燈光、音響、麥克風、布景。

(3)物品：節目單、雨具。

2.餐前1小時服務人員定位進行迎賓：

(1)內外場播放音樂。

(2)外場：人行道入口處、等距離間距、門口定點就位，定點諮詢服務。

(3)內場：服務台、表演區、外燴區、中庭定點就位，定點諮詢服務。

(4)交通車到站接車，引導入場參觀、酒會、餐會。

(5)人行道第一層把關，有識別證或邀請函才能入場，婉拒非與會者入場。

(二)晚宴進行中

1.隨到隨用餐，節省時間，分散人潮。

2.外場表演準時開始，服務人員引導表演團體上台，維持周邊秩序。

3.外場表演區協助引導參觀、攝影、問題解答。

4.內場服務人員協助引領表演團體進入後台，並導引與會者入座，預留前排貴賓席。

5.表演活動開始，中英文司儀開場（注意國家音樂廳禁止司儀開場）。

6.貴賓上台致詞後引導回座。

7.現場拍照。

8.表演節目進行中控制出入口，盡可能降低對節目的干擾。

(三)晚宴結束

1.從表演場地出口規劃出場動線，引導至交通車。

2.內外場服務人員就定位，指引客人離開的動線。

3.交通車車牌與路線確認。

4.廣播交通車的路線，服務人員於交通車旁協助上車。

5.車坐滿後，再次確定前往地點，開車。

　　文化活動的設計，除了活動規劃外，瞭解目標市場、具備基本操作知識、運用有效的溝通方式、協調志工或志工團體、預算控制、活動之推展、建立後勤系統以支援活動皆為文化活動設計的必要因素。亦即，文化活動的設計者，必須掌握有關何人、何事、何時、何地以及為何舉辦等因素，是一件相當複雜又專業的工作。

 第二節　旅遊活動規劃

　　國際會議提供豐富的觀光旅遊活動讓與會人員與同行眷屬可自由選擇參加，提供國際會議之外的休閒活動。如技術旅遊、眷屬旅遊以及會後旅遊等活動以促進國民外交及觀光消費活動，並使遠道而來的賓客更瞭解主辦國或主辦城市風情。因此，大會應於國際會議大廳設置旅遊服務台，提供旅遊諮詢並接受現場報名，同時彙整參與旅遊之人員資料，讓有意願參與旅遊的來賓於報到區完成報到手續後，可前往旅遊服務台領取上車券與其他相關旅遊資料，來賓憑上車券上車，可使旅遊人數及品質獲得良好的管理。每位報到人員之資料袋中亦附有旅遊之資訊，含各飯店出發時間。

　　無論技術參訪或觀光行程，在時間的規劃上，可區分為會前、會中與會後三種，時間上不一樣，其目的性亦不同。

一、會前／會中／會後旅遊

　　國際會議籌辦人在籌備旅遊行程時，應事先洽請旅行社設計行程並預估報價。旅遊當日，除了每車須配有一名英語流暢之導遊外，另外應派兩名隨車服務人員，以隨時回報在外情況，使大會能隨時應付各種臨時狀況。旅遊回程後，隨車服務人員與大會檢討及討論當天旅遊情形，以為隔日旅遊準備並提供更好的服務。

(一)會前旅遊

　　會前旅遊（pre-conference tour）的時間是在國際會議之前，由於與會人士抵達時間，多半會比國際會議開始時間提早一天或前幾天，因此主辦單位會設計一些一日或半日的旅遊行程，讓提早抵達的與會人士參考選擇或預定行程。有些國際人士偏愛自由行旅遊方式，因此，主辦單位亦可提

供一至多日旅遊行程的資訊或連結,方便會人士參考使用。

(二)會後旅遊

會後旅遊(post-conference tour)是指國際會議結束後,因為班機時間或預定多停留幾天來參觀主辦城市或國家,主辦單位亦可依其需求設計半日、一日或多日的旅遊行程給需要的與會人士參考選擇或預定行程。

(三)會中旅遊

會中旅遊或稱技術參觀旅遊(technical tour)多半安排在國際會議議程中,主要目的是讓沒有時間參加旅遊的與會人士,能藉由大會的安排進行疏解,同時瞭解主辦地區的風俗民情、文化體驗與特定工廠或設施。

在台灣地區,旅遊行程多以島內(in bound)的遊覽車旅遊(bus tour)公司行程作為主軸,而這類的行程除了在飯店櫃檯可以隨手取得外,交通部觀光局旅遊服務中心亦提供免費旅遊摺頁,種類眾多,包含蘭陽之旅、東北角海岸、基隆、北海岸國家風景區、新竹、東部海岸、花東縱谷、鹿港文化之旅、台南文化之旅、台灣賞鳥、澎湖、參山國家風景區簡介、參山國家風景區—獅頭山、參山國家風景區—梨山、參山國家風景區—八卦山、大鵬灣漁鄉之美、小琉球海上明珠、阿里山國家風景區、金門、馬祖、北台灣觀光地圖、中台灣觀光地圖、南台灣觀光地圖與東台灣觀光地圖。這些旅遊摺頁可作為旅遊籌劃單位進行會前會後旅遊設計之參考,亦可提供與會人士自由索取,進行個人自助旅行的安排。摺頁索取以每人每次20份為限,但若主辦單位為因應觀光宣傳之推廣需要大量摺頁,亦可致函至觀光局索取。

國際會議籌劃單位規劃旅遊行程,多半委託專業的旅行業者提供自選遊程(option)建議,讓與會人士依其所需自由參與。以第28屆國際能源經濟學會(IAEE)台北年會為例,即規劃了五種會後旅遊行程,提供國際會議議程結束後,與會人士及同行眷屬伙伴自由選擇參加大會特約旅行社所提供的1天、2天或3天自費旅遊行程。其行程主要走訪台灣著名景點,行程規劃與簡介如下表所示。

表6-1　國際會議後旅遊行程規劃示範

一、1天三峽及鶯歌之旅

09:00 飯店大廳集合出發，前往三峽
10:00 參觀三峽清水祖師廟及三峽老街
11:30 前往鶯歌，參觀鶯歌陶瓷工廠
12:30 午餐
13:30 參觀鶯歌陶瓷博物館
15:00 離開鶯歌陶瓷博物館
16:00 抵達台北住宿飯店（行程結束）

二、2天1夜花東縱谷之旅

第一天：圓山飯店大廳集合出發→前往松山機場→抵達花蓮機場→前往東海岸風景區→芭崎展望台→石梯坪→八仙洞→石雨傘→三仙台→花東縱谷風景→花蓮

第二天：花蓮住宿飯店大廳集合出發→前往太魯閣國家公園→長春祠→燕子口→九曲洞→大理石橋→天祥→大理石工廠→七星潭→花蓮石雕公園→前往花蓮機場→抵達台北松山機場→專車送返台北住宿飯店（行程結束）

三、3天2夜花東縱谷及溫泉之旅

第一天：台北住宿飯店大廳集合出發→前往松山機場→花蓮機場迎接→驅車前往東海岸風景區→芭崎展望台→石梯坪→八仙洞→石雨傘→三仙台→知本溫泉

第二天：上午在飯店內享受溫泉浴→下午驅車前往花東縱谷風景區→阿美族文化村→花蓮

第三天：花蓮住宿飯店大廳集合出發→前往太魯閣國家公園→長春祠→燕子口→九曲洞→大理石橋→天祥→大理石工廠→七星潭→花蓮機場→台北松山機場迎接→專車送返台北住宿飯店　　（行程結束）

四、2天1夜日月潭、埔里及鹿港小鎮之旅

第一天：圓山飯店大廳集合出發－驅車前往日月潭－日月潭乘巴士環湖觀光（文武廟、德化社、慈恩塔、玄奘寺）－埔里地理中心碑－台中

第二天：台中住宿飯店集合出發－驅車前往參觀鹿港古鎮－午餐後返回台北（行程結束）

五、3天2夜台灣及金門戰地之旅

第一天：台北住宿飯店大廳集合出發→前往松山機場→金門尚義機場→莒光樓→慈湖→雙鯉溼地生態館→北山指揮所→古寧頭戰史館→李光前將軍廟→金門貢糖廠→金合利製刀廠

第二天：金門住宿飯店大廳集合出發→太武山健行之旅→海印寺→毋忘在莒→金門酒廠→乘船往小金門→烈女廟→八達樓子→湖井頭戰史館→四維坑道→乘船返回大金門→文台寶塔→翟山坑道→節孝牌坊

第三天：金門住宿飯店大廳集合出發→馬山觀測站→民俗文化村→中山紀念林→金門尚義機場→飛機→台北松山機場迎接→專車送返台北住宿飯店（行程結束）

資料來源：28th IAEE International Conference

再以2010年亞太電協（AESIEAP）第18屆電力產業會議暨展覽（18th CEPSI）旅遊活動爲例，會後旅遊共安排七套行程如下文。

1.T3A-半日陽明山國家公園及溫泉觀光（Half-Day Yangmingshan National Park & Hot-Spring Tour）。

表6-2　T3A: Half-Day Yangmingshan National Park & Hot-Spring Tour

---

【**Yang Ming Shan National Park**】

Yang Ming Shan National Park is the only park in Taiwan that has volcanic geography and hot springs. It is next to Sa Mao Shan and Chi Hsing Shan with Ta Tun Shan on the right and Kuan Yin Shan in front. The magnificent mountainous scenery and comfortable weather have made Yangmingshan National Park a perfect summer resort. Total area of the park is 125 hectares, designed in traditional Chinese style. The natural beauty of the part has won it the reputation as urban forest and the Taipei garden.

【**Yang Ming Shan Hot Springs**】

Yang Ming Shan hot springs is located in volcano area, the unique volcanic geography and geological structure, made this area becomes prestigious leisure resort. There are four major volcanic hot spring areas at Yangmingshan. They include the area bordering Yangmingshan National Park, Lengshuikeng, Macao and Huogengziping. The water in each area varies in mineral content, temperature and therapeutic effects. There are dozens of hot spring spas and hotels to choose from. Combine a bath with a scenic walk and delicious cuisine for a perfectly relaxing.

資料來源：18th AESIEAP Conference of the Electric Power Supply Industry

2.T3B-半日烏來高砂族部落觀光（Half-Day Wulai Aboriginal Village Tour）。

表6-3　T3B: Half-Day Wulai Aboriginal Village Tour

【**Wulai Waterfall**】

Wulai Waterfall located in national scenic area at Wulai Township, Taipei County. The famous Wulai Waterfall is about 80 meters high and 10 meters wide. It is magnificent like a white silk cloth coming down from the sky.

（續）表6-3　T3B: Half-Day Wulai Aboriginal Village Tour

【Swallow Lake】

Swallow Lake is located in Shindian suburbs. It was formed by the outcome of the construction of power plants in the artificial lake. The beautiful sceneries surrounded by the lake. Swallow Lake is nearby Taipei City, to allow fishing, swimming, sightseeing and barbecues and other recreational activities. It becomes Taipei citizen's one of the best resorts for holiday.

資料來源：18th AESIEAP Conference of the Electric Power Supply Industry

　　　3.T3C-一日慈湖、三峽、鶯歌觀光（One-Day Cihu, Folk Arts Tour）。

表6-4　T3C: One-Day Cihu, Folk Arts Tour

【Cihu Sculpture Memorial Park】

The Cihu Sculpture Memorial Park was planned and established in 1997 by the Daxi Town Hall. It is the only memorial garden in the world dedicated to sculptures of a single person, in this case Jiang Jie-shi. On February 29, 2000, the Kaohsiung County government held a ceremony for the removal and donation of the first bronze sculpture of Jiang. As of November 2008, there are a total of 152 sculptures of Jiang in the park in full figure, bust, seated, and standing forms as well as riding a horse. There are illustrative signs set in front of the park so that visitors can clearly understand their backgrounds.

【Sansia Qingshui Zushi Temple & old street】

Sansia is a traditional county town located in northern Taiwan, easily accessible from Taipei. It has become known in recent years mainly because of its Ching Shui Tsu Shih Temple, which is unique among all the Chinese temples of the world for the painstaking and time-consuming dedication to classical temple arts that is manifested in its modern reconstruction work.

Sansia Old Street was lined with shops that sold dyes, manufacturing materials, and tea, and western-style houses were also being built quickly. Nowadays, only the red brick buildings with arched hallways and Baroque styled architecture remain to tell of their past glory.

資料來源：18th AESIEAP Conference of the Electric Power Supply Industry

　　　4.T3D-一日基隆港、野柳、九份、東北角海岸觀光（One-Day Northern Coast Tour）。

表6-5　**T3D: One-Day Northern Coast Tour**

【**Jiufen**】

Jiufen had been a quiet village nestled between the Pacific coast and the hills until the presence of gold in the area became known to the world outside. After the first mine was dug in 1890, the place became a bustling centre of gold seekers and traders. The little village soon grew into a prosperous town with tremendous prospects. However, the mining activities gradually waned away after the Second World War and the town receded into insignificance. Jiufen once again came into prominence as the award winning film 'A City of Sadness' by Hou Hsiao-hsien's was shot here.

【**Bitou Cape**】

The name Bitou Cape, meaning Tip-of-the-Nose in Chinese, comes from the cape landform that protrudes into the ocean in the shape of a nose. The steep and protruding cape is much angulated, while under the towering cliffs waves wait in line to crash upon them, naturally revealing the grandeur of Mother Nature. Visitors can also admire the rich ecology and geological scenery. Three well planned trails pass through majestic bay-and-mountain scenes, mystical varying erosion landforms, impressive wave and shore views, diverse shore vegetation and a wide range of ecological sights.

資料來源：18th AESIEAP Conference of the Electric Power Supply Industry

5.T3E-兩日花蓮太魯閣（大理石）峽谷觀光（Two-Day Taroko (Marble) Gorge Tour）。

表6-6　**T3E: Two-Day Taroko (Marble) Gorge Tour**

【**Taroko National Park**】

Taroko become a national park in 1986, including Hualien County, Nantou County and Taichung County. It is the second largest national park in Taiwan. Taroko National Park, located in the eastern part of Taiwan, is a gorge national park. It is famous for its grand canyons and spectacular mountains. The beautiful natural scenery of the Eternal Spring Shrine, Swallows' Grottoes, Tunnel of Nine Turns makes a fantastic impression to every visitors. The famous Baiyang Waterfall and the Cingshui Cliff are the perfect expressions of the topographic natural wonders of Taroko National Park.

資料來源：18th AESIEAP Conference of the Electric Power Supply Industry

6.T3F-兩日日月潭及鹿港觀光（Two-Day Sun Moon Lake, Lukang Tour）。

表6-7　T3F: Two-Day Sun Moon Lake, Lukang Tour

【Sun Moon Lake】

Sun Moon Lake, situated in Nantou County's Yuchih Township, in the center of Taiwan, and is the island's largest lake. It is a beautiful alpine lake, divided by the tiny Lalu Island; the eastern part of the lake is round like the sun and the western side is shaped like a crescent moon, hence the name "Sun Moon Lake". Its beauty is created by the combination of mountain and water scenery, and its 760-meter elevation helps give the impression of a Chinese landscape painting with mist-laden water and clearly defined levels of mountains. The constant changes of mists and moods on the lake make it impossible to comprehend in a single look, and thus, visitors like to linger here.

【Lugang】

Lugang is an urban township in northwestern Changhua County, Taiwan. The township is on the west coast of Taiwan, facing the Taiwan Strait. Lugang has many famous snacks for afternoon tea. For example, The Yuzhenzhai cakes are famous local specialties, as well as Lugang's Ox Tongue Cakes and oyster pancakes.

資料來源：18th AESIEAP Conference of the Electric Power Supply Industry

7. T3G-三日墾丁行程（Three-Day Kenting & Kaohsiung Tour）。

表6-8　T3G: Three-Day Kenting & Kaohsiung Tour

【Kenting National Park】

Kenting National Park covers both land and ocean areas with a spacious total area around 33268 hectares. The park is famous for its unique sceneries, and tropical climate with sunshine throughout the year. The landscape of Kenting Park is divided into two long and narrow parts, with mountains in the north and south with coral tablelands. There are spectacular geographical sceneries, precious ecosystems, and rare ecologies in Kenting National park. The Park features five areas of ecological protection area, special sceneries area, historical sites area, recreational area, and control area.

（續）表6-8 **T3G: Three-Day Kenting & Kaohsiung Tour**

【**Spring and Autumn Pagodas**】

The Spring and Autumn Pagodas was built in 1953, and it has been selected as one of the top ten scenic spots in Taiwan. The Spring and Autumn Pavilions are octagonal multi storied pagodas that are built over the waters of Lotus Lake. The two-storied Wuli Arbor is situated in the middle of the lake. Both the pavilions and the arbor are connected to the shore by bridges.

【**Fo Guang Shan**】

While Sightseeing in Kaohsiung you should visit the Fo Guang Shan Monastery, Kaohsiung. Fo Guang Shan Monastery, Kaohsiung belongs to the Chinese Mahayana Buddhist monastic order of Fo Guang Shan. The orders headquarters is in Kaohsiung which is also the largest Buddhist monastery in Taiwan. The organization is known for its extensive charity works. The order is also known as the International Buddhist Progress Society.

資料來源：18th AESIEAP Conference of the Electric Power Supply Industry

二、技術參訪

技術參訪（technical visit）必須與大會主旨相關，主要目的是展現主辦國家或城市的特殊成就或卓越建設，及同時瞭解主辦地區的風俗民情、文化體驗與特定工廠或設施等。若大會討論的主題為理念層面，則技術參訪必須展現理念落實的成果或機制的啟動。若大會討論的主題為產業層面，則技術參訪必須展現產業的特色。以2010年亞太電協（AESIEAP）年會及第18屆電力產業會議暨展覽（CEPSI）為例，大會技術參訪選擇台灣近郊的三家電廠：桃園大潭發電廠、石門第一核能發電廠及石門風力發電站及台北世貿變電所為目標。大會並規劃結合各個電力設施鄰近的觀光景點，讓與會貴賓也可接觸更多北台灣風光。各行程安排如**表6-9～表6-11**所示。

表6-9 技術參訪行程示範1──桃園大潭發電廠

T1A – Taoyuan Datan Power Plant	Capacity: 200
Time	Oct. 27, 2010 07:30AM-15:00PM
Assembling Spot	TICC Lobby
Itinerary	TICC → Taoyuan Datan Power Plant → Yingge Ceramics Museum → Taipei 101

Taoyuan Datan Power Plant

The Datan Power Plant, with a total installed capacity of 4418.7MW, is located in Taoyuan County, covering about 102 hectares. The plant has six high efficiency combined-cycle generating units and the main fuel is natural gas. To go along with the Government's green energy policy, the plant set 23 GE wind power units along the coast of Dayuan and Guanyin, also inside the plant's boundaries.

Yingge Ceramics Museum

The Yingge Ceramics Museum is the first professional pottery museum in Taiwan. The museum is made up with modern constructing materials and transparent glass, presenting a limitless sense of space and the beauty of simplicity. The Yingge Ceramics Museum presents 200 years of ceramic techniques and folk culture in Taiwan. This museum is not for Yingge citizens alone; it also shows how the Taiwanese have endeavored to achieve what we are today. It is a historic and cultural emblem; moreover, it is also place for the peace of mind.

資料來源：18th AESIEAP Conference of the Electric Power Supply Industry

工作人員就位

與會人員報到

圖6-6 技術參訪操作示範1

資料來源：18th AESIEAP Conference of the Electric Power Supply Industry

表6-10　技術參訪行程示範2──石門第一核能發電廠及石門風力發電站

T1B – Shimen No. 1 Nuclear Power Plant & Wind Power Station		Capacity: 120
Time	Oct. 27, 2010　07:30AM-15:00PM	
Assembling Spot	TICC Lobby	
Itinerary	TICC → Shimen No. 1 Nuclear Power Plant & Wind Power Station → Juming Museum→ Taipei 101	
	**Shimen No. 1 Nuclear Power Plant & Wind Power Station** The No. 1 Nuclear Power Plant was established in 1972 and started in 1978. The plant is equipped with 2 turbo generators with a total installed capacity of 1,272MW. Shimen Wind Power Station is the first completed generating set of Taipower 10-year project for wind generation. The plant has 6 generating units with a total installed capacity of 3,960kW.	
	**Juming Museum** Located amongst trees and hills, Juming Museum houses all the creative works by Ju Ming. From the construction phase of the museum, Mr. Ju insisted that the museum had to be funded by him only and that he would be responsible for all the details and construction himself.	

資料來源：18th AESIEAP Conference of the Electric Power Supply Industry

與會人員上車　　　　　　　工作人員車上講解
圖6-7　技術參訪操作示範2

資料來源：18th AESIEAP Conference of the Electric Power Supply Industry

表6-11　技術參訪行程示範3──台北世貿變電所

T1C –World Trade Center Substation	Capacity: 60
Time	Oct. 27, 2010　07:30AM-15:00PM
Assembling Spot	TICC Lobby
Itinerary	TICC → World Trade Center Substation → Chiang Kai-Shek Memorial Hall → Longshan Temple → Taipei 101

	**World Trade Center Substation** The world Trade Center Substation is a 5-floor basement and is 21.7 meters in depth, 110.5 meters in width and 25.7 meters in length. The plant has 3 entrances (A, B, C) on the ground floor. The total installed capacity is 240MVA.
	**Chiang Kai-Shek Memorial Hall** Chiang Kai-Shek Memorial Hall is located in the heart of Taipei City. The area is 250,000 square meters and it is the attraction most visited by foreign tourists. One can pay respect to the historical great leader, as well as participate in the relaxation activities of local residents. The place provides a precious plain view among the tall buildings of Taipei.
	Longshan Temple Longshan Temple is a famous old temple in Taiwan. It is for worshiping Guanshiyin Budda and other divine spirits. Longshan Temple is facing the South. Its architecture is a three-section design in shape. Longshan Temple is not only a temple, a sightseeing attraction, but also a second-degree historical site. This place is worth visiting due to its richness in folk art.

資料來源：18th AESIEAP Conference of the Electric Power Supply Industry

工作人員簡報　　　　　　　　　　　　　與會人員合影

圖6-8　技術參訪操作示範3

資料來源：18th AESIEAP Conference of the Electric Power Supply Industry

與會人員參觀 　　　　　　　工作人員檢查安全穿著

圖6-9　技術參訪操作示範4

資料來源：18th AESIEAP Conference of the Electric Power Supply Industry

輕便雨具應變 　　　　　　　中午公園簡餐即可

圖6-10　技術參訪操作示範5

資料來源：18th AESIEAP Conference of the Electric Power Supply Industry

趕行程車上簡餐亦可 　　　　　重要景點不要錯過

圖6-11　技術參訪操作示範6

資料來源：18th AESIEAP Conference of the Electric Power Supply Industry

三、眷屬旅遊

國際會議的與會人士常會攜帶眷屬（accompanying person）陪同，主要的原因多半為主辦城市本身的吸引力，亦即，觀光為國際會議眷屬之首要目的。其次為商務上的需要。因此，眷屬的旅遊需求也是重點之一。

安排國際會議眷屬旅遊（spouse tour）或隨行人員旅遊（accompany person tour），必須考量與國際會議議程的衝突性與人數規劃等問題，同時，旅遊行程的安排不能離國際會議場地太遠，因此，通常會以在地的文化體驗與民俗特色為行程主軸。

國際會議議程中，有部分活動是歡迎眷屬參與的，如開幕典禮、重要儀式、文化活動與大會晚宴等。眷屬旅遊的安排，應該錯開這些時段，或與這些時段進行搭配，這樣才可提高國際會議議程活動的參與度。此外，有時眷屬旅遊的行程太過精采、若又沒有與重要的議程時間上相重疊，恐會吸引與會人士一同參與眷屬旅遊，影響大會的重要議程；因此，在時間的規劃上，亦應考量眷屬旅遊行程與重要議程的重疊性；畢竟，大國際會議程才是主軸。

第28屆國際能源經濟學會（IAEE）台北年會在規劃眷屬旅遊時，提出三種行程供在會前報名的與會人士之同行眷屬伙伴參加，分別為：市區旅遊（city tour）、文化與購物旅遊（cultural & shopping tour）及歷史之旅（historical tour），其遊程規劃與簡介如**表6-12**所示。同時，大會亦製作車票以計算已報名及實際報到的貴賓（如**圖6-12**）。

表6-12　國際會議眷屬旅遊行程規劃示範

市區旅遊City Tour	
遊覽台北市區名勝，包括中正紀念堂、龍山寺等多個具代表性且富文化歷史義意的名勝古蹟。	
市區旅遊半日遊行程： 08:45 圓山大飯店大廳集合 09:00 參觀忠烈祠 09:50 參訪中正紀念堂	行程簡介： 忠烈祠建於西元1969年，主建築型式仿北京故宮太和殿，雄偉壯麗宏偉，象徵著烈士們成仁取義的大無畏精神。圍繞於忠烈祠四周的一萬餘坪的青草地，在群山

（續）表6-12　國際會議眷屬旅遊行程規劃示範

10:50 龍山寺人文巡禮 12:00 賦歸（圓山飯店）	的拱衛中，營造出一種清幽而肅穆的氣氛，更烘托出建築物的莊嚴。每小時衛兵交接換哨儀式，已蔚為特色，值得一看。 中正紀念堂位於台北市中心，整個建築設計充分顯示中國文化特色之美，儼然成為台北市民最理想的休閒生活園區，及參與文化育樂活動的最佳場所。 龍山寺建於清乾隆3年（西元1738年），規模相當宏大，與艋舺清水巖、大龍峒保安宮並稱台北三大廟門。列為二級古蹟的龍山寺，最引人注目的是供奉分屬佛道的眾多神明和精彩的建築，除了繼承中國南方的傳統，又兼受外來風格影響，相當具有觀賞價值。
文化與購物旅遊 Cultural & Shopping Tour	
遊覽士林官邸、台北市政府、台北金融大樓及信義計畫區購物天堂。	
文化與購物之旅一日遊： 08:45 圓山飯店大廳集合出發 09:00 士林官邸采風行 09:50 陽明山國家公園踏青 11:00 前進小油坑 12:00 返回圓山飯店享用午餐 14:00 圓山飯店大廳集合出發 14:30 參訪台北市政府及台北探索館 15:30 台北時尚風華：101大樓（不含101觀景台門票）、華納威秀、新光三越百貨、大葉高島屋 18:00 專車前往中油大樓（行程結束）	行程簡介： 士林官邸原為日據時代總督府園藝支所用地，因環境清幽而被選為先總統蔣公的總統官邸。對外開放後，花團錦簇的花園總讓愛花人讚嘆不已，尤以植有眾多品種的玫瑰馳名，每年3月至5月盛放，總會吸引大批人潮湧入賞花！ 陽明山國家公園全區以大屯火山群彙為主，是我國主要的火山分布區，其獨特的地質地形景觀相當具有研究及娛樂價值；而分布於園區內的多處溫泉區，更早已遠近馳名。此外，多樣化的植物林相、豐富的生態聚落，使本區成為台北近郊最吸引人的休閒遊憩場所。 台北探索館是昔日「市政資料館」的變身，除了探尋台北市歷史文化的軌跡，瞭解現今台北的人文、社會及各項藝文生活資源外，另外也使民眾瞭解台北市的重大公共建設發展及與國際交流互動的情形。
歷史之旅 Historical Tour	
參觀故宮博物院，並有親子導覽服務，欣賞其各朝代珍貴文物包括器具及書畫的展覽，體驗五千年多年歷史中，中華文化之偉大深遠。	
歷史之旅半日遊： 09:00 圓山飯店大廳集合出發 09:20 參觀故宮博物院 11:40 結束故宮文化巡禮 12:00 抵達台北圓山飯店（行程結束）	行程簡介： 國立故宮博物院 收藏有全世界最多的無價中華藝術寶藏，其收藏品的年代幾乎涵蓋了整個五千年的中國歷史。館內典藏歷代文物多達六十萬件以上，碑帖畫冊等盡悉收藏。其中出自清宮的翠玉白菜最受矚目，是台北故宮的招牌。

資料來源：28th IAEE International Conference

◇**Saturday, 4th June 2005**

Itinerary of City Tour:　　　　　　　　市區旅遊半日遊行程：
08:45 Meet at the lobby of the Grand Hotel　08:45 圓山大飯店大廳集合
09:00 Visit Martyrs' Shrine (War Memorial)　09:00 參觀忠烈祠
09:50 Visit Chiang Kai-Shek Memorial Hall　09:50 參訪中正紀念堂　　**Bus Pass** 🚌
10:50 Visit Lung Shan Temple　　　　　　　10:50 龍山寺人文巡禮
12:00 Return to the Grand Hotel (End of the　12:00 賦歸（圓山飯店）
Tour)

NOTICE:　　　　　　　　　　　　　　　　　　　　　　　　　　　　　　**No.1**
1. The bus will leave in time. Please make sure that you are aware of the timetable.
2. Please travel with the group. If you want to visit alone, please inform the tour guide.　　**No.1**
　 IAEE will not be responsible for your personal behavior.　**No.1**

圖6-12　國際會議眷屬旅遊車票示範

資料來源：28th IAEE International Conference

　　眷屬旅遊規劃的主軸是希望透過多元化的行程設計，讓外賓可充分瞭解並體驗主辦城市的特色，因此，國際化、多元化、在地特色與文化饗宴，皆為考量的重點。國內除了較著名的觀光景點如台北西門町商圈、信義商圈、中正紀念堂、國父紀念館外，展現本地生活面的士林夜市與龍山寺、文化特色的鶯歌陶瓷街與敦南誠品、在地休閒的淡水老街與紅毛城等，皆為行程短、但饒具特色的眷屬旅遊熱門景點。

四、獎勵旅遊

　　獎勵旅遊是另一種比較特殊的會議旅遊活動，根據中華民國對外貿易發展協會提出的獎勵旅遊定義為：舉凡為了激勵的目的，提升參加者增加績效意願而舉辦的旅行。透過與客戶深度溝通、瞭解其需求後，運用旅遊業者專業知能，針對客戶需求量身訂作（tailor made）規劃出專屬之旅遊產品。內容為旅遊或是結合（國際）會議、參訪、展覽與其他特殊目的等的旅遊行為。其規模可小自1～2人之旅遊，大到上千、萬人次的旅遊，不一而足。

　　簡言之，獎勵旅遊較一般觀光具有事業目的性，且其目的是以提升參與者的績效為主；具體的型態為透過旅遊設計，來獎勵與回饋高成就者，同時為後繼者立下學習典範。因此，獎勵旅遊具備了獎勵、情感、教

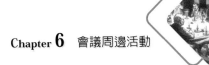

育，最終目的爲刺激日後的績效提升。

因此，獎勵旅遊的設計必須具備充分的主題性，且多半在行程中會規劃主題宴會（theme party），進行與會者的表揚，以呼應主題。結合國際會議的旅遊，主題必須與大會主旨相關，如技術參訪或學術參訪，目的地多爲與大會主題相關之公司、園區、大學、機構；同時，爲了加深與會人士對主辦國或主辦城市的瞭解，亦會安排觀光行程。其餘操作重點則與前文大同小異。

 # 第三節　住宿與交通

國際會議的住宿因涉及大會場址的選定與飯店合約，一般而言，必須配合國際組織及早作業。有時，選擇權不一定由主辦國全盤掌控。國際會議主場地可以在選定的國際飯店或不在選定的國際飯店中舉辦，但住宿安排地點與國際會議場地距離不應太遠，原則上以方圓3～5公里之內爲考量；且主要的國際飯店一定要距離大會場址很近，否則就不理想。相對於住宿問題，交通就單純許多。

一、住宿

(一)住宿安排模式

國際會議的住宿安排，一般可分爲三種模式：

◆與會人士自行安排住宿

國際會議籌辦單位提供大會場址附近飯店名錄予與會人士，但並不與這些飯店議價或預留（block）房間。對籌辦單位而言，這是最簡單的操作作法，因爲可以省去承擔預留房間卻未住滿的成本風險及人力。但是由於國際會議舉辦場地多半是跟飯店租用的國際會議中心，若籌辦單位未

跟飯店進行房間預留,對飯店而言,肯定會提高場地與設備的租金。因此,一般籌辦單位還是會進行房間的預留,以作為國際會議場地相關費用的議價籌碼。若國際國際會議主場地不在選定的國際飯店中舉辦,則議價的空間相當有限,且無法保證房數。

◆國際會議籌辦單位負責安排住宿

事先與當地各大飯店聯繫,簽訂國際會議與會人士來台之住宿飯店,並於網站公告合約飯店資訊。籌辦單位在收到報名表後,即代國外與會人士訂宿或辦理變更等後續動作。這個模式的風險在於,若與會人士實際住房數未達籌辦單位預留的房間數,籌辦單位必須支付預留而未住的房間費用(全部或部分費用,視合約而訂)。籌辦單位必須衡量成本風險、利潤及自我人力負擔,已確保簽訂最適量房數合約。優點是籌辦單位可確保貴賓的住房。

◆國際會議籌辦單位負責議價,再讓與會人士自行訂房

籌辦單位先與一家或多家飯店議價完成訂約,再讓與會人士自行聯絡飯店並訂房;籌辦單位可要求各飯店定時提供本國際會議人員之訂房人數(room list)以便掌握與會貴賓住房狀況。由於每位與會人士的預算與需求不同,因此建議安排不同等級的住宿供其自行選擇。當然,基於處理成本不同,議價的空間也不相同。

(二)住宿安排管道

籌辦單位在安排住宿時,一般有以下三種管道:

◆直接與飯店接洽

國際會議場址決定後,籌辦單位可自行與附近的飯店聯繫,商談以較為優惠或團體的價格進行房間的預留,然後將確定的飯店名稱、網址、電話號碼、房型、房價公告在國際會議的通訊資料(如國際會議網站)中,提供與會人士選擇。

◆委託旅行社安排

　　國際會議籌辦單位在進行飯店預留後，與會人士實際住房數量難以掌握，但為求與飯店商談較為優惠的國際會議中心與設備的租用價格，還是必須進行一定數量的房間預留。此時，旅行社亦可提供一定程度的保障與優惠。由於旅行社除了固定承接國際會議住宿外，尚有其他的國際會議或展覽、甚至一般的觀光旅客可進行房間的調度與彈性規劃，因此，可一定程度規避預留而未住房的風險。

◆委請當地旅遊或觀光局安排

　　有些國際會議會透過官方管道，與飯店進行洽談，而官方單位願意扮演住宿安排中心（housing bureau）的原因多為獎勵國際會議或展覽的主辦。由於會展為主辦城市帶來可觀的觀光收入，因此，地方政府會為了較為大型的國際會議或展覽，與飯店進行房間預留與優惠價格的洽談。

　　飯店提供的國際會議住宿，通常會有較為特殊的配套服務，籌辦單位在安排時，必須事先進行確認。同時，有些服務是內含在房價中、有些必須額外付費，在進行議價或訂房之前，都必須先行瞭解。與飯店預定的房間數較多時，通常可以要求較多的額外服務，如客房果籃、SPA優惠、免費接駁車等。因此，住房配套成為議價的重要項目之一。**表6-13**為常見的國際會議住宿服務配套與設施。

單人客房示範

雙人客房示範

圖6-12　單人、雙人客房示範

表6-13　常見的國際會議住宿服務配套與設施

・寬頻上網連線、無線上網服務	・客房迷你吧台及冰箱
・辦公事務設備租用服務：電腦、傳真機、影印機、行動電話、幻燈機、投影機私人保險櫃	・接送服務 ・球場
・翻譯及口譯服務	・室內自動空調控制
・世界時刻鐘	・房內自助式咖啡、茶及熱水設施
・外幣兌換	・國際直撥電話系統
・健身房	・國內直撥電話系統
・溫泉池	・旅遊資訊
・球場	・每日免費供應兩瓶飲用水
・早餐供應	・衛星頻道及提供付費影片之彩色電視
・客房果籃	・游泳池
・停車場	・郵寄服務
・三溫暖	・行李保管
・視聽室	・SPA水療設備
・交誼廳	・貴賓樓層接待室
・每日當地及國際性報紙	・工作人員住宿房

　　以2010年亞太電協（AESIEAP）第18屆電力產業會議暨展覽（18th CEPSI）的住宿飯店為例，大會共提供六家飯店給超過一千位外國人士選用（**表6-14**）。

表6-14　國際會議簽約飯店規劃示範

Hotel	Single	Double	To TICC (Venue)	Airport pick-up
(per trip)	NT$8,030	NT$9,240	walking distance	NT$2,200
Shangri-La's Far Eastern Plaza Hotel	NT$7,579	NT$8,239	15 mins by car	NT$2,200
Howard Plaza Hotel	NT$5,060	NT$5,610	15 mins by car	NT$1,890
Agora Garden Taipei	NT$4,500	NT$4,900	5 mins by car	NT$2,000
Park Taipei	NT$4,070	NT$4,620	15 mins by car	NT$1,680
Brother Hotel	NT$3,500	NT$3,640	20 mins by car	NT$1,500

** Please refer to Registration to make hotel reservation.

資料來源：18th AESIEAP Conference of the Electric Power Supply Industry

二、交通

　　交通安排視與會人士的類別與活動需求而有不同。一般而言，正常的國際會議不支付任何貴賓交通與住宿費用。但基於我國好客作風不同，對於若干正式邀請的貴賓或演講者，多半會贊助其交通及／或住宿費用。一般與會人士，可依其特別需求向大會提出相關的補助要求。

(一)一般與會人士

　　為便利國內、外參與國際會議人員抵達國際會議舉行場地與住宿飯店，應於報名表上註明詢問與會者是否需要額外自行付費之接送機服務，此可交由國際飯店或專業交通公司代辦。另於國際會議前兩週以電子郵件發送相關交通須知給各與會人員，同時也需於現場發送之資料袋附上一份紙本資料，以確保每一位與會人員都能掌握來台交通事宜。以下就國內交通與接送機安排兩大類分項說明。

◆國內交通

　　為方便與會人員於國際會議期間由住宿飯店至國際會議場地之交通往返，應預先於會前先行調查與會人員住宿飯店、眷屬人數、是否參加晚宴與會後旅遊行程等資料，並予彙整。另亦須查詢市區內公車手冊，蒐集國際會議場地周邊公車路線，並且詢問與各旅館最靠近之火車或捷運站的距離與路線，同時查詢各旅館至國際會議場地計程車費用及往返車程所需時間等。

　　國內交通接送多以接駁巴士（Shuttle bus）進行，關於接駁巴士供應者的選擇，應考量的因素包含：預算，交通工具（如汽車或巴士）的數量與狀況，該交通公司的聲譽、經驗與投保範圍，與該交通公司的履約能力。更重要的是，在簽屬合約時，必須確定所有約定的價格與服務項目都已經詳細且明確的載入合約中，以保障國際會議期間的國內交通品質。

◆機場接送

針對接送機之部分，須編製班機調查表，項目包含：報名編號、來回班機班次、時間、人數、是否需接／送機、接送機費用、素／回食調查、收件截止日期、接機方式說明、回函方式和聯絡人。

為加速與會人員之間之聯繫，相關之聯絡均採電子郵件之方式處理，並設立群組所有與會者的電子郵件之地址後，即開始處理相關之信件回覆及回答接送機的相關疑問。籌辦期間，即分別發送國際會議之調查表予所有與會人員，請求提供其抵台日期、時間、航空公司名稱、班機編號、抵達之航站、住宿之飯店、是否需要代為安排接駁車輛，以及收費標準等，並彙集成表，事先與國際飯店或交通租賃公司接洽，安排專車接駁事宜。為考量來台與會人員之安全及乘車之舒適，將預先派員至台灣國際機場實地瞭解交通動線、接駁車位置、航站之出口位置，並實地與各航站臨櫃之租賃公司接觸，瞭解其服務之項目以及服務之品質。

(二)受邀貴賓

大會正式邀請的貴賓，如演講者或特殊身分人士，除了上述重點外，如有補助機票、住宿的安排時，也會進行機場接送的服務。而機票補助一般分為兩種模式：

◆PTA機票

Prepaid Ticket Advice，即大會在甲地先行代付機票費用，乘客於乙地即可直接取票前往目的地。主辦單位如需辦理PTA機票，可提前至當地的航空公司售票處辦理。

◆事後補助

主辦單位事先聲明補助金額，受邀貴賓於抵達會場後，出示票根及相關證件即可簽字領取機票補助款項。重點是一般只補助貴賓出發城市及大會城市間的票價。如貴賓有繞道行程，則需請開票旅行社作拆帳報價，或自行調查票價。

貴賓機場導引　　　　　　　　　　機場歡迎牌

圖6-13　機場交通接待示範

資料來源：17th and 18th AESIEAP Conference of the Electric Power Supply Industry

本 章 重 點

　　國際會議的餐飲，籌辦人多半會採外包，但若自籌，需考量場地、菜色與餐會形式三個主要部分。用餐場地的規劃，應以會場周邊之餐廳為先覺考量，同時運用指示牌以便快速指引與會人員動線。菜色安排方面，應於事前請餐廳安排不同之主題菜色、配菜及點心；除此之外，各國習俗、宗教信仰等各種特殊需求，亦應詳加考慮。無論早餐、午餐、晚宴或茶會，採自助餐或盤餐（buffet）為比較常見的方式。餐會現場工作，依不同餐會形式，主要服務事項與準備事項略有出入，應依其分別的規定辦理。

　　文化活動設計的目的，為使與會人員在專業或學術研討的議題之外，能夠有輕鬆愉快的心情，並增進與會人士對本土文化的認識；通常活動安排係以靜態的文化展覽與動態的民俗活動表演或帶動唱為主軸。

　　國際會議的旅遊活動規劃，提供與會人員與同行眷屬自由選擇參加，以促進國民外交及觀光消費活動，並使遠道而來的賓客更瞭解主辦國或主辦城市風情。以時間的規劃區分，可區分為會前（pre-conference tour）、會中（technical tour）與會後（post-conference tour）三種，目的不一，功能亦不同；其中，會中旅遊多半屬技術參訪（technical visit），技術參訪必須與大會主旨相關，主要目的是展現主辦國家或城市的特殊成就或卓越建設；另外，眷屬旅遊（spouse tour）或隨行人員旅遊（accompany person tour）是為與會人士攜帶之眷屬安排，必須考量與國際會議議程的衝突性與人數規劃等問題，同時，旅遊行程的安排不能離國際會議場地太遠，因此，通常會以在地的文化體驗與民俗特色為行程主軸。

　　獎勵旅遊是另一種比較特殊的會議旅遊活動，在設計上，較一般觀光具有事業目的性，且其目的是以提升參與者的績效為主；具體的型態為透過旅遊設計，來獎勵與回饋高成就者，同時為後繼者立下學習典範。因

此，獎勵旅遊具備了獎勵、情感、教育，最終目的為刺激日後的績效提升。

　　國際會議的住宿，原則上以方圓3～5公里之內為考量。籌辦單位負責安排住宿時，一般有以下三種管道：直接與飯店接洽、委託旅行社安排、委請當地旅遊或觀光局安排；各種管道皆有其優缺點與適合的背景條件，應審慎評估。此外，飯店提供的國際會議住宿，通常會有較為特殊的配套服務，籌辦單位在安排與議價時，必須事先進行確認。

　　交通安排方面，可分為一般與會人士與受邀貴賓兩大類。一般與會人士的國內交通可交由國際飯店或專業交通公司代辦。另於國際會議前兩週以電子郵件發送相關交通須知給各與會人員，同時也需於現場發送之資料袋附上一份紙本資料，以確保每一位與會人員都能掌握來台交通事宜；機場接送部分，須編製班機調查表，以方便相關事項的管理與掌控。受邀貴賓通常都會有補助機票、住宿的安排時，也會進行機場接送的服務。而機票補助一般分為PTA（Prepaid Ticket Advice）機票與事後補助兩種形式，亦應在事前與貴賓確認相關辦理事項。

國際會議規劃與管理

重要辭彙與概念

早餐會（breakfast meeting）

國際會議舉辦通常在飯店，理事會、秘書長可能會為研究某些特定議題或交換意見，藉早餐時間進行討論。

午餐會（lunch, luncheon）

通常在中午12點到下午2點間舉行，由於與會人士在白天均有工作，所以時間安排不宜過長，以免影響下午國際會議的進行。

大會晚宴（conference banquet）

舉辦時間多在下午6點以後，晚宴中通常會邀請主要貴賓進行簡短的演說，餐點多半會以主辦國家或地區的在地美食為主，餐會間甚至會安排具當地文化特色的表演活動。

開幕酒會（opening cocktail party）

國際會議的主辦單位通常會在國際會議正式開始前舉辦開幕酒會，目的是凝聚與會人士感情，讓大家在國際會議開始前進行交流與互動。

接待酒會（welcome reception）

國際會議的主辦單位通常會在國際會議正式開始前舉辦接待酒會，目的是凝聚與會人士感情，讓大家在國際會議開始前進行交流與互動。

茶會（tea party）或中間茶歇（tea break）

通常安排在國際會議中間休息時間，會在會場外準備茶點，供與會人士品嚐、活動充電同時進行交流。

文化活動

為使與會人員在專業的議題之外，能夠有輕鬆愉快的心情，並增進與會人士

對本土文化的認識，促進不同層面的經驗交流。以靜態的文化展覽與動態的民俗活動表演或帶動唱為主軸。

會前旅遊

在國際會議之前，主辦單位會設計一些一日或半日的旅遊行程，讓提早抵達的與會人士參考選擇或預定行程，亦可提供一至多日旅遊行程的資訊或連結，方便會人士自由行旅遊參考使用。

會後旅遊

指國際會議結束後，主辦單位亦可依其需求設計半日、一日或多日的旅遊行程給需要的與會人士參考選擇或預定行程。

技術參訪

或稱會中旅遊，多半安排在國際會議議程中，主要目的是讓沒有時間參加旅遊的與會人士，能藉由大會的安排進行疏解，同時瞭解主辦地區的風俗民情、文化體驗與特定工廠或設施。

眷屬旅遊

國際會議的與會人士常會攜帶眷屬陪同，主要的原因多半為主辦城市本身的吸引力，因此，眷屬旅遊主軸是希望能讓外賓充分瞭解並體驗主辦城市的特色，因此，國際化、多元化、在地特色與文化饗宴，皆為考量的重點。

獎勵旅遊

具有事業目的性，且其目的是以提升參與者的績效為主；具體的型態為透過旅遊設計，來獎勵與回饋高成就者，同時為後繼者立下學習典範。因此，獎勵旅遊具備了獎勵、情感、教育，最終目的為刺激日後的績效提升。

班機調查表

主要針對接送機的部分，其項目包含報名編號、來回班機班次、時間、人數、是否需接／送機、接送機費用、素／回食調查、收件截止日期、接機方式說明、回函方式和聯絡人。

PTA機票

Prepaid Ticket Advice，即大會在甲地先行代付機票費用，乘客於乙地即可直接取票前往目的地。

問題與討論

1. 試以「2026急診醫學國際會議」（2026 International Conference on Emergency Medicine）為例，進行餐飲設計，包含場地的選擇、餐會的安排與菜單規劃。

2. 試以「2026急診醫學國際會議」（2026 International Conference on Emergency Medicine）為例，進行文化活動設計。

3. 何謂獎勵旅遊？就你所知，近來較為著名的大型獎勵旅遊有哪些？其主旨為何？行程安排為何？

4. 試以「2026急診醫學國際會議」（2026 International Conference on Emergency Medicine）為例，進行會前／會後旅遊設計。

5. 試以「2026急診醫學國際會議」（2026 International Conference on Emergency Medicine）為例，進行技術參訪設計。

6. 試以「2026急診醫學國際會議」（2026 International Conference on Emergency Medicine）為例，進行議程規劃與眷屬旅遊設計。

7. 何謂PTA機票？

8. 安排國際會議與會人士的住宿有哪三種模式？其分別的優缺點為何？

國際會議規劃與管理

 相關網站

交通部觀光局旅遊服務中心（Travel Service Center, Tourism Bureau, M.O.T.C），http://admin.taiwan.net.tw/auser/H/tisc/tourinfo/index.htm

台灣觀光協會，http://www.tva.org.tw

亞太獎勵旅遊展，http://www.aime.com.au

歐洲獎勵旅遊展，http://www.eibtm.com/

法蘭克福獎勵旅遊展，http://www.imex-frankfurt.com/

國際旅遊網，http://www.tw.sinotour.com

法國旅遊發展署，http://www.tw.franceguide.com

西班牙旅遊網，http://www.spaintour.com

德國官方旅遊網，http://www.germany-tourism.org.hk

展覽與事件協會（International Association of Exhibition and Event, IAEE），http://www.iaee.com/

參考文獻與延伸閱讀

一、中文部分

何致遠、何高祿（2019）。《觀光行政與法規》。華都文化。

希伯崙編輯部（2019）。《餐旅實戰英語》。希伯崙出版社。

東販編輯部（2018）。《餐飲空間設計全書》。台灣東販出版社。

俞龍通、林詠能、黃金柱（2018）。《文化觀光：提升遊客生活與文化涵養的主流觀光》。華立圖書。

張瑞奇（2019）。《遊程規劃與設計》。揚智文化。

張德儀譯（2020）。Cathy H. C. Hsu、Lorraine L. Taylor、Roy A. Cook著。《觀光學》（六版）。華泰文化。

陳幸美（2018）。《圖解一次學好餐飲英語句型+會話》。倍斯特出版事業有限公司。

陳瑞倫（2020）。《遊程規劃：旅遊產品策略與行程設計》（三版）。華立圖書。

陳德富（2020）。《文化節慶觀光：管理行銷與活動規劃設計》。揚智文化。

傅安弘（2016）。《餐飲衛生與安全管理》（四版）。華都文化出版社。

曾秉希、鍾溫清（2019）。《休閒活動企劃與設計》（二版）。華立圖書。

黃躍雯（2018）。《文化觀光》。五南出版社。

楊正情、賴麗莉（2017）。《獎勵旅遊經營管理實務》（二版）。華立圖書。

劉照金（2019）。《運動觀光理論與實務》（二版）。華都文化出版社。

蔡欣佑（2016）。《休閒活動企劃與管理：渡假飯店、休閒農場理論與實務》。五南出版社。

鄭華清、黃廷合（2019）。《行銷學：觀光、休閒、餐旅服務業專案特色》（二版）。全華圖書。

鍾任榮（2018）。《遊程規劃實務II》。五南出版社。

饒勇（2019）。《現代餐旅業創新與發展》。崧燁文化出版社。

二、英文部分

Allen, J. (2000). *Event Planning: The Ultimate Guide to Successful Meetings,*

Corporate Events, Fundraising Galas, Conferences, Conventions, Incentives and Other Special Events. Interrobang Graphic Design.

Angelaki, E., Manthoulis, G., Kartsonakis, E., Markoulaki, C., Baourakis, G., Drakos, P., & Zopounidis, C. (2012). The prospects of conference tourism on the island of crete. *Journal of Computational Optimization in Economics and Finance, 4*(1), 45-54.

Bhiwandiwala, H., & Chaudhari, B. (2017). *Event Management*. Nirali Prakashan.

Camillo, A. A. (2015). *Handbook of Research on Global Hospitality and Tourism Management*. Business Science Reference.

Craven, R. E., & Golabowski, L. J. (2006). *The Complete Idiot's Guide to Meeting & Event Planning*. The Penguin Group.

Das, A. (2020). *The Journey Starts Here: Global Management and Tourism Trends*. Black Eagle Books.

Du Cros, H., McKercher, B. (2020). *Cultural Tourism*. Routledge.

Hamed, M. A., & Hamed Ibrahim Al-Azri. (2019). Conference report: Second UNWTO/UNESCO world conference on tourism and culture: Fostering sustainable development. *International Journal of Culture, Tourism and Hospitality Research, 13*(1), 144-150.

Figini, P., Sahli, M., & Vici, L. (2018). Advances in tourism economics: The sixth IATE (international association for tourism economics) conference. *Tourism Economics, 24*(8), 911.

Lawson, F. (2000). *Congress, Convention and Exhibition Facilities: Planning, Design and Management (Architectural Press Planning and Design Series).* Architectural Press.

LoCicero, J. (2008). *Streetwise Meeting and Event Planning: From Trade Shows to Conventions, Fundraisers to Galas, Everything You Need for a Successful Business Event.* F & W Publications.

Mariani, M. M., Czakon, W., Buhalis, D., & Vitouladiti, O. (2015). *Tourism Management, Marketing, and Development: Performance, Strategies, and Sustainability*. Palgrave MacMillan.

Mason, P. (2008). *Tourism Impacts, Planning and Management (Second Edition)*. Elsevier Ltd.

Page, S. J. (2003/2007/2009). *Tourism Management, Third Edition: An Introduction*. Elsevier Ltd.

Patterson, Ian (2018). *Tourism and Leisure Behaviour in an Ageing World*. Cab Intl.

Pfister, R., & Tierney, P. (2009). *Recreation, Event, and Tourism Business With Web Resources: Start-Up and Sustainable Operations*. Human Kineties.

Reid, T. (2019). *Event Management: Comprehensive Guide on How to Effectively Manage an Event*. Independently Published.

Shock, P. J., & Stefanelli, J. M. (2009). *A Meeting Planner's Guide to Catered Events*. John Wiley & Sons, Inc.

Williams, J. (2010). *How to Plan and Book Meetings and Seminars (2nd edition)*. Ross Books.

Wright, R. R., & Siwek, E. J. (2005). *The Meeting Spectrum: An Advanced Guide for Meeting Professionals*. Rudy Wright.

Chapter **7**

工作人員招募

- 招募辦法
- 甄選培訓流程
- 工作人員訓練與管理

一場國際會議的人力需求包含國際會議策劃人員、會場設計人員、節目與活動策劃人員、餐飲旅遊交通策劃人員、財務會計人員、會展場地工作人員（場地的預定、聯繫與管理）、秘書（聯絡外賓、講師及相關事務之處理）、工程人員（視聽設備與場地設計、布置、施工與拆除）、宣傳公關人員、法律人員、保全人員、醫護人員、電腦資訊事務人員（大會網站、國際會議現場電腦操控、有線、無線環境規劃）與國際會議接待人員（含貴賓接待人員）。其中，多項工作涉及專業經驗的累積，因此，多為國際會議公司或展覽公司長期聘用之專業人力，如國際會議策劃、秘書、財會與場地工作人員等。此外，專業的會展籌辦單位，亦多會有長期合作的協力廠商進行相關業務的外包，如會場設計、節目活動策劃、餐飲旅遊交通策劃、工程、公關、法律、接待與醫護等。

為了舉辦國際會議而進行工作人員招募者，多為現場接待人員。由於現場接待是在有國際會議或展覽時才有需求，因此，現場接待人員多半非會展公司或籌辦單位的正式員工。在國際會議確定舉辦時，便必須進行人員的招募、甄選、訓練與管理。

 第一節　招募辦法

除了會展公司或籌辦單位既有之人力外，為應付國際會議舉行期間眾多繁雜事務，大會可視預算招募臨時工作人員以支援與會貴賓之接待、報到、諮詢服務、會場議事服務及其他晚宴、文化之夜及技術參訪等相關活動之服務。招募對象以精通英文聽說讀寫、禮儀良好、具服務熱忱的男女青年為主，在學（大學或研究所學生）或非在學皆可。招募時間以國際會議開始前一個月至一個半月為宜，並預留會前培訓時間，讓工作人員能充分熟悉分配之工作內容。

國際會議臨時工作人員之招募，必須先行公告招募簡章，簡章中必須明列國際會議簡介、工作地點、工作項目、工作薪資、需求人數、報名

方式、報名截止日、聯絡人，並須附上報名表。擬定好公告內容後，接著進行招募宣傳作業，宣傳管道包含國際會議專屬網站、人力資源網站、平面廣宣品與BBS等。

表7-1 「第1屆泛華國際能源、經濟、環境會議」會場服務人員招募簡章（範例）

第1屆泛華國際能源、經濟、環境會議
2013 PCEEE International Conference
會場服務人員招募簡章

1.國際會議簡介

第1屆泛華國際能源、經濟、環境會議，將首度在台北舉行，此國際會議之重要性除了提升我國在能源、經濟、環境領域之研究水準，以及國際性的學術地位外，亦是促進國際華人學術交流之大好機會。大會討論主題涵蓋國際能源安全、合作與政策，能源市場，中東危機與能源安全，能源市場的管制與機制，全球溫室氣體排放減量與政策，核能安全，能源污染，新能源，與當代重要能源、經濟、環境（Triple-E）議題等。預估參與大會的各國代表約500人。

2.招募對象

(1)精通英文聽說讀寫，男女不拘。
(2)在學（大學或研究所學生）或非在學皆可。
(3)禮儀良好，具服務熱忱。

3.工作時間

請於報名表上勾選可以參與工作時間；會前培訓請勾選一天

時段 日期	上午7:00-下午3:00	下午2:00-晚上10:00
5/12（四）	會前培訓9:00～17:00	
5/13（五）	會前培訓9:00～17:00	
6/2（四）	工作演練，務必參加9:00～17:00	
6/3（五）	勾選	勾選
6/4（六）	勾選	勾選
6/5（日）	勾選	勾選
6/6（一）	勾選	勾選

4.工作地點：

圓山大飯店、中油大樓

（續）表7-1 「第1屆泛華國際能源、經濟、環境會議」會場服務人員招募簡章（範例）

5.**工作項目**：外賓接待、報到、諮詢服務、會場議事服務及其他晚宴、台北文化之夜及參訪等相關活動之服務，每人工作時間及項目將於培訓時分工。

6.**工作薪資**：NT2,000/day（含保險）

7.**需求人數**：50人次

8.**報名方式**：填寫會場服務人員報名表，傳真或直接電洽。

9.**報名截止日**：2013年4月20日

10.**本案聯絡人**：

　錢玉娟 秘書
　台灣三益（Triple-E）策略發展協會
　台灣10479台北市合江街53號自強大樓3樓304室
　電話：(02) 2517-7811　傳真：(02) 2517-7215
　e-mail: yuchien53@gmail.com

表7-2 「第1屆泛華國際能源、經濟、環境會議」會場服務人員報名表（範例）

<table>
<tr><td colspan="3" align="center">第1屆泛華國際能源、經濟、環境會議
2013 PCEEE International Conference
會場服務人員報名表</td></tr>
<tr><td>姓名</td><td></td><td>編號（請勿填寫）</td><td></td></tr>
<tr><td>出生年月日</td><td colspan="3"></td></tr>
<tr><td>性別</td><td colspan="3">□男　　□女</td></tr>
<tr><td>身分證字號</td><td colspan="3"></td></tr>
<tr><td>電話</td><td colspan="3"></td></tr>
<tr><td>手機</td><td colspan="3"></td></tr>
<tr><td>電子信箱</td><td colspan="3"></td></tr>
<tr><td>戶籍地址</td><td colspan="3">□□□</td></tr>
<tr><td>通訊地址</td><td colspan="3">□同戶籍地　□□□</td></tr>
<tr><td>學校科系</td><td colspan="3">　　　大學　　　　系</td></tr>
<tr><td>語言專長</td><td colspan="3">□英文　□日文　□其他　　　（請填寫）</td></tr>
</table>

（續）表7-2 「第1屆泛華國際能源、經濟、環境會議」會場服務人員報名表（範例）

許可時間（請勾選）	時段 日期	上午7:00～下午3:00	下午2:00～晚上10:00
	5/12（四）		
	5/13（五）		
	6/2（四）	工作演練，務必參加9:00～17:00	
	6/3（五）		
	6/4（六）		
	6/5（日）		
	6/6（一）		
備註	另請備妥兩吋照片1張		

註：本報名表敬請於2013年4月20日前傳回，謝謝。

錢玉娟 秘書

台灣三益（Triple-E）策略發展協會

台灣10479台北市合江街53號自強大樓3樓304室

電話：(02) 2517-7811　傳真：(02) 2517-7215

e-mail: yuchien53@gmail.com

第二節　甄選培訓流程

　　國際會議現場服務人員的甄選原則，除了必須具備服務熱誠外，由於與會者包含大量的國際人士，外語能力相當重要。

　　培訓正式進行前，必須先編制工作手冊，同時確定培訓所需教室、用餐及各項硬體準備工作，聯繫講座及編製課程表，並對通過初步甄選的人員寄發培訓通知函。

　　培訓過程有一個很重要的目的，就是要進行第二階段的人力篩選。因此，培訓講師會分別對參與課程的學員進行成績的核定，核定項目包括：課程表現、英語能力、經歷、突發狀況處理機制等。待決選完成，再

依學員特質進行分組（國際會議、餐會、晚宴、接待、旅遊），確認每組的小組長，並針對各組重點加強培訓。會場服務人員培訓作業流程範例如圖7-1所示。

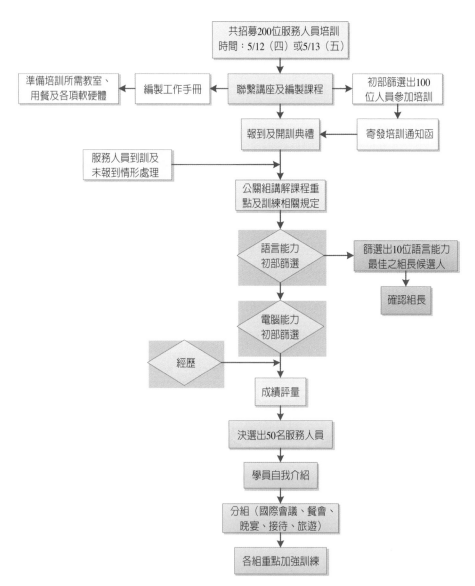

圖7-1　「第1屆泛華國際能源、經濟、環境會議」會場服務人員培訓作業流程

表7-3 「第1屆泛華國際能源、經濟、環境會議」會場服務人員評分表

□錄取 □不錄取

第 1 屆泛華國際能源、經濟、環境會議
2013 PCEEE International Conference
現場工作人員評分表

姓名：_____ □ CV □photo

面試階段測驗		分數
一	英打測驗	
二	英語口說	英文能力	
		問答反應	
		儀態表現	
評語		
建議 組別	□ 報到組 □ 秘書組(秘書室、記者室、貴賓室) □ 會場組 □ 接待組(機場、高鐵站)	

事前分組模擬訓練

現場集合出發

現場服務示範

現場導引服務示範

圖7-2　會場服務人員培訓及服務示範

資料來源：28th IAEE International Conference; 17th AESIEAP Conference of the Electric Power Supply Industry

 ## 第三節　工作人員訓練與管理

　　國際國際會議工作人員的培訓內容，大致可包含兩部分：(1)大會背景介紹；(2)各組工作說明及重點訓練。分組訓練內容範例請參閱表7-4。

表7-4 工作人員分組重點訓練內容範例

機動組

工作內容	1.人員調派指揮，隨時遞補各組空缺。 2.與飯店及廠商協調，大會總指揮。 3.隨時查詢講者、主持人報到狀況、與講者聯絡。 4.將每天「各組」的重點行程時間依序記錄，並於該時間點前抵達確認狀況。例如coffee break、council meeting等。 5.隨時與各組組長確認每場進行狀況，並定時環走全場觀察。 6.協助傳遞或處理各組walki-talki溝通問題。
注意事項	隨時遞補人員空缺及指導各組流程。

報到組

工作內容	1.依照姓氏查詢，找尋與會者識別證、資料夾。 2.負責遞送環保袋（內含各式邀請函／Program／識別證／文宣品）。 3.詢問櫃檯-Information Desk：教室、午餐、茶敘、廁所位置指引，相關會議問題回覆。 4.旅遊櫃檯-Tour Desk：大會旅遊、會後旅遊行程登記與確認。
注意事項	1.請注意來賓的姓名是否正確。 2.務必熟記大會各項事宜。 3.注意自身的儀容態度並務必以笑容迎合來賓。 4.應隨時保持警戒並解決突發狀況。
準備資料	基本文具、邀請函、識別證、識別證繩套、大會提袋、大會議程。

秘書組：貴賓室／總會秘書處

工作內容	1.協助接待貴賓。 2.隨時協助處理辦公室用品。 3.隨時協助總會貴賓需求。
注意事項	1.務必以笑容迎合來賓，應隨時保持警戒解決突發狀況。 2.現場工作人員要保持坐姿端正，不得聊天打瞌睡。
準備資料	基本文具、大會議程。

秘書組：秘書室

工作內容	1.記錄及聯繫遲到的工作人員。 2.對講機、電腦及其他文具或設備的保管及分配。 3.維持秘書處清潔整齊。 4.接聽電話並確實記錄來電資訊（日期、時間、來電者姓名、電話）。 5.注意對講機內的所有對話，擔任各組的溝通橋樑。 6.整理打包時，重要文件及檔案保管需確實打包，並將相同物品統一整理。
注意事項	1.確認工作人員、協助廠商及會議場所的聯繫電話（包含設備、空調、場地聯絡人等）。 2.每天檢查攜帶的文具用品是否短缺。
準備資料	基本文具、所有會議所需器材、現場所需文件。

（續）表7-4　工作人員分組重點訓練內容範例

秘書組：試片組	
工作內容	1.隨時查核講者簡報繳交狀況，核對每時段講者簡報並交給會場組。 2.協助、接待講者測試或修改簡報。 3.每天需統整所有講者之簡報。
注意事項	1.檔案夾建立方式為：場次名稱→各場次中所有講者（資料夾以場次代號及講者姓名為資料夾名稱），會前再三比對檔案夾命名是否與program相同。 2.檔案內容只能有唯一一個最新的有一個PPT檔，其餘為超連結影音檔（若真有一個以上的PPT檔，請註明播放順序或如何播放並告知組長及會場組人員）。 3.PPT檔案名稱前面加註場次代號（ex: SP01-03）。 4.整理已收到檔案的場次、教室與speaker姓名（以便之後檔案有問題，組長能夠知道該詢問哪一位工作人員）。 5.試播放並確保PPT檔能夠正常開啓，包括所有超連結的影音檔（若檔案無法成功播放、超連結失敗或圖片檔跑過慢，都請馬上告知組長並尋求解決方式）。 6.若檔案有任何特殊播放方式請通知會場組人員（ex:多個檔案時的播放次序、超連結不成功需手動播放影音檔、檔案中有頁面需跳過等）。 7.若講者到會場教室內交投影片時，提醒會場組將檔案傳回試片組，確保所有講者檔案為最新的資料。 8.若講者有任何演講時特殊播放檔案的需求請詳細告知組長。
準備資料	基本文具、USB隨身碟、多接插頭、延長線、大會議程。
秘書組：記者室	
工作內容	1.維持記者室清潔整齊。 2.協助記者查詢大會議程以及相關大會資訊提供。 3.協助記者使用網路。
注意事項	檢查文具用品是否短缺。
準備資料	基本文具、所有會議所需器材、現場所需文件。
會場組	
工作內容	會議及Session開始前需確認： 1.清點會議室設備並測試所有設備運作正常（電腦、投影機、上下電腦連線、音源線聲音、麥克風、投影機等）。 2.確認開燈亮度及關燈亮度。 3.檢查文具攜帶是否足夠並確認所有的節目表、講者名條、桌牌名字內容資料無誤。 4.與試片室確認講者簡報繳交狀況並測試檔案播放無誤，若有影音檔一定要試播，確認音源線播放聲音大小，若有問題要即時反應。

（續）表7-4　工作人員分組重點訓練內容範例

5. 確認講者及主持人是否已抵達會議室。
6. 詢問講者演講時是否有特殊需求（播放影片時開燈或協助操作電腦等）。
7. 與主持人溝通時間掌控（告知會按鈴提醒時間）、確認Q & A是分別進行或一起討論、遞交Chairperson Announcement。

Session開始及進行中：

1. 開啓講者PPT檔，並親手交遞雷射筆給講者，在講者站上台後調整麥克風高度。
2. 講者若要求幫忙操作投影片，請全神貫注聽任何指示。
3. 控制燈光：開始進入第一張投影片時關燈、演講完畢後開燈。
4. 負責電腦控管，台上電腦當機時更換電腦即可直接操作。
5. 控制講者演講時間，講者開始講話就開始計時並提醒演講剩餘時間，響鈴時請不要害怕按鈴。
6. 隨時保持警覺，注意前台講者、主持人或與會者的需求，若有任何問題立即上前處理。
7. Q&A時請站在明顯方便的前方環顧全場，注意主持人點哪位與會者發問，快速遞送麥克風。

Session或會議結束時：

1. 演講結束前請先通知攝影師前往拍照。
2. 再次提醒主持人Chairperson Announcement的內容。
3. 更換下一場次的講者及主持人桌牌、講者杯水並開啓演講者之PPT檔。
4. 會議結束後需清點所有設備，並確認無遺漏。

會場組

注意事項

1. 瞭解教室內所有工作內容並隨身攜帶工作人員手冊。
2. 現場工作人員要保持坐姿端正，不能全體坐著，要有人站著巡場，現場不得聊天打瞌睡並隨時相互支援。
3. 第一時間內先連接電腦至單槍，並確認投影是否運作正常，如果無法正常投影：檢查連接頭、壓下單槍上的Source按鈕、重新開機、聯繫現場單槍工程人員。
4. 小組長攜帶對講機巡場，隨時回報場內狀況並記錄（會議開始時間、講者／主持人是否出席、出席人數），若有任何不能解決問題立即呼叫秘書室或機動人員。
5. 講者到現場交投影片時，若有充足時間請講者移駕至試片組，若沒有時間就用台下電腦備份至上下台電腦，並告知試片組將檔案傳給試片組。

準備資料　基本文具、電腦、雷射筆、碼表、響鈴、節目表、講者名條、大會議程、桌牌、杯水等

各組的訓練項目不盡相同，但必須共同注意的事項包含：

1. 若於國際會議第一天出現報到人潮預估錯誤，造成服務人員人力安排上有落差，如人力太多時造成服務人員聚集聊天或產生人力不夠造成擁塞等情況發生時，務必於第一天國際會議結束後立即檢討並調整人力分配（**表7-5**）。

2. 工作人員必須穿著統一顏色的服裝，以利辨認。值勤／進出時配掛識別證以表明身分，並且保持服裝儀容整潔。

3. 工作人員值勤時間嚴禁接／撥手機（公務除外）、聚集聊天、攜眷或安排朋友來訪，以免影響排定的勤務。

4. 值勤時應隨時面帶微笑，主動幫助國際會議參與者。

5. 中午以輪流方式用餐（限30分鐘），每區均維持一半以上人力在現場值勤。

6. 工作人員不遲到早退，更不可依自己方便隨時調整時段值勤，上班時應先至辦公室簽到，下班時簽退，並繳交每日工作記錄表與FAQ表（**表7-6**）。

7. 工作人員若臨時未能到班，至少於前一天先行通知該區負責人，以派人補班，嚴禁當天早上請假不到班。私下換班者，仍要通知該區負責人，以利更改班表。

8. 工作人員參與檢討國際會議時，應報告白天現場狀況與需要改進調整的事項；並呈現問題反應與處理紀錄。

9. 服務台工作人員交班時，應確實填寫「交／接班 注意事項」，如**表7-7**。

10. 如發生不能處理之狀況，應首先聯絡該區負責人／組長，無法聯繫該區負責人時則改找大會辦公室區負責人。

表7-5　服務人員人力安排一覽表（範例）

附件一：CEPSI 2010 工讀生人力安排一覽表 (10/23-10/28)

日期	值勤小時	值勤時間	機動組	機場/交通組		TWTC/展覽組	報到組				TICC/秘書組			會場組			Hyatt/TICC/展榮發 文化之夜				電廠 技術參訪					小計人數	每日總計人次
			機動組	桃園一二航	松山機場	展覽館	服務禮台	報到禮台	繳費禮台	旅遊禮台	秘書室	試片室	記者室	分會教室	專題	開幕式	酒會&閉幕式	交通引導	音樂發贈	音樂廳	技參A	技參B	技參C	技參D	技參E		
10/23	6	10:00-16:00		2	2	4																					21
	6	16:00-22:00		2	2	4		5																		21	
10/24	6	10:00-16:00		2	2	4	2	8	5	1		1	1														43
	6	16:00-22:00		2	2	4	2	8	5	1		1														43	
10/25	5.5	07:00-11:30	3	2	2	4	2	8	5	1		1	1			14										54	54
	6	11:30-17:30		2	2	4	2	8	5	1		1		12	5											54	
10/26	5	07:00-12:00				3	2	8	5	1		1	1					20								44	44
	4.5	12:00-16:30				3	1	6	4	1		1		20	14				5							44	
	6	16:00-22:00	3			3	1	3	2	2		2								4						44	
10/27	10	07:00-17:00				3	1	1	2	1		2	1								6	4	3	11	7	44	44
10/28	5	07:00-12:00				3	1	4	5	1		3	1													38	38
	5.5	12:00-17:30				3	1	2	3	1		3		20	14											38	
	4	17:30-21:30	3			3	1	2	3	1		3				4	17									38	
																										總計	244

資料來源：18th AESIEAP Conference of the Electric Power Supply Industry

表7-6 工作人員日工作記錄表與FAQ 表

日期／星期	
服務人員姓名／組別	
問題提報	

1. A：	
2. A：	
3. A：	

表7-7 服務台交／接班注意事項

日期／星期			
注意事項說明（變更）		時間	簽名
1.			
2.			
3.			
4.			
5.			
6.			
白班人員簽名： 晚班人員簽名：			

　　國際會議結束後，必須發給服務人員證明，以作爲下次優秀或有經驗的國際會議現場服務人員有再次參與類似活動的機會，及作爲個人經歷使用，如圖7-3。

第1屆泛華國際能源、經濟、環境會議
2013 PCEEE International Conference

服務證明
Service Certification

姓名 Name	
職稱 Title	服務人員 Conference Attendant
服務內容 The Service	協助第1屆泛華國際能源、經濟、環境會議 —行政、活動、接待、國際會議等相關事宜 To help in general administrative and reception services of the 2013 PCEEE International Conference 台北圓山大飯店 The Grand Hotel, Taipei
服務日期 Serving Date	2013年6月2日至6日　共計5日 A total of 5 days, from June 2 to June 6 of 2013
備註 Note	以下空白 (N/A)

大會執行長：柏雲昌

Conference Executive Director: Yunchang Jeffrey Bor

圖7-3 「第1屆泛華國際能源、經濟、環境會議」服務證明

本章重點

　　一場國際會議的人力需求相當龐雜，其中多項工作涉及專業經驗的累積，因此，多為國際會議公司或展覽公司長期聘用之專業人力，如國際會議策劃、秘書、財會與場地工作人員等。此外，專業的會展籌辦單位，亦多會有長期合作的協力廠商進行相關業務的外包，如會場設計、節目活動策劃、餐飲旅遊交通策劃、工程、公關、法律、接待與醫護等。為了舉辦國際會議而進行工作人員招募者，多為現場接待人員。人員之招募，必須先行公告招募簡章，擬定好公告內容後，接著進行招募宣傳作業。人員招募後，接著進行甄選與培訓，甄選原則，以服務熱誠與外語能力為首要考量。而培訓作業，除了工作手冊的編製外，有另一個很重要的任務，就是要進行第二階段的人力篩選。因此，培訓講師必須分別對參與課程的學員進行成績的核定。培訓內容，大致可包含大會背景介紹與各組工作說明及重點訓練兩部分，其訓練內容各異，應依規範進行與辦理；同時，國際會議結束後，必須發給服務人員證明，以作為下次優秀或有經驗的國際會議現場服務人員有再次參與類似活動的機會。

重要辭彙與概念

甄選培訓流程

參見本章節內文之**圖7-1**。

招募簡章

招募簡章中必須明列國際會議簡介、工作地點、工作項目、工作薪資、需求人數、報名方式、報名截止日、聯絡人，並須附上報名表。

服務人員報名表

參加該會議之服務人員需先填寫服務人員報名表，除了個人基本資料外，還附有該會議之備註。

FAQ表

工作人員不遲到早退，更不可依自己方便隨時調整時段值勤，上班時應先至辦公室簽到，下班時簽退，並繳交每日工作記錄表與FAQ表。

「服務台交／接班注意事項」表單

服務台工作人員交班時，應確實填寫「交／接班注意事項」。

問題與討論

1.一場國際國際會議需要的人力大約有哪些？試列舉之。

2.試以「2026急診醫學國際會議」（2026 International Conference on Emergency Medicine）為例，擬定國際會議現場服務人員的招募簡章。

3.人員培訓過程中有哪些重點？

4.工作人員的訓練與管理有哪十項應注意事項？

附件二　　　　　工作手冊（範例）

本文以2009年17th AESIEAP Conference of the Electric Power Supply為實作範例附件。

東亞暨西太平洋地區電力事業協會
2009 年 CEO 會議 2009 CEO Conference
會場工作說明書

Congress Information 會議基本資料

- 大會名稱：東亞暨西太平洋地區電力產業協會 2009 年高階主管會議
  AESIEAP 2009 CEO Conference
  (The Association of the Electricity Supply Industry of East Asia and the Western Pacific)
- 會議地點：高雄漢來大飯店 The Grand Hi Lai Hotel 9 樓
  高雄市前金區 801 成功一路 266 號　　　電話：(07)216-1766
- 會議日期：2009 年 10 月 15 至 10 月 16 日(10 月 14 日為報到日)
- 大會語言：英文
- ※ 台電公司工作人員請於 <u>10/14 上午 9:30-11:30 至金冠廳領取資料</u>，工作說明書因已先發送，恕不另外準備，請自行攜帶至高雄會場
- ※ 台電公司工作人員於 10/15 開幕晚宴及 10/16 閉幕晚宴時間，<u>請先待所有與會貴賓就座後，再行進場就座</u>。

Congress Program 大會議程

	Oct. 14 Wed.	Oct. 15 Thu.	Oct. 16 Fri.	Oct.17 Sat.
08:30 – 09:00			Panel Session II	
09:00 – 09:30		Registration		
09:30 – 10:00				After Conference Tour
10:00 – 10:30		Opening Ceremony	Tea Break	
10:30 – 11:00		Keynote Speech		
11:00 – 11:30			Panel Session III	
11:30 – 12:00		Photo Time		
12:00 – 12:30			Lunch	
12:30 – 13:00		Lunch		
13:00 – 13:30				
13:30 – 14:00				
14:00 – 14:30				
14:30 – 15:00		Panel Session I		
15:00 – 15:30			Electricity Utility CEO Roundtable Forum (Invited)	
15:30 – 16:00	Registration	Tea Break		Technical Tour
16:00 – 16:30		Discover Kaohsiung / AESIEAP Executive Committee & Council Meeting (Council Member Only)		
16:30 – 17:00				
17:00 – 17:30				
17:30 – 18:00				
18:00 – 18:30				
18:30 – 19:00	Welcome Reception			
19:00 – 19:30		Dinner	Farewell Dinner	
19:30 – 20:00				
20:00 – 20:30				

東亞暨西太平洋地區電力事業協會
2009 年 CEO 會議 2009 CEO Conference
會場工作說明書

	Oct. 14 Wed.	Oct. 15 Thu.	Oct. 16 Fri.	Oct.17 Sat.
08:30 – 09:00				
09:00 – 09:30		註冊	研討會2	
09:30 – 10:00				會後旅遊 (高爾夫球球敘) (自費行程)
10:00 – 10:30		開幕式	茶敍	
10:30 – 11:00		主題演講		
11:00 – 11:30			研討會3	
11:30 – 12:00		理監事合影		
12:00 – 12:30			午餐	
12:30 – 13:00		午餐		
13:00 – 13:30				
13:30 – 14:00				
14:00 – 14:30	註冊	研討會1		
14:30 – 15:00				
15:00 – 15:30				技術參訪
15:30 – 16:00		茶敍	公用電業 圓桌會議 (限邀請參加)	
16:00 – 16:30	高雄 半日參訪	執行委員會季理事會年會 (限理事參加)		
16:30 – 17:00				
17:00 – 17:30				
17:30 – 18:00				
18:00 – 18:30				
18:30 – 19:00				
19:00 – 19:30	歡迎酒會	開幕晚宴	閉幕晚宴	
19:30 – 20:00				
20:00 – 20:30				

10/14 13:30-18:00	註冊	Registration		
10/14 18:00-20:30	歡迎酒會	Welcome Reception	金鳳廳	Golden Phoenix Room
10/15 10:00-10:30	開幕式	Opening Ceremony	金龍廳	Golden Dragon Room
10/15 10:30-11:30	主題演講	Keynote Speech	金龍廳	Golden Dragon Room
10/15 11:30-12:00	團體合照	Photo Time	金龍廳	Golden Dragon Room
10/15 12:00-14:00	午餐	Lunch	鶴銀寶廳	Room B,C,D
10/15 14:00-15:30	研討會1	Panel Session I	金鳳廳	Golden Phoenix Room
10/15 15:30-16:00	茶敍	Tea Break		
10/15 16:00-17:30	執行委員會暨理事會	AESIEAP Executive Committee & Council Meeting	金銀廳	Room C
10/15 15:30-17:30	高雄市區參訪	Conference Complimentary Excursion-Discover Kaohsiung		
10/15 18:30-20:30	開幕晚宴	Dinner	金龍廳	Golden Dragon Room
10/15 21:00-22:40	夜遊愛河	Walking Tour-Love River		
10/16 08:30-10:00	研討會2	Panel Session II	金鳳廳	Golden Phoenix Room
10/16 10:00-10:30	茶敍	Tea Break		
10/16 10:30-12:00	研討會3	Panel Session III	金鳳廳	Golden Phoenix Room
10/16 12:00-13:00	午餐	Lunch	鶴銀寶廳	Room B,C,D
10/16 13:00-18:30	技術參訪	Technical Tour		
10/16 15:00-17:00	公用電業圓桌會議	Electricity Utility CEO Roundtable Forum	多功能會議室	Function Room
10/16 18:30-20:30	閉幕晚宴	Farewell Dinner	宴會廳	Far Eastern Grand Ballroom

東亞暨西太平洋地區電力事業協會
2009 年 CEO 會議 2009 CEO Conference
會場工作說明書

Congress Highlights 大會重要活動

茶敘午餐 (與會者皆可免費飲用,大會工作人員需支援,請見人力配置表)
● 午餐:漢來 9 樓金寶銀鶴廳(自助餐) 10 月 15 日 12:00-14:00　10 月 16 日 12:00-13:00
● 茶敘:漢來 9 樓中央走道(咖啡茶點) 10 月 15 日 15:30-16:00　10 月 16 日 10:00-10:30

晚宴活動 (與會者皆可免費參加,大會工作人員需支援,請見人力配置表)
● 歡迎晚宴:10 月 14 日 漢來 9 樓金鳳廳 雞尾酒會 18:00-20:30
● 開幕晚宴:10 月 15 日 漢來 9 樓金龍廳 中式晚宴 18:30-20:30
● 閉幕晚宴:10 月 16 日 台南遠東宴會廳 雞尾酒會+閉幕晚宴 17:30-18:30+18:30-20:30,<u>專車 17:00 發車</u>。

旅遊活動 (與會者皆可免費參加,大會工作人員需支援,請見人力配置表)
● 高雄半日參訪行程:10 月 15 日 15:30-17:30 漢來—捷運美麗島站—高雄歷史博物館—漢來,<u>15:30 發車</u>。
● 徒步夜遊愛河行程:10 月 15 日 21:00-22:40 漢來—愛之船碼頭—漢來
● 電力設施參訪—台南文化之旅:10 月 16 日 13:00-18:00 漢來—興達電廠—億載金城—孔廟—赤崁樓—台南遠東 閉幕晚宴,<u>13:00 發車</u>。

執行委員會暨理監事年會 (大會工作人員需支援,請見人力配置表)
● 僅限理監事會參加。10 月 15 日 16:00-17:30,大會工作人員需要擔任會場協助(投影機,麥克風等器材)。

公共電業圓桌會議 (大會工作人員需 先行、以及隨車前往 支援,請見人力配置表)
● 僅限特定人士邀請參加,<u>先行車 11:30 發車,會議專車 13:30 發車</u>。10 月 16 日 14:30-17:30,大會工作人員需隨車前往台南遠東飯店協助會場器材。

CEO 高爾夫球敍
需於會前、或是會議現場報名,10 月 17 日 07:00-16:30,費用自付,球具球鞋可於球場租用。

東亞暨西太平洋地區電力事業協會
2009 年 CEO 會議 2009 CEO Conference
會場工作說明書

Congress Daily Schedule 大會日程表

10 月 14 日(星期三)

時間	行程
13:30-18:00	**註冊（漢來飯店 9 樓報到處）**
18:00-20:30	**歡迎酒會（漢來飯店 9 樓金鳳廳）：100 人**
18:00-18:10	貴賓進場
18:10-18:20	陳理事長貴明致歡迎辭
18:20-18:25	Mr. Toyoto Matsuoka 簡介 E8
18:25-18:30	陳理事長貴明舉杯宣布歡迎酒會開始
18:30-20:30	GNF Pop Jazz 樂團表演
20:30	歡迎酒會結束

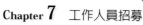

東亞暨西太平洋地區電力事業協會
2009 年 CEO 會議 2009 CEO Conference
會場工作說明書

10 月 15 日(星期四)

時間	行程
08:30-10:00	**註冊（漢來飯店 9 樓報到處）**
10:00-10:30	**大會開幕式（漢來飯店 9 樓金龍廳）：150-200 人**
09:30-10:00	理事、貴賓、主講人在貴賓室交換意見、攝影，準備開幕暖場活動
10:00-10:10	陳理事長貴明致歡迎辭 簡介貴賓陳市長菊、葉局長惠青、Dr. Steven R. Specker
10:10-10:20	能源局葉局長惠青致辭
10:20-10:30	高雄市陳市長菊致辭
10:30-11:30	**主題演講（漢來飯店 9 樓金龍廳）**
10:30-10:35	陳理事長貴明介紹主題演講人 Dr. Steven R. Specker（詳細介紹）
10:35-11:15	Dr. Steven R. Specker 演講
11:15-11:25	Q&A 時間
11:25-11:30	陳理事長貴明頒發獎排與禮品予 Dr. Steven R. Specker
11:30-12:00	**團體合照（漢來飯店 9 樓金龍廳）**
11:30-11:40	所有理監事會成員上台（司儀依地區字母序列宣讀）
	Chinese Taipei -- Mr. Edward K.M. Chen, President of AESIEAP & Chairman of TaiPower
	China -- Mr. Zhenhua Xie, China Electricity Council
	French Polynesia -- Mr. Remi Grouzelle, Electricite de Tahiti
	Hong Kong SAR -- Mr. Chi-Tin Wan, Hong Kong Electric Holdings Ltd.
	Hong Kong SAR -- Mr. Edward Kwong, CLP Power Hong Kong Ltd.
	India -- Mr. C.V.J. Varma, Council of Power Utilities
	Indonesia -- Mr. Fahmi Mochtar, PT PLN(Persero)
	Japan -- Mr. Yoshunori Fukahori, Kyushu Electric Power Co., Inc.
	Korea -- Mr. Young Jin Chang, Korea Electric Power Corporation
	Macau SAR -- Mr. Franklin Willemyns, Companhia de Electricitdade de Macau-CEM, SA
	Malaysia -- Mr. Abd. Rahman Ismail, Tenaga Nasional Berhad (TNB)
	Philippines -- Mr. Froilan A. Tampinco, National Power Corporation
	Sri Lanka -- Ms. Badra Jayaweera, Ceylon Electicity Board
	Thailand -- Mr. Sombat Sarntijaree, Electricity Generating Authority of Thailand (EGAT)
	Chinese Taipei -- Mr. Guang-Ming Chung, Secretary General of AESIEAP
11:40-12:00	合照
12:00-14:00	**午餐（漢來飯店 9 樓鶴銀寶廳）**

東亞暨西太平洋地區電力事業協會
2009 年 CEO 會議 2009 CEO Conference
會場工作說明書

10 月 15 日 (星期四)

時間	行程
14:00-15:30	**研討會 1（漢來飯店 9 樓金鳳廳）**
14:00-14:05	主持人 Dr. Vikram Budhraja 自我介紹及介紹與談人 Mr. Zhenhua Xie 及 Mr. Doo Jai Park
14:05-14:35	主持人 Dr. Vikram Budhraja 報告
14:35-14:55	與談人 Mr. Zhenhua Xie 報告
14:55-15:15	與談人 Mr. Doo Jai Park 報告
15:15-15:25	研討會 1 Q&A 時間
15:25-15:30	Mr. Franklin Willemyns (CEO, Companhia de Electricidade de Macau - CEM, SA) 頒獎牌與禮品予 Panel I Speakers
15:30-16:00	**茶敘**
15:30-17:30	**高雄參訪：無參與理監事會之與會者自由參加**
15:30-15:40	漢來飯店 1 樓大廳集合、出發
15:40-15:50	漢來飯店-捷運美麗島站
15:50-16:05	參訪捷運美麗島站
16:05-16:10	集合上車
16:10-16:20	捷運美麗島站-高雄市歷史博物館
16:20-17:00	參訪高雄市歷史博物館
17:00-17:30	高雄市歷史博物館-漢來飯店

10 月 15 日 (星期四)

時間	行程
16:00-17:30	**亞太電協執行委員會暨理事會年會（漢來飯店 9 樓金銀廳）：限理監事會成員參加**
16:00	陳理事長貴明宣布開會
16:00-17:30	議事討論（秘書處負責）
17:30	陳理事長貴明宣布散會

東亞暨西太平洋地區電力事業協會
2009 年 CEO 會議 2009 CEO Conference
會場工作說明書

10 月 15 日(星期四)

時間	行程
18:30-20:30	**開幕晚宴（漢來飯店 9 樓金龍廳）：150 人**
18:00-18:30	理事、貴賓、主講人在貴賓室交換意見、攝影，準備晚宴暖場活動
18:30-18:35	陳理事長貴明致辭：介紹及致謝協辦廠商： 1. 高雄市政府陳市長菊 2. 能源局葉局長惠青 3. 台灣汽電共生股份有限公司李董事長原宣 4. 長生電力股份有限公司王董事長公威 5. 中鼎工程股份有限公司余董事長俊彥 6. 益鼎工程股份有限公司蔡總經理英智 7. 國光電力股份有限公司林董事長正雄
18:35-18:40	鑽石級協辦廠商－台灣汽電共生股份有限公司李董事長原宣致辭（司儀現場需要再確認）
18:40-18:45	開幕晚宴協辦廠商－中鼎工程股份有限公司余董事長俊彥致辭
18:45-18:55	頒贈獎牌 1. 高雄市政府陳市長菊 2. 能源局葉局長惠青 3. 台灣汽電共生股份有限公司李董事長原宣 4. 長生電力股份有限公司王董事長公威 5. 中鼎工程股份有限公司余董事長俊彥 6. 益鼎工程股份有限公司蔡總經理英智 7. 國光電力股份有限公司林董事長正雄
18:55-19:00	邀請高雄市陳市長菊及授獎貴賓代表共同舉香檳，宣佈晚宴開始 （司儀再次感謝高雄市政府、中鼎及益鼎公司）
19:20-20:10	高雄市原住民祖韻文化樂舞團表演
20:30	晚宴結束 （司儀提醒欲參加夜遊愛河貴賓 21:00 在漢來大廳出發）
21:00-22:00	**夜遊愛河**
20:45-21:00	漢來飯店 1 樓大廳集合、出發
21:00-21:40	漢來飯店-愛河沿岸咖啡店
21:40-22:00	貴賓於愛河沿岸咖啡店內享用飲品、欣賞愛河夜景
22:00-22:30	集合返回漢來飯店

東亞暨西太平洋地區電力事業協會
2009 年 CEO 會議 2009 CEO Conference
會場工作說明書

10 月 16 日(星期五)

時間	行程
08:30-10:00	**研討會 2（漢來飯店 9 樓金鳳廳）**
08:30-08:35	主持人 Dr. Oliver Yu 自我介紹及介紹與談人 Mr. Mamoru Dangami 及 Mr. Sombat Sarntijaree
08:35-09:05	主講人 Dr. Oliver Yu 報告
09:05-09:25	與談人 Mr. Mamoru Dangami 報告
09:25-09:45	與談人 Mr. Sombat Sarntijaree 報告
09:45-09:55	研討會 2 Q&A 時間
09:55-10:00	Mr. Fahmi Mochtar (President & CEO, PT PLN(Persero))頒獎牌與禮品予 Panel II Speakers
10:00-10:30	**茶敘**
10:30-12:00	**研討會 3（漢來飯店 9 樓金鳳廳）**
10:00-10:35	主持人 Mr. Masahiro Kakumu 自我介紹 及介紹與談人 Mr. Masahiro Kakumu 及 Mr. Datuk Wira Md. Sidek bin Ahmad
10:35-11:05	主講人 Mr. Masahiro Kakumu 報告
11:05-11:25	與談人 Mr. Datuk Wira Md. Sidek bin Ahmad 報告
11:25-11:45	與談人 Mr. Bambang Praptono 報告
11:45-11:55	研討會 3 Q&A 時間
11:55-12:00	Mr. Sombat Sarntijaree (Governer, Electricity Generating Authority of Thailand (EGAT)) 頒獎牌與禮品予 Panel III Speakers
12:00-13:00	**午餐（漢來飯店 9 樓鶴銀寶廳）**

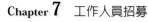

東亞暨西太平洋地區電力事業協會
2009 年 CEO 會議 2009 CEO Conference
會場工作說明書

10 月 16 日(星期五)

時間	行程
13:00-18:30	**技術參訪（興達電廠、台南文化之旅）**
13:00-13:10	漢來飯店 1 樓大廳集合、出發
13:10-14:00	漢來飯店-興達電廠
14:00-14:10	與會貴賓使用洗手間（含上下車時間）
14:10-14:40	參訪深水碼頭（含車程及上下車時間）
14:40-14:50	繞廠
14:50-15:10	廠長深度簡報、Q&A
15:10-16:00	興達電廠—億載金城
16:00-16:30	參訪億載金城
16:30-16:50	億載金城—孔廟
16:50-17:10	參訪孔廟
17:10-17:20	孔廟—赤崁樓
17:20-17:50	參訪赤崁樓
17:50-18:00	赤崁樓—台南遠東飯店

10 月 16 日(星期五)

時間	行程
14:30-17:30	**公用電業圓桌會議（台南香格里拉遠東飯店 3 樓多功能會議室）**
13:20-13:30	漢來飯店 1 樓大廳集合、出發
13:30-14:30	漢來飯店-台南香格里拉遠東飯店
14:30	陳理事長貴明宣布開會
14:30-17:30	公用電業圓桌會議（秘書處負責）
17:30-18:00	陳理事長貴明宣布散會即邀請貴賓到 B2 宴會廳外參加餐前酒會

東亞暨西太平洋地區電力事業協會
2009 年 CEO 會議 2009 CEO Conference
會場工作說明書

10 月 16 日(星期五)

時間	行程
18:30-20:30	**閉幕晚宴（香格里拉台南遠東大飯店 B2 宴會廳）：150 人**
18:30-18:35	陳理事長貴明致辭：介紹及致謝協辦廠商： 1. 台南市許市長添財 2. Mr. Tim Griesinger, Vice President, Communications Sector, IBM Growth Markets 3. Mr. Michael Choi, Project Manager, KC Cottrell
18:35-18:40	台南市許市長添財致辭
18:40-18:45	閉幕晚宴協辦廠商致辭： Mr. Tim Griesinger, Vice President, Communications Sector, IBM Growth Markets
18:45-18:50	頒贈獎牌： 1. 台南市政府許市長添財 2. Mr. Tim Griesinger, Vice President, Communications Sector, IBM Growth Markets 3. Mr. Michael Choi, Project Manager, KC Cottrell
19:00-19:10	邀請台南市許市長添財及授獎貴賓代表共同舉杯，宣佈晚宴開始 （司儀再次感謝台南市政府、IBM）
19:30-20:10	台南民族管絃樂團表演
20:30	晚宴結束

東亞暨西太平洋地區電力事業協會
2009 年 CEO 會議 2009 CEO Conference
會場工作說明書

Congress Venue 會場說明

1. 高雄漢來大飯店 9 樓

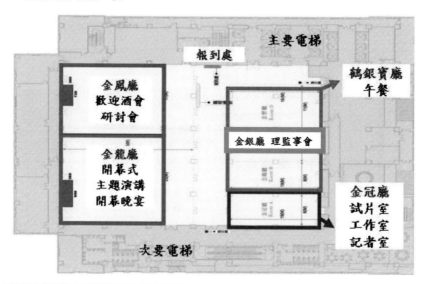

組　別(活動)	漢來飯店 9 樓位置	開　放　日　期　時　間
報到區	中央走道	10/14　　13:30-18:00 10/15-16　08:30-18:00
主題演講 開幕晚宴	金龍廳	10/15　　09:00-12:00 10/15　　18:30-20:30
研討會 1-3 歡迎晚宴	金鳳廳	10/14　　18:30-20:30 10/15　　13:00-18:00 10/16　　09:00-12:00
秘書室	金冠廳	10/14-15　09:00-21:00 10/16　　09:00-18:00
記者室		
試片室		
貴賓室	金福廳	10/15　　09:00-21:00 10/16　　09:00-21:00
總會秘書室		
午餐—自助餐	金寶／金銀／金鶴廳	10/15　　12:00-14:00 10/16　　12:00-13:00
茶敘—咖啡茶點	中央走道	10/15　　15:30-16:00 10/16　　10:00-10:30

東亞暨西太平洋地區電力事業協會
2009 年 CEO 會議 2009 CEO Conference
會場工作說明書

Congress Venue 會場說明

2. 台南遠東大飯店 **B2**

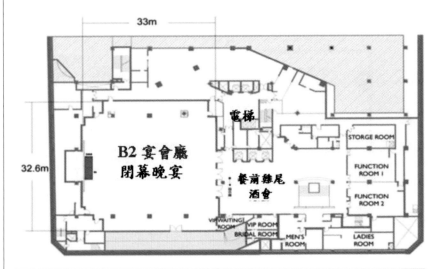

組　別(活動)	台南遠東大飯店位置	開 放 日 期 時 間
餐前雞尾酒會	B2 宴會廳前廊	10/16 17:30-18:30
閉幕晚宴	B2 宴會廳	10/16 18:30-20:30

東亞暨西太平洋地區電力事業協會
2009 年 CEO 會議 2009 CEO Conference
會場工作說明書

Job Allocation 工作人力分配

10/13

10/13 13:00-21:00

	組名	工作區	人數			
漢來飯店9F	機動組	秘書/記者/試片室 (金冠廳)	3	楊安卉	黃書嫻	許蕙芊
		會場 (漢來全)	2	王瑋如	簡瑄	
高雄台北	接待組	高雄左營高鐵站	2	陳禹婷	張藝薰	
		高雄小港機場	3	郭佳衛	劉晏瑋	謝容庭
		桃園國際機場第一航廈	2	林韋庭	李怡潔	
		桃園國際機場第二航廈	2	吳良儀	洪惠珊	
			6+8			

東亞暨西太平洋地區電力事業協會
2009 年 CEO 會議 2009 CEO Conference
會場工作說明書

10/14

10/14 09:00-12:00

	組名	工作區	人數				
漢來飯店 9F	機動組	報到處 (中央走道)	2	王瑋如	黃書嫻		
		秘書/記者/試片室 (金冠廳)	3	楊安卉	簡瑄	許蕙芊	
	報到組	報到處 (中央走道)	4	蔡蕙君	駱婷琳	陳富康	蕭辰叡
	秘書組	秘書室(金冠廳)	1	張芷崎			
		記者室(金冠廳)	2	方文凌	陳秋婷		
		試片室(金冠廳)	1	謝宜澈			
高雄 台北	接待組	高雄左營高鐵站	2	陳禹婷	張藝蕭		
		高雄小港機場	3	郭佳衛	劉晏瑋	謝容庭	
		桃園國際機場第一航廈	2	林韋庭	李怡潔		
		桃園國際機場第二航廈	2	吳良儀	洪惠珊		
			6+16				

10/14 12:00-18:00

	組名	工作區	人數				
漢來飯店 9F	機動組	報到處 (中央走道)	1	黃書嫻			
		秘書/記者/試片室 (金冠廳)	2	楊安卉	許蕙芊		
		歡迎晚宴 (金鳳廳)	2	王瑋如	簡瑄		
	報到組	報到處 (中央走道)	4	蔡蕙君	駱婷琳	陳富康	蕭辰叡
	秘書組	秘書室(金冠廳)	1	張芷崎			
		記者室(金冠廳)	2	方文凌	陳秋婷		
		試片室(金冠廳)	1	謝宜澈			
高雄 台北	接待組	高雄左營高鐵站	2	陳禹婷	張藝蕭		
		高雄小港機場	3	郭佳衛	劉晏瑋	謝容庭	
		桃園國際機場第一航廈	2	林韋庭	李怡潔		
		桃園國際機場第二航廈	2	吳良儀	洪惠珊		
			6+16				

10/14 18:00-22:00

	組名	工作區	人數				
漢來飯店 9F	機動組	秘書/記者/試片室 (金冠廳)	2	楊安卉	許蕙芊		
		歡迎晚宴─餐飲/貴賓(金鳳廳)	1	王瑋如			
		歡迎晚宴─表演/舞台(金鳳廳)	2	簡瑄	黃書嫻		
	報到組	報到處 (中央走道)	2	蔡蕙君	駱婷琳		
	秘書組	秘書/試片室(金冠廳)	1	張芷崎			
		記者室(金冠廳)	1	方文凌			
	會場組	歡迎晚宴(金鳳廳)	4	謝宜澈	陳富康	蕭辰叡	陳秋婷
高雄 台北	接待組	高雄左營高鐵站	2	陳禹婷	張藝蕭		
		高雄小港機場	3	郭佳衛	劉晏瑋	謝容庭	
		桃園國際機場第一航廈	2	林韋庭	李怡潔		
		桃園國際機場第二航廈	2	吳良儀	洪惠珊		
			6+16				

東亞暨西太平洋地區電力事業協會
2009 年 CEO 會議 2009 CEO Conference
會場工作說明書

10/15

10/15 07:00-15:30

	組名	工作區	人數				
漢來飯店 9F	機動組	報到處 (中央走道)	1	黃書嫻			
		秘書/記者/試片室 (金冠廳)	2	楊安卉	許蕙芊		
		會場 (金龍廳)	3	王瑋如	簡瑄	郭佳衛	
	報到組	報到處 (中央走道)	4	蔡蕙君	駱婷琳	陳富康	蕭辰叡
	秘書組	秘書室(金冠廳)	1	張芷崎			
		記者室(金冠廳)	1	方文凌			
		試片室(金冠廳)	1	吳柏郁			
		貴賓室(金福廳)	1	陳秋婷			
	會場組	會場 (金鳳/金龍廳)	5	黃莉馨 劉容甫	李芊雯	蕭煥諺	潘俊廷
高雄 台北	接待組	高雄左營高鐵站	2	陳禹婷	周妍潔		
		高雄小港機場	3	劉晏瑋	謝容庭	張藝薰	
		桃園國際機場第一航廈	2	林葦庭	李怡潔		
		桃園國際機場第二航廈	2	吳良儀	洪惠珊		
			6+22				

10/15 15:30-18:00

	組名	工作區	人數				
漢來飯店 9F	機動組	報到處 (中央走道)	1	黃書嫻			
		秘書/記者/試片室 (金冠廳)	2	楊安卉	許蕙芊		
		開幕晚宴 (金龍廳)	2	王瑋如	簡瑄		
		高雄半日遊 (高雄市區)	1	郭佳衛			
	報到組	報到處 (中央走道)	3	蔡蕙君	駱婷琳	陳富康	
	秘書組	秘書室(金冠廳)	1	張芷崎			
		記者室(金冠廳)	1	方文凌			
		試片室(金冠廳)	1	吳柏郁			
		貴賓室(金福廳)	1	陳秋婷			
	會場組	高雄半日遊	4	黃莉馨	李芊雯	蕭煥諺	潘俊廷
		理監事會(金銀廳)	2	蕭辰叡	劉容甫		
高雄 台北	接待組	高雄左營高鐵站	2	陳禹婷	周妍潔		
		高雄小港機場	3	劉晏瑋	謝容庭	張藝薰	
		桃園國際機場第一航廈	2	林葦庭	李怡潔		
		桃園國際機場第二航廈	2	吳良儀	洪惠珊		
			6+22				

10/15 18:00-22:00

	組名	工作區	人數				
漢來飯店 9F	機動組	秘書/記者/試片室 (金冠廳)	2	楊安卉	許蕙芊		
		開幕晚宴-表演/舞台(金龍廳)	2	王瑋如	黃書嫻		
		開幕晚宴-餐飲/接待(金龍廳)	2	簡瑄	郭佳衛		
	秘書組	秘書/記者/試片室 (金冠廳)	2	張芷崎	方文凌		
		貴賓室(金福廳)	1	陳秋婷			
	會場組	開幕晚宴(金龍廳)&夜遊愛河	10	黃莉馨 蔡蕙君 劉容甫	李芊雯 駱婷琳 吳柏郁	蕭煥諺 陳富康	潘俊廷 蕭辰叡
高雄 台北	接待組	高雄左營高鐵站	2	陳禹婷	周妍潔		
		高雄小港機場	3	劉晏瑋	謝容庭	張藝薰	
		桃園國際機場第一航廈	2	林葦庭	李怡潔		
		桃園國際機場第二航廈	2	吳良儀	洪惠珊		
			6+22				

東亞暨西太平洋地區電力事業協會
2009 年 CEO 會議 2009 CEO Conference
會場工作說明書

10/15

10/15 07:00-15:30

	組名	工作區	人數				
漢來飯店 9F	機動組	報到處 (中央走道)	1	黃書嫻			
		秘書/記者/試片室 (金冠廳)	2	楊安卉	許蕙芊		
		會場 (金龍廳)	3	王瑋如	簡瑄	郭佳衛	
	報到組	報到處 (中央走道)	4	蔡蕙君	駱婷琳	陳富康	蕭辰叡
	秘書組	秘書室 (金冠廳)	1	張芷綺			
		記者室 (金冠廳)	1	方文凌			
		試片室 (金冠廳)	1	吳柏郁			
		貴賓室 (金福廳)	1	陳秋婷			
	會場組	會場 (金鳳/金龍廳)	5	黃莉馨 劉容甫	李芊雯	蕭煥諺	潘俊廷
高雄 台北	接待組	高雄左營高鐵站	2	陳禹婷	周妍潔		
		高雄小港機場	3	劉晏瑋	謝容庭	張藝蕪	
		桃園國際機場第一航廈	2	林韋庭	李怡潔		
		桃園國際機場第二航廈	2	吳良儀	洪惠珊		
			6+22				

10/15 15:30-18:00

	組名	工作區	人數				
漢來飯店 9F	機動組	報到處 (中央走道)	1	黃書嫻			
		秘書/記者/試片室 (金冠廳)	2	楊安卉	許蕙芊		
		開幕晚宴 (金龍廳)	2	王瑋如	簡瑄		
		高雄半日遊 (高雄市區)	1	郭佳衛			
	報到組	報到處 (中央走道)	3	蔡蕙君	駱婷琳	陳富康	
	秘書組	秘書室 (金冠廳)	1	張芷綺			
		記者室 (金冠廳)	1	方文凌			
		試片室 (金冠廳)	1	吳柏郁			
		貴賓室 (金福廳)	1	陳秋婷			
	會場組	高雄半日遊	4	黃莉馨	李芊雯	蕭煥諺	潘俊廷
		理監事會 (金銀廳)	2	蕭辰叡	劉容甫		
高雄 台北	接待組	高雄左營高鐵站	2	陳禹婷	周妍潔		
		高雄小港機場	3	劉晏瑋	謝容庭	張藝蕪	
		桃園國際機場第一航廈	2	林韋庭	李怡潔		
		桃園國際機場第二航廈	2	吳良儀	洪惠珊		
			6+22				

10/15 18:00-22:00

	組名	工作區	人數				
漢來飯店 9F	機動組	秘書/記者/試片室 (金冠廳)	2	楊安卉	許蕙芊		
		開幕晚宴-表演/舞台(金龍廳)	2	王瑋如	黃書嫻		
		開幕晚宴-餐飲/接待 (金龍廳)	2	簡瑄	郭佳衛		
	秘書組	秘書/記者/試片室 (金冠廳)	2	張芷綺	方文凌		
		貴賓室 (金福廳)	1	陳秋婷			
	會場組	開幕晚宴(金龍廳)&夜遊愛河	10	黃莉馨 蔡蕙君 劉容甫	李芊雯 駱婷琳 吳柏郁	蕭煥諺 陳富康	潘俊廷 蕭辰叡
高雄 台北	接待組	高雄左營高鐵站	2	陳禹婷	周妍潔		
		高雄小港機場	3	劉晏瑋	謝容庭	張藝蕪	
		桃園國際機場第一航廈	2	林韋庭	李怡潔		
		桃園國際機場第二航廈	2	吳良儀	洪惠珊		
			6+22				

東亞暨西太平洋地區電力事業協會
2009 年 CEO 會議 2009 CEO Conference
會場工作說明書

Job Description 分組工作簡述

工作組別	工作區	工作內容	準備資料
機動組	漢來大飯店	● 大會決策與總指揮、巡場 ● 招呼貴賓 ● 隨時遞補人員空缺	
報到組	服務台 報到處 9F 中央走道	● 會場相關問題諮詢 ● 協助招呼貴賓，完成報到流程 ● 發送識別證、資料袋、紀念品 ● 提供貴賓所需之各項資料 ● 指引媒體到會場採訪 ● 記者/貴賓報到	● 大會手冊 ● 與會者名冊 ● 資料袋 ● 會場平面圖 ● 識別證
秘書組	秘書室 9F 金冠廳	● 會場所有補給品管理及保存 ● 工作人員簽到、簽退 ● 與現場報名組、報到組配合製作名牌 ● 失物招領 ● 電話接聽 ● 協調各組別工作人員對講機傳輸	● 大會手冊 ● 大會禮品 ● 會議資料 ● 新聞稿 ● 文具 ● 對講機 ● 多功能事務機(列印、影印、傳真)
	記者室 9F 金冠廳	● 提供記者與貴賓需要的影印、傳真、上網等服務 ● 整理與準備記者新聞稿與採訪資料	● 可上網之辦公電腦數台 ● 可上網之公用電腦數台
	試片室 9F 金冠廳	● 隨時查核講者簡報繳交狀況，核對每時段講者簡報並交給會場組 ● 協助、接待講者測試或修改簡報 ● 統整所有講者之簡報 ● 協助接待貴賓	
	貴賓室 9F 金福廳	● 協助接待貴賓 ● 支援各組活動	
	總會秘書室 9F 金福廳	● 協助接待貴賓 ● 隨時協助處理辦公室用品 ● 隨時協助總會貴賓需求	● 可上網之電腦 1 台

東亞暨西太平洋地區電力事業協會
2009 年 CEO 會議 2009 CEO Conference
會場工作說明書

工作組別	工作區	工作內容	準備資料
會場組	主題演講 研討會會場 9F 金龍廳 9F 金鳳廳	● 確認研討會設備 ● 協助操作簡報、議程時間控制 ● 協助與會者使用麥克風發言 ● 放置貴賓桌牌 ● 指引每場次貴賓入席 ● 引導與會者進入研討會場 ● 議場相關問題諮詢 ● 攜帶對講機隨時回報場內狀況 ● (同步翻譯設備借用由設備廠商負責安排)	● 場次講者、引言人之桌牌 ● 講者簡報檔案 ● 測試單槍投影機、Notebook 　(電腦設定不休眠狀況)、 　麥克風 ● 每場議程主題海報 ● 講者飲用水
	研討會會場 餐飲區 9F 金龍廳 9F 金鳳廳	● 於用餐時間之前進行餐點與相關用具檢視工作 ● 引導與會者排隊領取餐點 ● 維持餐飲區清潔整齊	● 用餐區的指示牌 ● 各餐點名稱的中英文說明牌
	執行委員會暨 理事會 9F 金銀廳	● 確認研討會設備 ● 協助與會者使用麥克風發言 ● 指引每場次貴賓入席 ● 議場相關問題諮詢 ● 攜帶對講機隨時回報場內狀況	● 測試單槍投影機、Notebook 　(電腦設定不休眠狀況)、 　麥克風 ● 每場議程主題海報
	高階圓桌 會議 台南遠東 3F		
	晚宴會場 9F 金鳳廳 9F 金龍廳 台南遠東 B2	● 確認晚宴表演團體演音響舞台 ● 協助晚宴彩排 ● 引導與會者到晚宴場地用餐 ● 協助貴賓入席	● 用餐區的指示牌、桌牌 ● 各餐點名稱中英文說明牌 ● 麥克風、單槍投影機、投影 　螢幕、Notebook、雷射筆、 　簡報檔等設備
接待組	高雄 左營高鐵站 小港機場	● 請依照 Arrival/departure list 等候 ● 隨時與飯店接駁保持聯繫 ● 接到貴賓後再與飯店接駁確認 ● 熟記每日活動時間地點以及飯店相關位置、設施、周 　邊建築、交通資訊 ● 與旅服中心工作同仁及航警保持良好互動 ● 若需離開工作崗位應告知同組夥伴，切勿同時離開現 　場	● 台灣地圖 ● Hotel card ● 貴賓 Arrival/departure List
	桃園 國際機場第 一、二航廈	● 依照 Arrival/departure list 候機 ● 隨時與機動組保持聯繫 ● 接到貴賓後協助轉搭高鐵至左營，並與高雄左營高鐵 　站工作同仁聯繫 ● 與旅服中心工作同仁及航警保持良好互動 ● 若需離開工作崗位應告知同組夥伴，切勿同時離開現 　場	
交通組	1015 高雄半日遊 1016 興達電廠 台南參訪	● 引導與會者出發前巴士發車時上下車 ● 掌控與會者巴士上下車時間 ● 確認巴士與會者人數 ● 隨時於機動組保持聯繫 ● 熟記參訪活動時間地點	● 台灣地圖 ● 參訪行程簡介 ● 興達電廠簡介光碟 ● 台南簡介光碟

東亞暨西太平洋地區電力事業協會
2009 年 CEO 會議 2009 CEO Conference
會場工作說明書

Responsibilities 分組工作說明

機動組

工作內容	1. 人員調派指揮，隨時遞補各組空缺。
	2. 與飯店及廠商協調，大會總指揮。
	3. 隨時查詢講者、主持人報到狀況、與講者連絡。
	4. 將每天「各組」的重點行程時間依序紀錄，並於該時間點前抵達確認狀況。例如 Coffee break, council meeting 等。
	5. 隨時與各組組長確認每場進行狀況，並定時環走全場觀察。
	6. 協助傳遞或處理各組 walki-talki 溝通問題。
注意事項	隨時遞補人員空缺及指導各組流程

報到組

工作內容	1. 依照姓氏查詢，找尋與會者識別證、資料夾。
	2. 負責遞送環保袋(內含各式邀請函/ Program/識別證/文宣品)。
	3. 詢問櫃檯-Information Desk：教室、午餐、茶敘、廁所位置指引，相關會議問題回覆。
	4. 旅遊櫃檯-Tour Desk：大會旅遊、會後旅遊行程登記與確認。
注意事項	1. 請注意來賓的姓名是否正確。
	2. 務必熟記大會各項事宜。
	3. 注意自身的儀容態度並務必以笑容迎合來賓。
	4. 應隨時保持警戒並解決突發狀況。
準備資料	基本文具、邀請函、識別證、識別證繩套、大會提袋、大會議程

秘書組：貴賓室 / 總會秘書處

工作內容	1. 協助接待貴賓
	2. 隨時協助處理辦公室用品
	3. 隨時協助總會貴賓需求
注意事項	1. 務必以笑容迎合來賓，應隨時保持警戒解決突發狀況
	2. 現場工作人員要保持坐姿端正，不得聊天打瞌睡
準備資料	基本文具、大會議程

秘書組：秘書室

工作內容	1. 紀錄及聯繫遲到的工作人員
	2. 對講機、電腦及其他文具或設備的保管及分配
	3. 維持秘書處清潔整齊
	4. 接聽電話並確實記錄來電資訊（日期、時間、來電者姓名、電話）
	5. 注意對講機內的所有對話，擔任各組的溝通橋樑
	6. 整理打包時，重要文件及檔案保管需確實打包，並將相同物品統一整理
注意事項	1. 確認工作人員、協助廠商及會議場所的聯繫電話（包含設備、空調、場地聯絡人等）
	2. 每天檢查攜帶的文具用品是否短缺

東亞暨西太平洋地區電力事業協會
2009 年 CEO 會議 2009 CEO Conference
會場工作說明書

準備資料	基本文具、所有會議所需器材、現場所需文件

秘書組：試片組

工作內容	1. 隨時查核講者簡報繳交狀況，核對每時段講者簡報並交給會場組
	2. 協助、接待講者測試或修改簡報
	3. 每天需統整所有講者之簡報
注意事項	1. 檔案夾建立方式為：場次名稱→各場次中所有講者(資料夾以場次代號及講者姓名為資料夾名稱)，會前再三比對檔案夾命名是否與 program 相同
	2. 檔案內容只能有唯一一個最新的有一個 PPT 檔，其餘為超連結影音檔(若真有一個以上的 PPT 檔，請註明播放順序或如何播放並告知組長及會場組人員)
	3. PPT 檔案名稱前面加註場次代號 (ex: SP01-03)
	4. 整理已收到檔案的場次、教室與 speaker 姓名 (以便之後檔案有問題，組長能夠知道該詢問哪一位工作人員)
	5. 試播放並確保 PPT 檔能夠正常開啟，包括所有超連結的影音檔(若檔案無法成功播放、超連結失敗或圖片檔跑過慢都請馬上告知組長並尋求解決方式)
	6. 若檔案有任何特殊播放方式請通知會場組人員 (ex: 多個檔案時的播放次序、超連結不成功需手動播放影音檔、檔案中有頁面需跳過等.....)
	7. 若講者到會場教室內交投影片時，提醒會場組將檔案傳回試片組，確保所有講者檔案為最新的資料
	8. 若講者有任何演講時特殊播放檔案的需求請詳細告知組長
準備資料	基本文具、USD 隨身碟、多接插頭、延長線、大會議程

秘書組：記者室

工作內容	1. 維持記者室清潔整齊
	2. 協助記者查詢大會議程以及相關大會資訊提供
	3. 協助記者使用網路
注意事項	1. 檢查文具用品是否短缺
準備資料	基本文具、所有會議所需器材、現場所需文件

東亞暨西太平洋地區電力事業協會
2009 年 CEO 會議 2009 CEO Conference
會場工作說明書

會場組

工作內容

會議及 Session 開始前需確認：

1. 清點會議室設備並測試所有設備運作正常（電腦、投影機、上下電腦連線、音源線聲音、麥克風、投影機等）
2. 確認開燈亮度及關燈亮度
3. 檢查文具攜帶是否足夠並確認所有的節目表、講者名條、桌牌名字內容資料無誤
4. 與試片室確認講者簡報繳交狀況並測試檔案播放無誤，若有影音檔一定要試播，確認音源線播放聲音大小，若有問題要即時反應
5. 確認講者及主持人是否已抵達會議室
6. 詢問講者演講時是否有特殊需求(播放影片時開燈或協助操作電腦等)
7. 與主持人溝通時間掌控(告知會按鈴提醒時間)、確認 Q&A 是分別進行或一起討論、遞交 Chairperson Announcement 及大會禮品

Session 開始及進行中：

1. 開啟講者 PPT 檔，並親手交遞雷射筆給講者，在講者站上台後調整麥克風高度
2. 講者若要求幫忙操作投影片，請全神貫注聽任何指示
3. 控制燈光：開始進入第一張投影片時關燈、演講完畢後開燈
4. 負責電腦控管，台上電腦當機時更換電腦即可直接操作
5. 控制講者演講時間，講者開始講話就開始計時並提醒演講剩餘時間，響鈴時請不要害怕按鈴，
6. 隨時保持警覺，注意前台講者、主持人或與會者的需求，若有任何問題立即上前處理
7. Q&A 時請站在明顯方便的前方環顧全場，注意主持人點哪位與會者發問，快速遞送麥克風

Session 或會議結束時：

1. 請主持人掰發大會準備之禮品給演講者，演講結束前請先通知攝影師前往拍照
2. 再次提醒主持人 Chairperson Announcement 的內容
3. 更換下一場次的講者及主持人桌牌、講者杯水並開啟演講者之 PPT 檔
4. 會議結束後需清點所有設備，並確認無遺漏

注意事項

1. 了解教室內所有工作內容並隨身攜帶工作人員手冊
2. 現場工作人員要保持坐姿端正，不能全體坐著，要有人站著巡場，現場不得聊天打瞌睡並隨時相互支援
3. 第一時間內先連接電腦至單槍，並確認投影是否運作正常，如果無法正常投影：檢查連接頭、壓下單槍上的"Source"按鈕、重新開機、聯繫現場單槍工程人員。
4. 小組長攜帶對講機巡場，隨時回報場內狀況並記錄(會議開始時間、講者/主持人是否出席、出席人數)，若有任何不能解決問題立即呼叫秘書室或機動人員
5. 講者到現場交投影片時，若有充足時間請講者移駕至試片組，若沒有時間就用台下電腦備份至上下台電腦，並告知試片組將檔案傳給試片組。

準備資料　基本文具、電腦、雷射筆、碼表、響鈴、節目表、講者名條、大會議程、桌牌、杯水等

東亞暨西太平洋地區電力事業協會
2009 年 CEO 會議 2009 CEO Conference
會場工作說明書

Responsibilities 工作時間

- **10 月 13 日 週二**
  13:00-21:00(視實際情況而定) 接待組請於 高雄小港機場 集合；桃園國際機場第一/第二航廈集合

- **10 月 14 日 週三**
  09:00-22:00(視實際情況而定) 接待組請機場/高鐵站集合，其餘工作人員於 大會秘書室(金冠廳) 集合

- **10 月 15 日 週四**
  07:00-22:00(視實際情況而定) 接待組請機場/高鐵站集合，其餘工作人員於 大會秘書室(金冠廳) 集合

- **10 月 16 日 週五**
  07:00-22:00(視實際情況而定) 大會秘書室(金冠廳) 集合

Responsibilities 工作職責

- 每天請準時簽到，於離開工作崗位時簽退，請妥善放好個人物品。(請勿攜帶貴重物品，以防遺失）！
- 上工前請務必用完早餐，切記勿遲到。
- 請著深色套裝、淺色襯衫及皮鞋，女生上淡妝、塗口紅，頭髮整齊，並隨時注意個人服裝儀容之端莊整齊。
- 各組人員離開工作崗位時，請必須通知組長；除非特別情況，否則不得任意變更以安排職務。
- 工作期間請保持愉快心情、良好態度、整潔儀容，隨時面帶笑容。請熟讀相關活動訊息，若遇到你不能回答的問題時，找相關人員或洽秘書處代為解答。千萬不可轉頭不理會，或說我不知道！
- 中午輪流用餐(由各組組長自行分派時間)。

Contact Person 重要聯絡人

台灣電力股份有限公司

會場組	吳組長昌權 0937-181456	陳課長惠娟 0910-181803
接待組	李組長向榮 0928-496622	李課長義永 0911-062008
節目組	李組長向榮 0928-496622	李課長義永 0911-062008
	吳組長昌權 0937-181456	陳課長惠娟 0910-181803
技術訪問組	許組長國隆 0910-196196	
議事組	黃之楹小姐 0935-821298	
行銷組	吳組長基興 0932-138905	
秘書組	李專師清榮 0912-556761	劉課長育真 0922-594666
	林家榮先生 0911-132127	

中華經濟研究院 / 滿力國際股份有限公司

機動組	柏雲昌博士 0928-270-080	黃潔儀女士 0932-009-202
會場組	王瑋如小姐 0920-783-880	簡瑄小姐 0939-530-762
報到組	黃書嫻小姐 0914-102-202	
秘書組	楊安卉小姐 0937-207-233	
接待組(台北)	吳良儀小姐 0911-290-502	
接待組(高雄)	郭佳衛先生 0916-102-492	

參考文獻與延伸閱讀

一、中文部分

王精文譯（2018）。Raymond Noe、John Hollenbeck、Barry Gerhart、Patrick Wright著。《人力資源管理：全球經驗本土實踐》（*Fundamentals of Human Resource Management, 7e*）。華泰文化。

石磊（2019）。《技術性人力資源管理：系統設計及實務操作》。財經錢線文化有限公司。

吳秉恩（2010）。《人力資源管理：理論與實務》（二版）。華泰文化出版社。

常昭鳴、共好知識編輯群（2010）。《PHR人資基礎工程：創新與變革時代的職位說明書與職位評價》。臉譜出版社。

常昭鳴、共好知識編輯群（2010）。《PMR企業人力再造實戰兵法》。臉譜出版社。

常昭鳴、共好知識編輯群（2010）。《人資策略三部曲》（PHR, PSR, PMR）。臉譜出版社。

郭昆福（2011）。《員工招聘操作手冊》。憲業出版社。

廖文志、溫金豐、韓志翔、黃家齊、黃良志（2010）。《人力資源管理：基礎與應用》（三版）。華泰文化。

戴國良（2020）。《人力資源管理：理論、實務與個案》。五南出版社。

簡建忠（2011）。《人力資源管理：以合作觀點創造價值》（二版）。前程文化。

簡貞玉譯（2010）。Raymond A. Noe著。《員工訓練與能力發展》。五南出版社。

二、英文部分

Hayton, J., Hornsby, J. S., & Kuratko, D. F. (2020). *Human Resource Management: A Frontline Manager's Perspective.* Routledge.

Mathis, R. L., & Jackson, H. J. (2008). *Human Resource Management*. Thomson Learning, Inc.

McCoy, C. P. (1998). *In Action: Managing the Small Training Staff*. ASTD.

Press, E. (2007). *Start Your Own Event Planning Business: Your Step-By-Step Guide to Success.* Entrepreneur Media, Inc.

Raymond, A. N., John, R. H., Barry, G., & Patrick, M. W. (2019). *Fundamentals of Human Resource Management*, 華泰文化.

Rogers, T., & Davidson, R. (2006). *Marketing Destinations and Venues for Conferences, Conventions and Business Events (Events Management)*. Elsevier Ltd.

Sims, D. (2009). *The Talent Review Meeting Facilitator's Guide: Tools, Templates, Examples and Checklists for Talent and Succession Planning Meetings*. Author House.

Vanka, S., Rao, M. B., Singh, S. Pulaparthi, M. R. (2020). *Sustainable Human Resource Management: Transforming Organizations, Societies and Environment*. Springer.

Chapter 8

公關與文宣

● 貴賓接待與公關

● 國際會議文宣

 # 第一節　貴賓接待與公關

　　國際會議邀請之貴賓與媒體，為提升能見度與知名度的重要策略之一。邀請重要的權威人士擔任國際會議貴賓，除了達到國際會議的宣傳目的外，還可提升主辦單位與籌辦單位的公眾形象。更重要的是，透過適當的行銷（marketing）與宣傳（publicity）來強化國際會議的專業性與可靠度，還有助於贊助的募集工作與國際人士的報名註冊率。因此，邀請知名且權威之貴賓，並透過圓融的公關網絡、規劃完善的媒體宣傳策略，為國際會議籌備工作重要的一環。

一、貴賓之邀請與接待

　　針對國際會議特性擬定合適的邀請貴賓，透過有力管道進行正式之邀請。一般而言，重量級貴賓的行程均相當忙碌，最好先透過有力／熟悉人士詢問後再進行邀請。貴賓之邀請，必須寄發大會正式之邀請函，其中詳述國際會議之宗旨、地點、時間、對象、內容，同時必須附上聯絡電話、傳真、住址、回函與最遲回覆時間，以掌握貴賓邀請之流程。貴賓若回覆確認與會，必須持續追蹤、定時確認；若貴賓回覆無法與會，則必須儘快進行候補貴賓之邀請。國際會議貴賓邀請函範例請見**圖8-1**。

　　針對特別邀請之國內外貴賓，應特別另外安排專人負責住宿飯店、接機送機、參觀與拜訪活動、交通車接送，以及大會服務人員陪伴介紹等服務。貴賓訪台期間務必熱誠盡心款待，以求讓貴賓舒適滿意，進而對國際會議籌辦單位與台灣留下良好印象。重點說明如下：

1. 住宿飯店安排：按貴賓的要求及需要，安排住宿飯店，並特別留意是否有餐點或其他特別需求。
2. 接機與送機服務：安排交通車及大會服務人員準時前往台灣國際機

 台灣三益策略發展協會
Triple-E Institute (TEI)

Room 304, Zi-Qiang Building,
53 He-Jiang Street, Taipei, TAIWAN 10479
Tel: 886-2-2517-7811 ext. 201; Fax: 886-2-2517-7215
E-mail: bory47@gmail.com

April 25, 2012

Dear Dr. ABC:

On behalf of the Conference of the 2015 TEI International Conference, we would like to invite you to join the honorable program committee of the 2015 TEI International Conference to be held at the Taipei International Convention Center (conference) and the World Trade Center (exhibition), Taipei, Taiwan, October 15-19, 2015.

We need your knowledge and specialty in global energy, economy, and environment to develop the solid program in 2015 TEI International Conference. We would appreciate it if you could kindly agree to join the committee and provide your valuable suggestions about the program. Please feel free to consult Ms. Wenchi Chen, the Conference Secretary if you have any questions. We look forward to hear positive acknowledgement from you soon.

Sincerely,

2015 TEI International Conference Organizer
Room 304, Zi-Qiang Building,
53 He-Jiang Street, Taipei, TAIWAN 10479
Tel: 886-2-2517-7811 ext. 210; Fax: 886-2-2517-7215
Website: http://www.triple-e.org.tw/

圖8-1 國際會議貴賓邀請函示範

場接機或送機。

3.參觀與拜訪活動：安排貴賓與國內相關專家或重要人物會面，並依照貴賓的需要安排行程。貴賓隨行人員的參觀、購物安排。

4.交通車接送：安排交通車往來會場、住宿飯店以及其他地點。

5.大會服務人員陪伴介紹：按貴賓需要安排大會服務人員陪同前往參觀與宣傳或拜訪活動，例如到電視台或廣播電台接受訪問、與大會主席會面、參觀風景名勝等。

6.其他安排：協助貴賓更動原訂行程或解決突發問題。

二、媒體宣傳

　　媒體宣傳為國際會議提升其知名度與能見度的重要手段。對於媒體記者的到訪，除了準備完整的國際會議相關資料外，還必須提供新聞稿的參考版本，此外對於記者接待台或媒體中心的需求，如SNG連線設施、網路連線、電話、傳真機、電腦的提供，皆缺一不可。而主辦單位也應有專人隨時提供記者詢問或協助安排專訪等事宜。

(一)媒體宣傳的規劃與策略

　　為有效宣傳國際會議消息，可配合國際會議訴求之重點及工作時程，規劃於各媒體宣傳國際會議的指標性及重要性。為節省經費，增加曝光率，必須積極尋找媒體資源善加利用。媒體選擇以全國性媒體為主，搭配地區性媒體，並且以輪播次數高、保存性高、傳閱率高為優先選擇。而宣傳規劃的原則如下：

　　1.目標視聽眾：相關領域學者、政府機關單位以及一般民眾。
　　2.宣傳地區：國際會議的宣傳地區應為多國範圍。
　　3.宣傳時間：國際會議時間前一個月至一個半月。

　　宣傳的策略，針對各種媒體的特性，包括報紙、雜誌、海報、電視專訪、廣播以及網路等，進行各種不同的宣傳方式，詳述如下：

◆報紙

　　報紙擁有可信賴、適社會性、公共性的訴求，且注目率穩定、單位平均費用低廉，讀者多屬於理性型。可考慮與全國性大報洽談版面合作，舉辦紙上座談會，以專題討論的方式露出國際會議各主題。並且配合國際會議期間進行專訪國際會議總召集人、執行長或相關領域學者，用深入淺出的文字介紹國際會議內容。由於是國際會議，英文報紙也是刊登的對象。

圖8-2 報紙新聞示範

資料來源：UDN.com and CAN NEWS.com

◆雜誌

專業雜誌的目標明確，訴求率高，讀者對訴求關心度高，傳閱率高，其彩色印刷表現可充分展現質感。執行方式為：與專業雜誌期刊洽談

圖8-3 專業雜誌新聞示範

資料來源：Asian Power

合作，彙集國際會議焦點內容開闢專欄報導。或專訪國際會議總召集人、執行長或相關領與學者，並刊載國際會議資訊。

◆電視

電視以生動影音傳播，打動觀眾的視覺與聽覺。因此可與電視媒體洽談合作，於國際會議前播出專題報導，作為活動暖身節目。以專訪焦點議題的方式討論與國際會議相關之主題。或安排國際會議總召集人、貴賓及相關單位首長接受主持人專訪。

◆廣播

廣播的目標群眾固定，專注力高，到達率強。可與廣播節目主持人或執行製作洽談合作，以專訪及主題討論方式於全國性廣播節目中播出，以突顯國際會議主題。

圖8-4　電視、網路宣傳示範

資料來源：2011 Green Living Expo

秒數	聲部	音效
20秒	▲地球是目前已知唯一仍然擁有生命存在的地方，旦現在出現了危機，全球暖化的問題加速了北極川的融化，北極熊快無家可歸。10月26至29日綠色生活博覽會，讓我們綻放綠地球。	▲輕柔緩和的音樂

圖8-5　廣播宣傳腳本示範

資料來源：2011 Green Living Expo

◆網路

　　網路擁有廣大的年輕化、專業化群眾，有連續性、即時性與雙向互動性，可深度發揮國際會議主旨與內涵，引起各階層人士對特定議題之注意。如預算許可，可設置專屬網站，於活動期間完整深度報導傳播。並與國內、外相關之各大專院校系所、學術研究單位及政府機構等網站設立訊息連結（參見**圖8-4**所示）。

◆海報張貼

　　海報屬於大面積的平面視覺表現，充分展現質感，以及高注目性。大尺寸彩色印刷的海報應寄發各大專院校系所、學術研究單位及相關單位於活動前15天開始張貼露出。如為論文徵稿海報，應於徵稿結束前6～12月開始張貼露出。電子式海報在設計上就相對簡約，力求檔案占記憶體容量小，方便快速傳遞。

圖8-6　海報宣傳腳本示範

資料來源：28th IAEE International Conferenceand 18th AESIEAP Conference of the Electric Power Supply Industry

◆中英文新聞稿／每日快報

從國際會議開幕、每日焦點議題、長官致詞、晚會實況報導、國際會議閉幕等，並配合平面及電子媒體之專題發布系列新聞稿，強化活動的曝光率。需於活動前二日發布新聞稿；活動當天，現場開放採訪，並提供新聞稿；活動結束後將活動實錄及新聞稿公布於活動網站或每日快報。媒體名單以報紙、雜誌、電視、網站之相關領域記者為主。另，為提高國際視聽，外電報導將是另一主要發布鎖定對象。

◆路燈旗

於重要路段懸掛路燈旗，讓一般民眾留下活動訊息印象，無形中能提高活動能見度。

◆出版專書／期刊

國際會議結束後出版論文專書／期刊，不僅擴大交流與影響力，更可完整記錄國際會議內容。

(二)媒體宣傳執行

國際會議的媒體宣傳執行可區分為會前、會中與會後三階段，其重點工作項目分述如下：

圖8-7　每日快報宣傳示範

資料來源：17thand 18th AESIEAP Conference of the Electric Power Supply Industry

圖8-8 路燈旗宣傳示範

資料來源：28th IAEE International Conference and Bravo, Por Expo

圖8-9 專書宣傳示範1

資料來源：「海峽兩岸能源經濟與政策」，中國環境科學院

圖8-10 專書宣傳示範2

資料來源：28thIAEE International Conference e and 18th AESIEAP Conference of the Electric Power Supply Industry

國際會議規劃與管理

◆會前工作

1.大會發言人、媒體聯絡窗口之確定。

2.擬定媒體邀請名單，盡量在7～10天前，寄發正式邀請函，同時必須打電話確認其是否收到、會不會出席。

3.新聞袋的製作與發放，新聞袋的內容包含出席媒體名單、採訪證、新聞稿與小禮物，新聞稿之撰寫內容必須簡潔有力、用字明確，標題務求有趣且具吸引力，同時盡可能提供媒體感興趣之話題。

4.場地配置，含SNG停車規劃。

5.會場採訪動線規劃，包含媒體櫃檯、媒體中心與媒體專訪區。

　(1)媒體接待櫃檯：準備名片盤、媒體簽名簿、發放新聞袋、同時提供同步翻譯機。

　(2)媒體專訪區：場地後方預留攝影機架設的空間（最好為高起之平台，以方便拍攝），場中設置SNG布線空間、電源線與插孔、無線上網設備、紙筆、飲水。

　(3)媒體中心：可與專訪區合併，但在專訪區預留安靜的空間設置傳真機、電話、無線上網設備，方便記者發布新聞。

◆會中工作

1.場內外引導人員之配置。

2.媒體專訪區或媒體中心必須配置工程人員，以解決電腦或網路的突發狀況。

3.若有突發狀況，統一由大會發言人回應。

◆會後工作

1.大會相關新聞性資料之蒐集。

2.參與媒體資料蒐集，以作為下次邀約對象之參考。

3.大會相關資訊整理成冊，作為活動報告。

「第 1 屆泛華國際能源、經濟、環境會議」
記者會
【新聞稿】

2013 年 5 月 31 日
Triple-E Institute 提供

時間：2013 年 6 月 2 日上午 10 時 30 分～11 時 30 分
地點：圓山大飯店 201 會議室

　　由 Triple-E Institute 主辦的「第 1 屆泛華國際能源、經濟、環境會議」（2013 PCEEE International Conference），將於 6 月 4 日～6 日假圓山大飯店舉行。是項國際會議預估將有世界各地近 40 個國家的華人代表及專家學者與會，參與大會的國際代表約 250 人，國內代表約 250 人，合計超過 500 人，大會除安排與會代表在會議上發表論文進行學術研討外，會後並安排參與文化社交活動，達成促進國民外交之目的。透過舉辦是項國際會議，我國將因此有更多之機會與國際華人學者專家進行討論與交流，進而提高我國在此一領域之國際學術地位。

　　近半個世紀以來，科技與通訊發展一日千里，使得全球化腳步更為快速，因此，讓能源、經濟、環境這個議題涵蓋的範圍更為廣闊。各個區域間的經濟、社會、環境等因素之間的關係，更是牽一髮而動全身，使得能源、經濟、環境的問題，不再是單一地區的努力就可以解決的，而必須靠各個區域間共同探討、研商解決方案，並且落實執行。

　　面對全球對能源資源需求高漲的時刻，驅使全世界必須更為重視能源使用所引起的種種環境課題，並且共同研商解決的對策。在此一全球化的步伐不斷加快的趨勢下，本屆會議將廣邀世界華人專家學者，以「能源、經濟、環境的全球化與永續發展」（Globalization of Energy, Economics, and Environment v.s. Sustainability）為主題，內容涵蓋全球能源安全、合作與政策、能源市場、中東危機與能源安全、能源市場的管制與解制、全球溫室氣體排放減量與政策、核能、新能源與當代重要能源、經濟、環境等議題，從能源市場、科技發展、及永續性的角度，討論全球化對能源、經濟、環境的現在與未來關係。

　　為擴大國內在能源、經濟、環境各單位及相關人士之重視與討論，以提昇 Triple-E 領域之研究水準，增進社會大眾對 Triple-E 政策發展之瞭解。主辦單位謹訂於本 2013 年 6 月 2 日上午 10 時 30 分至 11 時 30 分於圓山大飯店 201 會議室，特邀媒體記者參與「第 1 屆泛華國際能源、經濟、環境會議」記者會。

　　若欲進一步瞭解各項研討會訊息，歡迎隨時至 PCEEE 大會網站查看最新會議資訊。

圖8-11　國際會議新聞稿（範例）

(三)拍照與攝影

　　國際會議籌辦單位必須安排專業之攝錄影人員，為大會留下完整的紀錄。攝錄影人員必須參與會前的工作人員講習，以瞭解整個國際會議進行的流程與重點、大會整體的責任與分工，以及大會邀請之貴賓、重要與會人士與相關媒體，才能掌握國際會議進行過程中的重點拍攝工作。

◆攝影部分

　　專人拍攝會場實況，包括酒會、報到、開幕、閉幕、研討、茶會交流時間、旅遊活動、文化之夜等表演。並將相關照片於國際會議結束後登錄於網站以供參與國際會議者欣賞。

◆錄影部分

　　委託專業攝影公司，專人現場錄製國際會議實況，並製成國際會議專輯光碟，交主辦單位存檔並置於網站上，供與會人員欣賞並下載。

 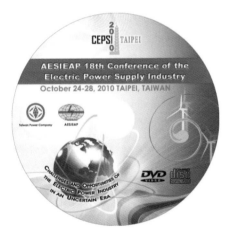

圖8-12　國際會議專輯光碟示範

資料來源：28thIAEE International Conferenceand 18th AESIEAP Conference of the Electric Power Supply Industry

第二節　國際會議文宣

　　國際會議的參與人士，與會目的各有不同，有些是為了大會主題、專業領域，有些是因為對舉辦城市有興趣或商機因素。但不論其目的為何，大會文宣除了宣示大會之主辦資訊外，若能刺激原本沒有興趣的相關人士與會，則能擴大國際會議之參與層面與影響力。因此，好的國際會議文宣，可透過吸引注意力（attention）、引起興趣（interest）、帶動需求（desire）、到刺激行動（action），達到下列兩項主要目的：

1. 宣示大會主題：國際會議文宣內容包含大會之內容與相關資訊，可宣示大會主題，同時廣召有興趣的相關人士，聚集交流。
2. 提升大會影響力：國際會議之舉辦，除了可聚集相關人士，提升主題領域的影響力外，亦可強化主辦城市或主辦國家之能見度；因此，大型國際會議多半與城市行銷結合，成為地方或區域的共同盛事。因此，國際會議文宣之主軸，可以與城市意象結合，如台北之101大樓、新加坡之獅頭魚身像或上海之東方明珠塔。若欲強調大會主題，則可以主題元素作為文宣主軸，如太陽能、資訊系統、女性主義或半導體晶圓等。

　　國際會議文宣的執行，有三個主要的管道：平面文宣、電子文宣與禮品發放。其相關內容與項目詳述如下：

一、平面文宣

(一)訂定主題標語考量的因素

　　國際會議文宣的第一步，便是訂定一個強而有力的主題標語

（slogan），而主題標語的訂定，必須考量的因素包含：

◆大會主題

即國際會議的主要內容與相關資訊，但由於國際會議的內容多半較為龐大，因此在制定主題標語時，在文字上必須盡量精簡，以集中注意力及焦點，透過簡短、創新、且有力的主題標語，表達大會主題，以吸引關注、引起興趣。最好一句話，不要超過兩句話，三句以上是廢言（圖8-13）。

◆訴求對象

即大會訴求之對象或族群。必須投其所好，最好能以訴求族群最近共同關注的實際案例或議題作為支持點，較能吸引其注意力並引發興趣。

◆視覺傳達

研究顯示，人類的資訊來源60～70%來自視覺（其他20%來自聽覺、10%來自觸覺），而文宣的訴求即在透過視覺傳達「目標意象」。國際會議文宣的視覺傳達重點在於創造與眾不同的特殊認知點，除了主題標語（slogan）的區辨性外，所有文宣的調性統一，可讓國際會議文宣透過覆現的畫面，創造一致的印象：如大會海報、邀請卡、大會手冊、信封信紙、工作人員制服、大會布旗等，皆採用一致的顏色、符號、設計，可讓接收到相關文宣訊息的人，對大會有一致的加強印象。

國際會議的平面文宣，在印製時須因印製數量、材質與模式，配合預算進行考量。印製數量多則單位成本低，可預留一定的數量為二次宣傳作準備；材質方面若須郵寄，則須以輕薄為考量，但若為會場平面文宣如掛報、大型看板，則以厚重安全為考量；模式上則有不同的大小尺寸可選擇，如邀請卡、信封、識別證的印製，可依設計搭配不同尺寸。近年來無紙化國際會議的環保趨勢日益高漲，因此，主辦單位也須注意這方面的發展。

Slogan:
Globalization of Energy: Markets, Technology, and Sustainability

Slogan:
Challenges and Opportunities of the Electric Power Industry in an Uncertain Era

圖8-13 大會主題標誌及標語設計示範

資料來源：28thIAEE International Conference and 18th AESIEAP Conference of the Electric Power Supply Industry

(二)平面文宣主要的型態

國際會議平面文宣多樣，主要的型態包含下列項目：

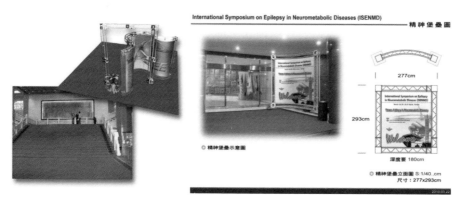

圖8-14 精神堡壘設計示範

資料來源：28thIAEE International Conference; 2010 International Symposium ENMD

国际会議規劃與管理

◆大會精神堡壘

　　大會精神堡壘通常為突顯大會氣勢，會在入口處放置大型看板，除了展示大會名稱、大會標誌外，主要目的在於大會宣傳。但由於費用較高且不環保，主辦單位應審慎考量其必要性。

◆大會宣傳海報

　　大會宣傳海報屬於大面積的平面視覺表現，具高注目性。為達大會宣傳目的，海報內容應包含：主題標語、大會標誌、國際會議名稱、舉辦時間與地點、大國際會議題、主辦單位、報名方式、大會網址等重要資訊。

◆大會通告（Announcement）

　　大會通告通常不只一回。通告的封面、內頁的顏色、符號與設計，皆須與大會其他文宣一致。採平面設計的通告主要是因為考量許多國家或區域尚無網路設施，或十分昂貴。有些通告會採電子文宣方式公告或寄送，則網頁頁面的設計亦須與平面文宣設計一致。平面設計與電子文宣兩者兼備亦是常見的情形。以28thIAEE International Conference第一回大會通告為例，詳見圖8-15。第一回大會通告的重點為徵稿。第二回大會通告就必須涵蓋完整國際會議的大體架構並以吸引國際人士報名為重點。第三回大會通告則逐步充實各種國際會議資訊並加強吸引贊助方案，第四回大會通告應該就是完整的大會議程及手冊。本文於附件三中置放28thIAEE International Conference將第二回大會通告作為實例示範。

◆大會邀請卡

　　大會邀請卡可於註冊完畢後統一發放或先行寄送。除了一般邀請卡外，依不同性質的活動亦有特殊設計之邀請卡，如開幕典禮、接待酒會、記者會與文化之夜等。寄發的對象包含與會人士、記者、貴賓、演講者，皆須以大會主席身分撰寫大會邀請訊息、議程或活動內容、時間地點，與回覆函。

IAEE General Information

Further information is introduced as the following for better interpretation of the conference. In addition to the energetic professional program, the conference will also present delegates and participants with the opportunity to enjoy social programs and cultural delights of Taipei.

Venue & Accommodation

The conference will be held at the Grand Hotel, which is located on a scenic hill north of downtown Taipei. The hotel was built in traditional palace architectural style, and possesses splendid views of the city center. The Grand Hotel is famous for its two secret underground tunnels and it has been said that they were shelters of the late President C.K. Chiang. Its architecture filled with the ancient stories and legends. The Grand Hotel provides free shuttle services to nearby bus stops and the Yuan-Shan MRT station (Exit No. 1), which is merely 5 minutes away. The MRT serves most of the city's hot spots.

A special deal for conference guests has been struck with the hotel to offer various room categories, including breakfast and complimentary access to most facilities at the hotel club.

FOR RESERVATIONS CONTACT:
Sandy Chung
Room Reservation Manager, The Grand Hotel
Address: No.1, Sec.4, Chung Shan North Road,
    Taipei, Taiwan 104, ROC.
Tel: 886-2-2886-8888 ext 1520-1524
Fax: 886-2-2885-2885
Website: www.grand-hotel.org
Email: grand@grand-hotel.org.

Social Program

The opening reception will be held 3 June in the evening at the Yuan Shan Club at the Grand Hotel. An outdoor cocktail party, serving a variety of food and beverage, has been arranged to provide a warm welcome.

The welcome dinner will be held on the evening of 4 June in the Grand Ballroom, which is on the top floor of the Grand Hotel. It will serve with Chinese food, the aboriginal performances, and the magnificent night views of Taipei city and its surroundings. The ballroom is imperially furnished and decorated, giving a marvelous dining atmosphere.

Cultural Program

To provide a deeper understanding of Taiwanese culture, a Taipei cultural party will be held on the evening of June 5 at the CPC Hall Corridor in front of the CPC building. The gardening style corridor with a colorful fountain and the serving of Taiwanese food and entertainment, plus the performances of Chinese classical music and folk dances, present the party with the epitome of Taiwan.

Recreational Program

During the conference, a three-day recreational tour, including technical visit and cultural program for registered spouses and companions, is offered. The tour will go around Taipei city to attractions such as Chiang Kai-Shek Memorial Hall and Lung-Shan Temple.

In addition, after conference tours are being provided through registered travel agents at reasonable prices, offering one-day, two-day, and three-day trips to memorable spots in Taiwan.

Technical Visit

A one-day technical visit of the Taipower nuclear power plant in northern Taiwan is scheduled for June 3. The power plant is located at the northeast coast, facing the Pacific Ocean, and is next to the beautiful Northeast Coastal Scenic Area.

Getting to Taipei

Chiang Kai-Shek International Airport, located in Taoyuan (about 40 kilometers from Taipei), serves more than 300 flights between Taiwan and the rest of the world daily. The airport is about 50 minutes drive from downtown Taipei and there are frequent shuttles and buses.

TRAVEL DOCUMENTS: All international delegates to the 28th IAEE International Conference are urged to contact their consulate, embassy, or travel agent regarding the necessity of obtaining a Visa for entry into Taiwan. The conference strongly suggests that you allow plenty of time for processing these documents.

Program Committee

Vincent C. Siew: General Conference Chairman; Yunn-Ming Wang: Program Committee Chairman; Neng-Pai Lin: Organizing Committee Chairman; Ching-Tsai Kuo: Sponsorship Committee Chairman

General Program Committee:

Beng Wah Ang; Yunchang J. Bor; Arnold Baker; Lars Bergman; Fatih Birol; Larry C. Chow; Jean-Philipp P. Cueille; Georg Erdmann; Michelle M. Foss; Herman T. Franssen; Einar Hope; Mark K. Jaccard; Marianne S. Kah; Hoesung Lee; Michael C. Lynch; Kenichi Matsui; Anthony D. Owen; Paul Stevens; G. Campbell Watkins; David L. Williams; ZhongXiang Zhang. Hou-Sheng Chan; Szu-Li Chang; Chia-Yon, Chen; Shi-Lin Chen; Hsin-Sen Chu; Liang-Jyi Fang; David S. Hong; George Jyh-yih Hsu; Chung-Huang Huang; Kao-Chao Lee; Chi-Yuan Liang; Chien-Fu Jeff Lin; Hsiao-Kang Ma; Ring-Min Wang; Tsai-Yi Wu; Tzong-Shian Yu.

IAEE Best Student Paper Award & Student Scholarships

US$1,000 cash prize plus waiver of conference registration fees for the Best Student Paper Award; waiver of conference registration fees for a limited number of Student Scholarships. If interested, please contact IAEE headquarters for detailed applications/guidelines.

STUDENT PARTICIPANTS: Please inquire about scholarships for conference attendance to iaee@iaee.org

Paper Submissions and Enquires

Yunchang Jeffrey Bor, Ph.D.
Conference Executive Director
Chung-Hua Institution for Economic Research
75 Chang-Hsing Street,Taipei, TAIWAN 106, ROC.
Tel: 886-2-2735-6006 ext 631; 886-2-8176-8504
Fax: 886-2-2739-0615
Email: iaee2005@mail.cier.edu.tw
Official Conference Website: www.iaee2005.org.tw
Details can be referred to the Official Conference Website, opening by the beginning of June 2004

圖8-15　第一回大會通告示範

資料來源：28thIAEE International Conference

2005 IAEE Let's Meet in Taiwan

2005 IAEE ☆ TAIPEI CONFERENCE

28th Annual IAEE International Conference

Grand Hotel, Taipei
3-6 June 2005
Hosted by the International Association for Energy Economics and Chinese Association for Energy Economics

Globalization of Energy: Markets, Technology, and Sustainability

As globalization continues, the time has come to review and foresee how global development affects energy markets and technology, environmental constraints to energy sustainability and strategies as well as policies on energy management. The conference will have at least 7 plenary sessions to consider 5 main themes, which have been organized into 27 concurrent sessions and 5 poster sessions.

Plenary Session Themes

◎ Keynote Plenary Session Theme:
The Future of Energy: Solar Energy and Photovoltaics
Presiding: Dr. Yuan-Tseh Lee
Nobel Laureate
Speaker: Dr. Martin A. Green
Laureate of the Right Livelihood Award

◎ Dual Plenary Session Themes:
The Middle East Situation and Energy Security
Regulation vs. Deregulation of the Energy Market
The Impact of GHGs Emission Control on Energy Supply and Demand
Rethinking Nuclear Energy
Prospects for New Energy Technology
The Scope and Potential of Renewable Energy

Main Themes

◎ Prospects for Global Energy Development
Global and Regional Energy Demand and Supply
New Paradigm under the World Trade Organization
Restructuring and Deregulation
Inter-Regional Energy Security and Reliability
Liberalization and Market Power
Role of International Energy Suppliers

◎ Prospects of Energy Technology Development
Green and Renewable Energy Technology
Conservation Know-how and R&D
Fuel Cell and Hydrogen Technology
Distributive Energy Systems
Diffusion and Collaboration in Energy Technology

◎ Sustainability
Sustainable Energy Development
Global Warming and Energy
Energy and Pollution Control
Nuclear Safety and Waste Disposal
Rationality and Energy Selections
Policy Options and Strategies

◎ Individual Energy Sectors
Coal
Oil
Natural Gas (including LNG)
Electricity
Renewable Energy and New Energy

◎ Energy Efficiency and Energy Modeling
Energy Statistics and Energy Efficiency Indicators
Energy Modeling, Simulation and Forecasting
Energy Conservation Program and Demand-Side Management
Integrated Resource Planning and Demand Response
ESCO and New Business Models

CALL FOR PAPERS

Abstracts should be double-spaced and between 300 and 500 words, providing an overview of the topic to be covered. They must be prepared in standard Microsoft Word format or Adobe Acrobat PDF format and within one single electronic attachment file. Full details, including the title of the paper, name(s) and address(es) of the author(s), telephone, fax, email and a short CV, should be provided on the first page of the abstract. At least one author from an accepted paper must pay the registration fee and attend the conference to present the paper. While multiple submissions by individuals or groups of authors are welcome, the abstract selection process will seek to ensure as broad participation as possible: each speaker is to present only one paper in the conference. No author should submit more than one abstract as its single author. If multiple submissions are accepted, then a different co-author will be required to pay the reduced registration fee and present each paper. Otherwise, authors will be contacted and asked to drop one or more paper(s) for presentation. Anyone interested in organizing a session should propose topics, objectives, and possible speakers to the Conference Executive Director well in advance of the deadline for submission of abstracts. All abstracts, session proposals, and related enquiries should be directed to the Conference Executive Director.

DEADLINES:
Abstract Submission: 2 December 2004
Notification of Abstract Acceptance: 15 January 2005
Manuscript & PowerPoint Submissions Deadline: 9 March 2005

Taipei, Taiwan's capital, has a rich mix of traditional Chinese and Taiwanese culture. The National Palace Museum is an unparalleled repository of Chinese art. Various temples around the city also highlight the local culture and its transformation over the years. Shopping and eating at night markets, restaurants, department stores, pubs, and tea houses offers unique experiences for visitors.

（續）圖8-15　第一回大會通告示範

資料來源：28thIAEE International Conference

邀請卡封套

邀請卡

圖8-16 大會邀請卡設計示範

資料來源：18th AESIEAP Conference of the Electric Power Supply Industry

◆大會手冊

　　大會手冊通常會印成紙本，在國際會議報到時交到與會人士手中，但在無紙化環保潮流下，亦可只提供電子版大會手冊。其內容包含大會主題、日期及地點、主席歡迎辭、詳細議程場次、會場說明（相關位置圖，如走道、廁所及特定區域）、與會芳名與資料、餐會資料、交通資訊、贊助單位資料、主辦單位、協辦單位簡介、城市特色及導覽等各種資訊。

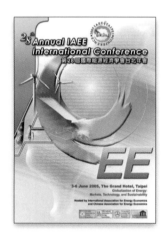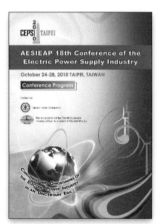

圖8-17　大會手冊示範

資料來源：28thIAEE International Conferenceand 18th AESIEAP Conference of the Electric
　　　　　Power Supply Industry

◆國際會議議程／議題資料或論文集

　　議程／議題資料或論文集應以清楚為原則，色彩力求簡單。為求環保，論文集紙本版可只列示論文名稱、發表人簡介或論文摘要，論文本文則收錄於網站及光碟，另收集於大會資料袋中或提供下載服務。

紙本 　　　　　　　　　　　　電子版

圖8-18　論文集示範

資料來源：28thIAEE International Conferenceand 18th AESIEAP Conference of the Electric
Power Supply Industry

◆**大會資料袋**（Media Kit）

　　為方便與會人士收集大會相關資料，大會會為與會人士準備資料袋
（形式不一），內容包含大會相關的文宣品如與會人士名牌、大會手冊、
論文集（光碟）、新聞稿、主講嘉賓介紹，或議題資料等。資料袋的封面

環保袋式 　　　　　　　　　　　筆電包式

圖8-19　大會資料袋示範

資料來源：1thIAEE Asian Conferenceand 18th AESIEAP Conference of the Electric Power
Supply Industry

設計，亦須呼應大會視覺傳達主軸，呈現一致的意象。

◆大會信封信紙（大會明信片）

大會信封信紙為主辦單位正式對外聯繫時使用，亦可放置於大會資料袋，提供與會人士需要時使用或留作紀念。

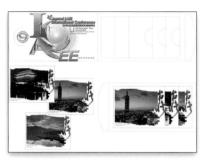

圖8-20　大會信封信紙示範

資料來源：28thIAEE International Conference

◆大會布旗（懸掛用）、大會路旗（插放式）

宣傳旗幟懸掛或插放於大會會場或主辦城市，作為宣傳用，主要目的為提升大會的曝光度。設計上應力求鮮明簡潔，且由於旗幟往往為贊助單位曝光的機會，因此旗幟設計除了應呼應大會視覺傳達主軸外，項目贊助單位的名稱與標誌也應一併列入。

圖8-21　大會布旗示範

資料來源：1thIAEE Asian Conferenceand 18th AESIEAP Conference of the Electric Power Supply Industry

◆桌卡、與會人士名牌

桌卡與名牌載明與會人士的國籍、姓名、服務機構、職稱。名牌通常會依與會人士不同的身分而有顏色或設計上的區別，一般可區分為貴賓、演講者、一般與會人士、媒體記者與工作人員五種身分或更多種身分別。

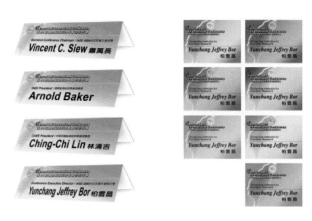

圖8-22　桌卡與名牌示範

資料來源：28thIAEE International Conferenceand 18th AESIEAP Conference of the Electric Power Supply Industry

二、電子文宣

國際會議的電子文宣非常重要，從大會公告、報名、註冊到國際會議資訊等，電子文宣皆負責第一手資料的傳達與溝通管道。

國際會議的電子文宣主要是透過大會網站來傳達,因此,網站的設置與設計亦必須呼應大會視覺傳達主軸,與平面文宣的精神堡壘、宣傳海報、和其他相關文宣品採一致的調性。在內容與架構方面,主要包含:

(一)首頁

國際會議的首頁除了須列示國際會議名稱、主題標語、大會標誌與舉辦時間和地點外,亦須設置不同的語言頁面連結(至少一定要有英語頁面),方便不同國籍的人士進入。

(二)國際會議基本資訊

包含主席歡迎辭,大會宗旨與目的,贊助單位或期刊,與大會主辦單位、協辦單位、籌辦單位簡介。

(三)線上報名系統

線上報名及註冊系統是非常重要的元素且專業性高與耗費成本大。線上報名及註冊系統詳細內容詳見本書第四章第三節。

(四)國際會議主要內容

內容包含大會主題、日期及地點、主持人及演講者介紹、重要貴賓介紹、詳細議程場次、會場說明(相關位置圖,如走道、廁所及特定區域)、餐會資料、大型社交活動簡介(如大會晚宴及文化之夜)、交通資訊、城市特色及導覽、觀光資訊等。

(五)議程/議題討論區

提供投稿者或對特定議程/議題有興趣之與會人士或非與會人士,進行雙邊/多邊的溝通管道。

(六)國際會議成果實錄

包含大會照片、剪影、花絮、新聞報導剪輯、每日快報與大會布置

集錦。

(七)相關網站連結

包含與大會主旨相關之產學研網站、主題網站,與主辦城市相關之觀光網站、城市網頁,和主辦單位、贊助單位或籌辦單位之連結。

圖8-23　國際會議網站示範

資料來源:18thand 19thAESIEAP Conference of the Electric Power Supply Industry

三、禮品與紀念品

國際會議為了增加收入,通常會進行募款或爭取贊助,而通常禮品及資料袋是贊助廠商曝光的最佳選擇之一。贊助廠商會將其機構名稱或標誌列印在資料袋或禮品上,可提供絕佳的宣傳效果。除了贊助宣傳目的外,禮品的選擇與設計,若能發揮巧思,在經費與實用兩者兼具的前提下,可讓與會人士印象深刻,同時亦可為國際會議的舉辦達到加分的效果。

國際會議致贈禮品或紀念品的對象,可區分為兩類:大會邀請貴賓與一般與會人士。由於大會貴賓為主辦單位個別邀請,為表達感謝之意,主辦單位通常會準備較具獨特性或紀念性的禮品,如主辦當地的特產(琉璃、木雕)或當地特殊藝術品(交趾陶或當地藝術家作品)。而一般與會

人士的紀念品多包含在文宣設計內，如資料袋、筆、便條紙、文具、電子用品，甚至精美的當地地圖、郵票、錢幣等，若能印上具地方特色、文化意涵或大會特殊設計之圖案，可作為與會人士收藏的紀念品。

　　國際會議的禮品與紀念品在規劃時，除了必須考量預算外，各國送禮習俗與禁忌亦須先行掌握，以免有失禮儀；如中國送禮成雙、日本則避偶就奇。保護動物皮草類涉及環保議題，絕不妥當。拉丁美洲與中國皆不能送手帕、剪刀或鐘。法國重品味、顏色；日本、德國重包裝。總之，國際會議禮品不見得要挑選貴重物品，但若能精心策劃加上創意及包裝，會讓貴賓及與會人士都能感受送禮者的用心，同時有備受尊重的感覺，如此，便為成功的國際會議禮品設計。

圖8-24　國際會議的禮品示範

本章重點

　　國際會議邀請之貴賓與媒體，為提升能見度與知名度的重要策略之一。貴賓之邀請，應先透過有力／熟悉人士詢問後再進行邀請。正式邀請必須寄發大會正式之邀請函，其中詳述國際會議之宗旨、地點、時間、對象、內容，同時必須附上聯絡電話、傳真、住址、回函與最遲回覆時間，以掌握貴賓邀請之流程。而貴賓之接待，重點工作包含住宿飯店安排、接機與送機服務、參觀與拜訪活動、交通車接送、大會服務人員陪伴介紹與其他安排等。

　　媒體宣傳為國際會議提升其知名度與能見度的重要手段。宣傳規劃的原則必須顧及目標視聽眾、宣傳地區與宣傳時間；而宣傳的策略，針對各種媒體的特性，包括報紙、雜誌、海報、電視專訪、廣播以及網路等，進行各種不同的宣傳方式。媒體宣傳執行可區分為會前、會中與會後三階段，其重點工作項目不同，應依規範辦理。此外，國際會議籌辦單位必須安排專業之攝錄影人員，為大會留下完整的紀錄。攝錄影人員必須參與會前的工作人員講習，以瞭解整個國際會議進行的流程與重點、大會整體的責任與分工，以及大會邀請之貴賓、重要與會人士及相關媒體，才能掌握國際會議進行過程中的重點拍攝工作。

　　國際會議文宣的執行，有三個主要的管道：

1. 平面文宣：平面文宣的第一步，是訂定一個強而有力的主題標語（slogan）；在形態上，包含大會精神堡壘、大會宣傳海報、大會通告、大會邀請卡、大會手冊、國際會議議程／議題資料或論文集、大會資料袋、大會信封信紙（大會明信片）、大會布旗（懸掛用）、大會路旗（插放式）、桌卡、與會人士名牌。

2. 電子文宣：網站的設置與設計必須呼應大會視覺傳達主軸，在內容與架構方面，主要包含：首頁、國際會議基本資訊、線上報名系統、國際會議主要內容、議程／議題討論區、國際會議成果實錄與

相關網站連結等。

3.與禮品發放：致贈禮品或紀念品的對象，可區分為兩類：大會邀請
　貴賓與一般與會人士。國際會議的禮品與紀念品在規劃時，除了必
　須考量預算外，各國送禮習俗與禁忌亦必須先行掌握，以免有失禮
　儀。

重要辭彙與概念

視覺傳達

國際會議文宣的視覺傳達重點在於創造與眾不同的特殊認知點，除了主題標語的區辨性外，所有文宣的調性統一，可讓國際會議文宣透過覆現的畫面，創造一致的印象。

報紙

報紙單位平均費用低廉，讀者多屬於理性型。可考慮與全國性大報洽談版面合作，並配合國際會議期間進行專訪國際會議相關領域學者，用深入淺出的文字介紹國際會議內容。

雜誌

專業雜誌的目標明確，訴求率高，讀者對訴求關心度高，傳閱率高。與專業雜誌期刊洽談合作，彙集國際會議焦點內容開闢專欄報導，或專訪國際會議相關領域學者，並刊載國際會議資訊。

電視

電視以生動影音傳播，打動觀眾的視覺與聽覺。可與電視媒體洽談合作，於國際會議前播出專題報導。以專訪焦點議題的方式討論與國際會議相關之主題。

廣播

廣播的目標群眾固定，專注力高，到達率強。可與廣播節目主持人或執行製作洽談合作，以專訪及主題討論方式於全國性廣播節目中播出，以突顯國際會議主題。

網路

網路擁有廣大的年輕化、專業化群眾，有連續性、即時性與雙向互動性，可

深度發揮國際會議主旨與內涵。可設置專屬網站,於活動期間完整深度報導傳播;並與國內、外相關之相關單位網站設立訊息連結。

海報張貼

屬於大面積的平面視覺表現,充分展現質感,以及高注目性。海報應寄發各相關單位於活動前15天開始張貼露出。如為論文徵稿海報,應於徵稿結束前6～12月開始張貼露出。

中英文新聞稿 / 每日快報

配合平面及電子媒體之專題發布系列新聞稿,強化活動的曝光率。需於活動前二日發布新聞稿;活動當天,現場開放採訪,並提供新聞稿;活動結束後將活動實錄及新聞稿公布於活動網站或每日快報。

路燈旗

於重要路段懸掛路燈旗,讓一般民眾留下活動訊息印象,無形中能提高活動能見度。

出版專書 / 期刊

國際會議結束後出版論文專書 / 期刊,不僅擴大交流與影響力,更可完整記錄國際會議內容。

大會精神堡壘

通常為突顯大會氣勢,會在入口處放置大型看板,除了展示大會名稱、大會標誌外,主要目的在於大會宣傳。

大會宣傳海報

屬於大面積的平面視覺表現,具高注目性。為達大會宣傳目的,海報內容應包含:主題標語、大會標誌、國際會議名稱、舉辦時間與地點、大國際會議題、主辦單位、報名方式、大會網址等重要資訊。

大會通告

通告的封面、內頁的顏色、符號與設計,皆須與大會其他文宣一致。有些通

告會採電子文宣方式公告或寄送，則網頁頁面的設計亦須與平面文宣設計一致。

大會邀請卡

可於註冊完畢後統一發放或先行寄送。寄發的對象包含與會人士、記者、貴賓、演講者，皆須以大會主席身分撰寫大會邀請訊息、議程或活動內容、時間地點，與回覆函。

大會手冊

通常會印成紙本，在國際會議報到時交到與會人士手中，但在無紙化環保潮流下，亦可只提供電子版大會手冊。其內容包含大會主題、日期及地點、主席歡迎辭、詳細議程場次等大會相關資訊。

國際會議議程／議題資料或論文集

應以清楚爲原則，色彩力求簡單。爲求環保，論文集紙本版可只列示論文名稱、發表人簡介或論文摘要，論文本文則收錄於網站及光碟，另收集於大會資料袋中或提供下載服務。

大會資料袋

爲方便與會人士收集大會相關資料，大會會爲與會人士準備資料袋，內容包含大會相關的文宣品。資料袋的封面設計，亦須呼應大會視覺傳達主軸，呈現一致的意象。

大會信封信紙（大會明信片）

爲主辦單位正式對外聯繫時使用，亦可放置於大會資料袋，提供與會人士需要時使用或留作紀念。

大會布旗（懸掛用）、大會路旗（插放式）

宣傳旗幟懸掛或插放於大會會場或主辦城市，作爲宣傳用，主要目的爲提升大會的曝光度。旗幟設計除了應呼應大會視覺傳達主軸外，項目贊助單位的名稱與標誌也應一併列入。

桌卡、與會人士名牌

載明與會人士的國籍、姓名、服務機構、職稱。名牌通常會依與會人士不同的身分而有顏色或設計上的區別,一般可區分為貴賓、演講者、一般與會人士、媒體記者與工作人員五種身分或更多種身分別。

問題與討論

1.貴賓接待之流程與重點為何？試以「2026急診醫學國際會議」
（2026 International Conference on Emergency Medicine）為例，進
行貴賓邀請函之擬定與貴賓接待之演練。

2.媒體宣傳的管道有哪些？其分別的優缺點為何？

3.媒體接待櫃檯、媒體專訪區與媒體中心在規劃時有何重點？

4.試以「2026急診醫學國際會議」（2026 International Conference on
Emergency Medicine）為例，進行下列文宣品的設計：

(1)大會宣傳海報

(2)大會通告

(3)大會邀請卡

(4)大會手冊

(5)國際會議議程／議題資料或論文集

(6)大會資料袋

(7)大會信封信紙（大會明信片）

(8)大會布旗（懸掛用）、大會路旗（插放式）

(9)桌卡、與會人士名牌

5.試以「2026急診醫學國際會議」（2026 International Conference on
Emergency Medicine）為例，為來自不同國家的貴賓設計禮品，並
說明禮物的意涵：日本、德國、法國、中國。

國際會議規劃與管理

 相關網站

世界新聞網，http://www.worldjournal.com
中國會展網，http://www.expo-china.com
台灣會展網，http://www.meettaiwan.com
中華國際國際會議展覽協會，http://www.yaiwanconvention.org.tw/tcea
全球禮品公司聯盟網，http://www.hll.com.tw/web/front/bin/home.phtml
法藍瓷，http://www.franzcollection.com.tw/
國立故宮博物院，http://www.npm.gov.tw/npmwebadmin.jsp?do=index

附件三　　　　工作手冊（範例）

　　本文以2005年28thIAEE International Conference第二回大會通告為實
作範例。

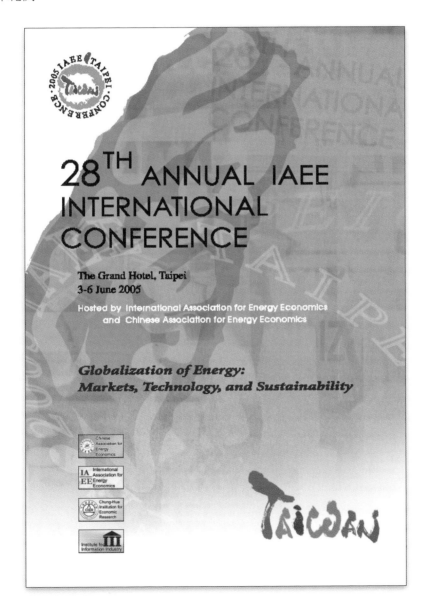

Highlights

Who Should Attend

This conference will attract high profile speakers and delegates from around the world. The opportunities to expand your knowledge within related energy fields and to develop new contacts are vast. Below is a partial listing of who should attend this valuable conference:

- Attorneys & Accountants
- Energy Company Executives & Managers
- Energy Policy Analysts
- Governmental Employees in Energy/Resource Planning
- Academics Specializing in Energy Policy & Analysts
- Electricity Pricing and Market Analysts
- Energy Consultants
- Energy Company Planning Economists
- Energy Risk and Derivatives Specialists
- Energy Forecasting Specialists
- Oil and Natural Gas Executives
- Energy Rate Executives
- Electric and Utility Supervisors
- Energy Environmental Analysts
- Geologists and Engineers
- Environmentalists
- Energy Journalists

In short, anyone with an active interest in the field of energy economics will not want to miss this meeting.

PROFESSIONAL PROGRAM

Keynote Plenary Session Theme
The Future of Energy: Solar Energy and Photovoltaics
– See page 3 for further information

Plenary Session Themes
Energy Security, Cooperation, and Policy in the Pan-Pacific Rim
Energy Business
The Middle East Situation and Energy Security
Regulation vs Deregulation of the Energy Market
Global Policy Options Dealing with GHGs Emission Control
Rethinking Nuclear Energy
Prospects for New Energy Technology
Emerging Issues
– See page 3 & 4 for further information

Concurrent Session Themes and Topics
Prospects for Global Energy Development
Prospects for Energy Technology Development
Sustainability
Individual Energy Sectors
Energy Efficiency and Energy Modeling
– See page 4 for further information

NON-PROFESSIONAL PROGRAMS

Technical Visit
– See page 6 for further information

Social & Cultural Programs
Opening Reception
Welcome Dinner
Taipei Cultural Night Party
– See page 6 for further information

Recreational Programs
City Tour
Cultural & Shopping Tour
Historical Tour
– See page 6 for further information

OTHER INFORMATION

For all delegates
Conference Registration
Accommodation
Getting to Taipei
Travel Documents
– See page 6 for further information
Conference Registration Form
The Grand Hotel Booking Form
– See page 9 & 10 for further information

For Students
IAEE Best Student Paper Award
Taipei Conference Student Scholarships
– See page 5 for further information

Welcome

Dear Energy Scholars and Experts:

The dramatic advances in communications technology have spurred rapid globalization. As the world turns into a global village, any regional problem can soon become a global one. Thus, an energy problem that turns from regional to global impacts on the world's economy, and its community and ecosystem as well. Recent political turbulence and armed conflicts in the Middle East, for example, have had serious effects on the world energy market. The continual rise in oil prices has significantly impacted on the global economy with deleterious consequences. This and other important issues, such as advanced technologies in energy production, energy efficiency, global greenhouse effects, and energy policies, will all be addressed at the 28th Annual IAEE International Conference of the CAEE/IAEE.

I am very pleased to invite you to the 28th Annual IAEE International Conference of the CAEE/IAEE-- Globalization of Energy: Markets, Technology, and Sustainability, scheduled for June 3-6, 2005, to be held in Taipei, at the Grand Hotel. Five main themes of discussion have been identified and they will be addressed in nine plenary sessions and 36 concurrent sessions. Please note that the Conference is now calling for papers, and the deadline for Abstracts is December 2, 2004.

It is our privilege to have Dr. Martin A. Green, winner of the Right Livelihood Award, as the honorable speaker, and Dr. Yuan-Tseh Lee, Nobel Laureate, to preside over the Keynote Plenary Session. Dr. Green has agreed to share with us his valuable experience in solar energy and photovoltaics at the conference. A number of other important speakers will also be there to address you.

In addition to the exciting professional program, the conference will include social programs and cultural delights of Taipei for the pleasure of the delegates and participants. The Opening Reception, an outdoor cocktail party, will be held on the 3rd of June in the Yuan Shan Club at the Grand Hotel. The Welcome Dinner, in an imperial setting, will be served on the 4th of June in the Hotel's Grand Ballroom. The Taipei Cultural Night, a garden party, will be held on the 5th of June on the premises of the CPC building.

Taipei is a fascinating city, infused with a blend of modern and traditional, Chinese and Taiwanese cultures. The Grand Hotel offers special room rates to the 28th IAEE conference delegates. Please complete the enclosed Hotel Reservation Form and either mail or fax it DIRECT to the Grand Hotel, and NOT to the conference director.

The enclosed registration materials detail the program overview, hotel and conference reservations and fees, with additional general information on the city of Taipei. Please mark your calendar for this important conference. Also please take advantage of the pre-registration discounts, and make both your conference and hotel reservations early.

Further information on the Taipei Conference can be obtained at: http://www.iaee2005.org.tw

If you have any questions regarding the conference, please do not hesitate to contact the Conference Executive Director, Yunchang Jeffrey Bor at 886-2-8176-8504 or iaee2005@mail.cier.edu.tw. I look forward to seeing you at the 28th Annual IAEE International Conference in Taipei, June 3-6, 2005.

Sincerely,

Vincent C. Siew
General Conference Chairman

國際會議規劃與管理

Program at a Glance & Call for Papers

Thursday, June 2, 2005

Registration
12:00 – 21:00   Reception Counter – West Foyer

Friday, June 3, 2005

Registration
07:00 – 21:00   Reception Counter – West Foyer

07:00 – 08:30   Breakfast
Grand Garden Western Dining Room

08:00 – 17:00   IAEE Council Meeting
101, 1F   (by invitation)

12:00 – 13:30   IAEE Council Lunch
Grand Garden Western Dining Room   (by invitation)

17:30 – 21:30   *Opening Reception*
Yuan Shan Club

19:30 – 21:30   IAEE Council Dinner
Cheer Life Recreation Restaurant & Spa (by invitation)

Saturday, June 4, 2005

Registration
07:00 – 21:00   Reception Counter – West Foyer

06:30 – 08:00   Breakfast
Grand Garden Western Dining Room

07:30 – 08:30   29th Conference Planning Meeting
101, 1F   (by invitation)

07:30 – 08:30   IAEE Affiliate Leaders Meeting
102, 1F   (by invitation)

08:30 – 09:00   *Welcome and Introduction*
Auditorium, 10F
Dr. Arnold Baker, IAEE President
Mr. Vincent C. Siew, General Conference Chairman
ROC High-Ranking Official Address (TBA)

09:00 – 10:30   *Keynote Plenary Session*
Auditorium, 10F
Presiding: Dr. Yuan-Tseh Lee, Nobel Laureate
Speaker: Dr. Martin A. Green,
    Laureate of the Right Livelihood Award
The Future of Energy: Solar Energy and Photovoltaics

10:30 – 11:00   Coffee Break
East Foyer, 1F

11:00 – 12:30   Dual Plenary Session A
Auditorium, 10F
Organizer: Dr. Herman Franssen
The Middle East Situation and Energy Security

11:00 – 12:30   Dual Plenary Session B
Sky Lounge, 12F
Organizers: Dr. Kwok-Lun Lo & Mr. Edward K.M. Chen
Regulation vs Deregulation of the Energy Market

12:30 – 14:00   Luncheon
Der Hou, B1
EJ Best Paper & Outstanding Contributions to IAEE
IAEE Journalism Award

14:00 – 15:30   Concurrent Sessions 1~6

15:30 – 16:00   Coffee Break
East Foyer, 1F

16:00 – 17:30   Concurrent Sessions 7~12

17:30 – 18:00   Reception
The Grand Ballroom Corridor, 12F

18:00 – 18:30   IAEE General Assembly
The Grand Ballroom, 12F

18:30 – 21:00   *Welcome Dinner*
The Grand Ballroom
Berlin Conference Presentation

Sunday, June 5, 2005

Registration
07:00 – 21:00   Reception Counter – West Foyer

06:30 – 08:00   Breakfast
Grand Garden Western Dining Room

07:30 – 09:00   30th Conference Planning Meeting
101, 1F   (by invitation)

07:30 – 09:00   Energy Journal Board
102, 1F   (by invitation)

09:00 – 10:30   Plenary Session I
Auditorium, 10F
Organizer: Dr. Kenichi Matsui
Energy Security, Cooperation, and Policy in the
    Pan-Pacific Rim

10:30 – 11:00   Coffee Break
East Foyer, 1F

11:00 – 12:30   Dual Plenary Session C
Auditorium, 10F
Organizer: Dr. Hoesung Lee
Global Policy Options Dealing with GHGs Emission
    Control

11:00 – 12:30   Dual Plenary Session D
Sky Lounge, 12F
Organizer: Mr. Jean-Philippe Cueille
Rethinking Nuclear Energy

12:30 – 14:00   Luncheon
Der Hou, B1
Student Best Paper Award
Outstanding Contributions to Field Award

14:00 – 15:30   Concurrent Sessions 13~18

15:30 – 16:00   Coffee Break
East Foyer, 1F

16:00 – 17:30   Concurrent Sessions 19~24

18:30 – 20:00   *Taipei Cultural Night Party*
CPC Hall Corridor

20:00 – 21:30   *Taipei Cultural Night*
CPC Hall

Program at a Glance & Call for Papers

Monday, June 6, 2005

Registration

07:00 – 18:00	Reception Counter – West Foyer
06:30 – 08:00	Breakfast Grand Garden Western Dining Room
07:30 – 09:00	Asian Affiliate Leaders Meeting 101, 1F (by invitation)
07:30 – 09:00	IAEE Student Scholarship Meeting 102, 1F (by invitation)
09:00 – 10:30	Plenary Session II Auditorium, 10F *Organizers:* Dr. Fereidun Fesharaki & Dr. Wenent Pan Energy Business
10:30 – 11:00	Coffee Break East Foyer, 1F
11:00 – 12:30	Dual Plenary Session E Auditorium, 10F *Organizer:* Dr. Robert Dixon Prospects for New Energy Technology
11:00 – 12:30	Dual Plenary Session F Sky Lounge, 12F *Organizer:* Dr. Arnold Baker Emerging Issues
12:30 – 14:00	Luncheon Der Hou, B1 Denver Conference Presentation
14:00 – 15:30	Concurrent Sessions 25~30
15:30 – 16:00	Coffee Break East Foyer, 1F
16:00 – 17:30	Concurrent Sessions 31~36
17:30 – 18:00	Reception Fu-Chun, B1
18:00 – 18:30	Closing Plenary Session Der Hou, B1
18:30 – 21:00	Farewell Dinner Der Hou, B1

Deadlines

* Abstract Submission: 2nd Dec 2004
* Notification of Abstract Acceptance: 15th Jan 2005
* Manuscript and PowerPoint Submissions: 9th Mar 2005
* Applications for IAEE Best Student Paper Award: 20th Apr 2005
* Early Registration in Special Rates: 30th Apr 2005
* Applications for Student Scholarship: 3rd May 2005
* The Grand Hotel Reservation in Special Rates: 6th May 2005

Paper Submissions and Enquires

Yunchang Jeffrey Bor, Ph.D.
Conference Executive Director
Chung-Hua Institution for Economic Research
75 Chang-Hsing Street, Taipei, TAIWAN 106, ROC.
Tel: +886-2-2735-6006 ext 631
+886-2-8176-8504
Fax: +886-2-2739-0615
Email: iaee2005@mail.cier.edu.tw
Official Conference Website: www.iaee2005.org.tw

CALL FOR PAPERS

Session Themes and Topics

❖ **Prospects for Global Energy Development**
Global and Regional Energy Demand and Supply
New Paradigm under the World Trade Organization
Restructuring and Deregulation
Inter-Regional Energy Security and Reliability
Liberalization and Market Power
Role of International Energy Suppliers

❖ **Prospects for Energy Technology Development**
Green and Renewable Energy Technology
Conservation Know-how and R&D
Fuel Cell and Hydrogen Technology
Distributive Energy Systems
Diffusion and Collaboration in Energy Technology

❖ **Sustainability**
Sustainable Energy Development
Global Warming and Energy
Energy and Pollution Control
Nuclear Safety and Waste Disposal
Rationality and Energy Selections
Policy Options and Strategies

❖ **Individual Energy Sectors**
Coal
Oil
Natural Gas (including LNG)
Electricity
Renewable Energy and New Energy

❖ **Energy Efficiency and Energy Modeling**
Energy Statistics and Energy Efficiency Indicators
Energy Modeling, Simulation, and Forecasting
Energy Conservation Program and Demand-Side Management
Integrated Resource Planning and Demand Response
ESCO and New Business Models

Abstract Submissions

Abstracts can be submitted through the Online Registration on the Official Conference Website, mail, or email to the Conference Executive Director. If abstracts are submitted by mail or email, please notice that abstracts should be double-spaced and between 300 and 500 words, providing an overview of the topic to be covered. They must be prepared in standard Microsoft Word format or Adobe Acrobat PDF format and within one single electronic attachment file. Full details, including the title of the paper, name(s) and address(es) of the author(s), telephone, fax, email and a short CV, should be provided on the first page of the abstract.

At least one author from an accepted paper must pay the registration fee and attend the conference to present the paper. While multiple submissions by individuals or groups of authors are welcome, the abstract selection process will seek to ensure as broad participation as possible: each speaker is to present only one paper in the conference. No author should submit more than one abstract as its single author. If multiple submissions are accepted, then a different co-author will be required to pay the reduced registration fee and present each paper. Otherwise, authors will be contacted and asked to drop one or more paper(s) for presentation.

Anyone interested in organizing a session should propose topics, objectives, and possible speakers to the Conference Executive Director well in advance of the deadline for submission of abstracts. All abstracts, session proposals, and related enquiries should be directed to the Conference Executive Director.

5

Best Student Paper Award & Scholarships

IAEE Best Student Paper Award Guidelines

IAEE is pleased to offer an award for the Best Student Paper on energy economics in 2005. The award will consist of a US$1000.00 cash prize plus waiver of conference registration fees to attend the IAEE Taipei International Conference, June 3-6, 2005. To be considered for the IAEE Best Student Paper Award please follow the below guidelines.

* Student must be a member of IAEE in good standing.
* Electronically Submit COMPLETE paper **by April 20, 2005** to IAEE Headquarters.
* Paper MUST be original work by the student (at least 50% of work completed by the student seeking award).
* Submit a letter stating that you are a full-time student and are not employed full-time. The letter should briefly describe your energy interests and tell what you hope to accomplish by attending the conference. The letter should also provide the name and contact information of your main faculty supervisor or your department chair. Please also, include a copy of your student identification card.
* Submit a brief letter from a faculty member, preferably your main faculty supervisor, indicating your research interests, the nature of your academic program, and your academic progress. The faculty member should state whether he or she recommends that you be granted the IAEE Best Student Paper Award in 2005.

Complete applications should be submitted to IAEE Headquarters office **no later than April 20, 2005**, for consideration. You may electronically send all the above materials to iaee@iaee.org

NOTE: The recipient of the US$1000.00 cash prize will receive notification of this award and be presented the award at the IAEE International Conference in Taipei, Taiwan. This individual will also receive a complimentary registration to attend the meeting. Please note that all travel (ground/air, etc.) and hotel accommodations, meal costs (in addition to conference-provided meals), etc., will be the responsibility of the award recipient.

For further questions regarding IAEE's Best Paper Award, please do not hesitate to contact David Williams, IAEE Executive Director at 216-464-2785, via fax at 216-464-2737, or e-mail at: iaee@iaee.org

Taipei IAEE Conference Student Scholarships Available

IAEE is offering a limited number of student scholarships to the 28th IAEE International Conference. Any student applying to receive scholarship funds should:

1) Submit a letter stating that you are a full-time student and are not employed full-time. The letter should briefly describe your energy interests and tell what you hope to accomplish by attending the conference. The letter should also provide the name and contact information for your main faculty supervisor or your department chair, and should include a copy of your student identification card.

2) Submit a brief letter from a faculty member, preferably your main faculty supervisor, indicating your research interests, the nature of your academic program, and your academic progress. The faculty member should state whether he or she recommends that you be awarded the scholarship funds.

IAEE scholarship funds will be used to cover the conference registration fees for the Taipei IAEE International Conference. All travel (air/ground) and hotel accommodations, meal costs (in addition to conference-provided meals), etc., will be the responsibility of each individual recipient of scholarship funds.

Completed applications should be submitted to IAEE Headquarters office **no later than May 3, 2005**, for consideration. Please mail to: David L. Williams, Executive Director, IAEE, 28790 Chagrin Blvd., Suite 350, Cleveland, OH 44122.

Students who do not wish to apply for scholarship funds may also attend the conference at the reduced student registration fee. Please respond to item #1 above to qualify for this special reduced registration rate. Please note that IAEE reserves the right to verify student status in accepting reduced registration fees.

If you have any further questions regarding IAEE's scholarship program, please do not hesitate to contact David Williams, IAEE Executive Director, at 216-464-2785, via fax at 216-464-2737, or e-mail at: iaee@iaee.org

Conference Information

6

Registration

Complete the registration process by either online (Online Registration System: www.iaee2005.org.tw) or on-paper, and pay the registration fee. The registration process is confirmed only when both the registration information and the registration fee have been received. Payment of registration fee can be in terms of wire transfer and credit cards. Please kindly refer to the Registration Form enclosed in this brochure for different types of registration fee and deadlines of registration. Special rates of registration fees are offered to all early registrations. Note that the first run of these special rates will be **expire after 30th April 2005**.

Venue & Hotel Reservation

The conference will be held at the Grand Hotel, which is located on a scenic hill north of downtown Taipei. The hotel was built in traditional palace architectural style, and possesses splendid views of the city center. The Grand Hotel is famous for its two secret underground tunnels, and it has been said that they were shelters of the late President C.K. Chiang. Its architecture filled with the ancient stories and legends.

A special deal for conference guests has been struck with the hotel to offer various room categories, including breakfast and complimentary access to most facilities at the hotel club. Please note that you must make your reservations prior to **May 6, 2005** to receive those special rates.

> FOR RESERVATIONS CONTACT:
> Sandy Chung
> Room Reservation Manager, The Grand Hotel
> Address: No.1, Sec.4, Chung Shan North Road,
> Taipei, Taiwan 104, ROC.
> Tel: 886-2-2886-8888 ext 1520-1524
> Fax: 886-2-2885-2885
> Website: www.grand-hotel.org
> Email: grand@grand-hotel.org

Getting to Taipei

The Chiang Kai-Shek International Airport (CKS Airport)—located in Taoyuan (about 40 kilometers from Taipei)—serves more than 300 flights between Taiwan and the rest of the world daily. The airport is about 50 minutes drive from downtown Taipei.

Getting to the Conference

The Grand Hotel offers transportation arrangement from CKS Airport to the Hotel. The cost for the single trip is NT$1,700 per car and NT$1,800 per shuttle bus. For taking a taxi, the approximate cost from CKS Airport to the Grand Hotel is about NT$1,100 per trip. A local bus company, Airbus, provides services between CKS Airport and the Grand Hotel with about NT$140 per trip. Other several airport buses make runs between the airport and the downtown hotels.

The Grand Hotel provides free shuttle services to nearby MRT station, the Yuan-Shan station (Exit No.1), which is merely 5 minutes away. The MRT serves most of the city's hot spots.

Technical Visit

A one-day technical visit of the Taipower nuclear power plant and the Northeast Coastal Scenic Area in northern Taiwan is scheduled on Friday, June 3 for registered delegates and guests. The power plant is located at the northeast coast of Taiwan island, facing the immense Pacific Ocean, and is next to the magnificent Northeast Coastal Scenic Area.

Social Program

The Opening Reception will be held on June 3 in the evening at the Yuan Shan Club at the Grand Hotel. The outdoor cocktail party, serving a variety of food and beverage, is arranged to warmly welcome all conference delegates.

The Welcome Dinner will be held on the evening of 4 June in the Grand Ballroom, which is on the top floor of the Grand Hotel. It will serve with Chinese dishes, the aboriginal performances, and the magnificent night views of Taipei city and its surroundings. The ballroom is imperially furnished and majestically decorated, giving a marvelous dining atmosphere and a memorable dining experience.

Cultural Program

Taipei Cultural Night Party will be held on the evening of June 5 at the CPC Hall Corridor in front of the CPC building to provide a deeper understanding of Taiwanese culture. The gardening style corridor with a colorful fountain and the serving of Taiwanese food and entertainment, plus the performances of Chinese classical music and folk dances, present the party with the epitome of Taiwan.

Recreational Program

During the conference, there will be a City Tour on June 4, a Cultural & Shopping Tour on June 5, and a Historical Tour on June 6 for registered spouses and companions. The City Tour will go around Taipei City attractions such as Chiang Kai-Shek Memorial Hall and Lung-Shan Temple. The Cultural & Shopping Tour will go to Taipei City Hall and the new shopping paradise in Xinyi district of Taipei City. The Historical Tour will visit the National Palace Museum, which displays thousands of artifacts, paintings, and printings.

In addition, after conference tours will be provided through registered travel agents at reasonable prices, offering one-day, two-day, and three-day trips to selective memorable spots in Taiwan.

Travel Documents

All international delegates to the 28th IAEE International Conference are urged to contact their consulate, embassy, or travel agent regarding the necessity of a obtaining a Visa for entry into Taiwan. The conference strongly suggests that you allow plenty of time for processing these documents. If an invitation letter is needed, please fax or email to the Conference Executive Director for request after the confirmation of the registration.

General Information

Discover Taipei

Taipei, Taiwan's capital, is the political, financial, commercial, educational, recreational, and cultural center of the country. It is a metropolitan city with rich mixes of traditional Chinese and Taiwanese cultures. The city is located in a basin near the northern tip of the island and is nestled with verdant mountains on all sides. Modern skyscrapers and traditional architectures are crossly settled on the roads and streets in the city to give a diversified and thriving scene of it.

Be sure to allow a few days before or after the conference to walk around Taipei city and visit the distinctive attractions outside the city center. Sanhsia Old Street, once was a trading center of tea, textile, and camphor, is now a remarkable town for poetry, stringed instruments, and birdcages. Noticeably located on the street is Tsu Shih Temple, which is a grand Taoist temple crafted its roof into the ceramic folk figures and its stone pillars at the front of the temple into twisted dragons. Furthermore, a well-known ceramic village, Yingge, is abundant in Ming- or Qing-style colorful ceramic artworks for both decoration and utility.

Shopping and eating at night markets, restaurants, department stores, pubs, and tea houses offers unique experiences for visitors. Tea houses sit in the high hills of Mao Kung, a district of the island's tea-growing area—Mucha, are places of marvelous gardening scenery for enjoying different tastes of tea . Taipei 101 Mall in the Xinyi district, the new shopping paradise, offers fantastic shopping and dining experiences.

Climate

Early June in Taipei is the start of its summer season with rather humid atmosphere. It usually has hot sunny days and cooler evenings and the temperature range in early June is about 21°C — 34°C (70°F — 93°F). There might be occasional thunderstorms in the afternoon. Please feel free to check out the weather forecast of Taipei at our Central Weather Bureau: http://www.cwb.gov.tw/V4e/index.htm

CAEE Institutional Members

Chiao Tung Bank
China Synthetic Rubber Corp.
Chinese Petroleum Corp.
Chu-Chien Gas Co. Ltd.
CTCI Foundation
Energy & Resources Lab., Industrial Technology Research Institute
Ever Power IPP Co., Ltd.
F.G.D. Industrial Co., Ltd.
Formosa Plastic Corporation
Ho-Ping Power Co., Ltd.
Institute of Nuclear Energy Research
KKPC
Mai-Liao Power Corp.
Shin Chang Natural Gas Co., Ltd.
Shin Feng Power Co.
Shin Hai Gas Co., Ltd.
Shin Hu Natural Gas Co., Ltd.
Shin Ling Natural Gas Co., Ltd.
Sin Sin Natural Gas Co., Ltd.
Taiwan Electrical and Mechanical Engineering Services, Inc.
Taiwan Institute of Economic Research
Taiwan Power Company
Taiwan Styrene Monomer Corp.
The China Steel Corp.
The Gas Association of the Republic of China, Taipei
The Great Taipei Gas Corp.
Yang Ming Silan Gas Co., Ltd.

General Conference Chairman
Vincent C. Siew
Chung-Hua Institution for Economic Research
Conference Executive Director
Yunchang J. Bor, Ph.D.
Chung-Hua Institution for Economic Research
Organizing Committee Chairman
Ching-Chi Lin
Taiwan Power Company
Program Committee Chairman
Yunn-Ming Wang
Chinese Association for Energy Economics
Sponsorship Committee Chairman
Ching-Tsai Kuo
Chinese Petroleum Corporation
Program Committee Members
Beng Wah Ang, National University of Singapore
Arnold Baker, Sandia National Laboratories
Lars Bergman, Stockholm School of Business
Fatih Birol, International Energy Agency
Carlo Andrea Bollino, Univeristy of Perugia
Yunchang J. Bor, Chung-Hua Institution for Economic Research
Larry C. Chow, Hong Kong Baptist University
Jean-Philipp P. Cueille, Institut Francais du Petrole
Tilak T. Doshi, Saudi Aramco, Saudi Arabia
Georg Erdmann, Technical University Berlin
Michelle M. Foss, University of Houston
Herman T. Franssen, Petroleum Economics Ltd.
Einar Hope, Norwegian School of Economics and Business
Mark K. Jaccard, Simon Fraser University
Marianne S. Kah, ConocoPhillips Inc.
Hoesung Lee, Council on Energy and Environment
Kwok Lun Lo, University of Strathclyde, United Kingdom
Michael C. Lynch, Strategic Energy and Economic Research
Kenichi Matsui, Institute for Energy Economics
Anthony D. Owen, The University of New South Wales
Andre Plourde, University of Alberta
Paul Stevens, University of Aberdeen
G. Campbell Watkins, University of Aberdeen
David L. Williams, IAEE
ZhongXiang Zhang, East-West Center
Hou-Sheng Chan, CTCI Foundation
Ssu-Li Chang, National Taipei University
Chia-Yon Chen, National Cheng Kung University
Shi-Lin Chen, National Tsing Hua University
Hsin-Sen Chu, Industrial Technology Research Institute
Liang-Jyi Fang, Bureau of Energy, Ministry of Economic Affairs
David S. Hong, Taiwan Institute of Economic Research
George Jyh-yih Hsu, National Chung Hsing University
Chung-Huang Huang, National Tsing Hua University
Kao-Chao Lee, Council for Economic Planning and Development
Chi-Yuan Liang, Academia Sinica
Chien-Fu Jeff Lin, National Taiwan University
Hsiao-Kang Ma, National Taiwan University
King-Min Wang, Chung-Hua Institution for Economics Research
Tsai-Yi Wu, Industrial Technology Research Institute
Tzong-Shian Yu, Academia Sinica

IAEE Institutional Members
Algerian Energy Company, Algeria
Aramco Services Co., USA
BP Plc, UK
CityPlan spol. S.r.o., Czech Republic
Council on energy & Environment, Korea
Institute for Energy, Law & Enterprise, University of Houston, USA
Institute for International Energy Studies, Iran
Institute of Energy Economics, Tokyo
National Energy Board, Alberta, Canada
PetroManagement AS, Norway
Rice University, Baker Institute, USA
Sandia National Laboratories, USA
University of Alberta, Canada

8

Sponsorship Prospectus

Maximize Your Exposure to Influential Energy Professionals as an IAEE International Conference Sponsor

Taipei is the fascinating venue for the 28th Annual IAEE International Conference. As has been the case in the past, the key leaders of the world energy industries, several hundred energy professionals, and professional organizations are expected to participate in this annual conference. Sponsorship of the conference assures the access to an influential and powerful assembly of key decision-makers, all of whom are interested in improving and sharing knowledge, skills, and contacts in the fast-changing world of energy economics. Sponsorship of the conference provides a unique opportunity to be at the forefront of these energy specialists and gain lasting visibility in the energy economics industry. Sponsorship also assures the participation of keynote speakers and top quality panels that provide attendees with the most up-to-date and timely discussion of energy issues. Further, sponsorship provides opportunities for professional recognition before, during, and after the conference.

Sponsorship ranges from US$1,000 to US$25,000. Please keep in mind that co-sponsoring events are possible as well. Details on event sponsorship will be sent upon request.

PLATINUM (US$ 25,000)

This premium level of sponsorship is tailored to provide sponsors with maximum exposure and benefits for their generous support of the Conference. Benefits include:

* Prominent display of the logo in all pre-Conference promotional materials, including Second Announcement, Preliminary Program, Final Program, all media releases, and print advertising
* Multi-media recognition at the Welcome, Opening Plenary and Closing Plenary Sessions
* Prominent position on sponsor recognition boards at the Conference
* Company name and logo on the Sponsorship Menu of CD-ROM proceedings
* Prominent logo on the conference website with a hyperlink to your website
* Eight complimentary Conference registrations, including the Conference Dinner
* Insertion of promotional materials in conference delegate packets

---

HOW TO BE A SPONSOR

By Wire Transfer to IAEE 2005 Conference Secretariat:
Bank: Hua Nan Commercial Bank LTD.
Branch: Ho Ping Branch
SWIFT Address: **HNBKTWTP121**
A/C Name: **Institute For Information Industry**
A/C No: **121-97-000636-6**
Address: NO.93, Sec 2, Ho Ping East Road, Taipei, Taiwan, ROC.
Fax: +886-2-2709-9230
Telex: 11307

GOLD (US$ 15,000)

This prestigious level of sponsorship offers sponsors extensive benefits and exposure, including:

* Prominent display of the logo in all pre-Conference promotional materials, including Second Announcement, Preliminary Program, Final Program, all media releases, and print advertising
* Multi-media recognition at the Welcome, Opening Plenary and Closing Plenary Sessions
* Key position on sponsor recognition boards at the Conference
* Company name and logo on the Sponsorship Menu of CD-ROM proceedings
* Logo on the conference website with a hyperlink to your website
* Five complimentary Conference registrations, including the Conference Dinner
* Insertion of promotional materials in conference delegate packets

SILVER (US$ 7,500)

This level of sponsorship includes the following benefits and exposure:

* Prominent display of the logo in all pre-Conference promotional materials, including Second Announcement, Preliminary Program, Final Program, all media releases, and print advertising
* Position on sponsor recognition boards at the Conference
* Company name and logo on the Sponsorship Menu of CD-ROM proceedings
* Logo on the conference website with a hyperlink to your website
* Two complimentary Conference registrations, including the Conference Dinner
* Insertion of promotional materials in conference delegate packets

GENERAL CONFERENCE SUPPORT FUND (Minimum US$ 1,000)

Sponsors may support the Conference with any donation of $1,000 or more. Recognition will be given in programs and promotional announcements.

* Recognition in programs and promotional announcements
* Company name and logo on the Sponsorship Menu of CD-ROM proceedings
* Logo on the conference website with a hyperlink to your website

WHO TO CONTACT

Yunchang Jeffrey Bor, Ph.D.
Conference Executive Director
Tel: +886-2-2735-6006 ext 631; +886-2-8176-8504
Fax: +886-2-2739-0615
Email: iaee2005@mail.cier.edu.tw
Official Conference Website: www.iaee2005.org.tw

Conference Registration Form

28th Annual IAEE International Conference: 3-6 June 2005, The Grand Hotel, Taipei

Type of Registration *(Please check the appropriate box:)*	Received on or Before April 30, 2005	Received May 1 to May 31, 2005	Received After June 1, 2005 and Onsite Fee
☐ Speakers and Poster Session Participants **NOTE:** payment must be received by Apr 30, 05	495 USD		
☐ IAEE Members	570 USD	620 USD	645 USD
☐ Nonmembers (includes membership)	670 USD	720 USD	745 USD
☐ Nonmembers (without membership)	705 USD	755 USD	780 USD
☐ Full Time Students	325 USD	375 USD	425 USD
☐ Guests (no meeting sessions)	325 USD	375 USD	425 USD
☐ Student Scholarship Fund Support	50 USD	50 USD	50 USD

Last Name: _____ (Please circle one:) Prof. / Dr. / Mr. / Ms.

First Name: _____ Initial Name: _____

Date of Birth (mm/dd/yyyy): _____ Nationality: _____

Passport No: _____ Email: _____

Business Title: _____

Company / Organization: _____

Address: _____

_____ City / Country: _____

Fax: _____ Telephone: _____

Please check the box(es) if you attend:

☐ Technical Visit (June 3, 2005) # ☐ Opening Reception (June 3, 2005)

☐ City Tour (June 4, 2005) # ** ☐ Welcome Dinner (June 4, 2005)

☐ Cultural & Shopping Tour (June 5, 2005) # ** ☐ Taipei Cultural Night Party (June 5, 2005)

☐ Historical Tour (June 6, 2005) # ** ☐ Farewell Dinner (June 6, 2005)

Participations in these activities are subject to availability for registrations after Friday, May 6, 2005
** Hold during the meeting sessions

Methods of Payment *(Please check the appropriate box and fill in the information:)*

☐ By Wire Transfer to IAEE 2005 Conference Secretariat:
Bank: Hua Nan Commercial Bank LTD.
Branch: Ho Ping Branch
SWIFT Address: **HNBKTWTP121**
A/C Name: **Institute For Information Industry**
A/C No: **121-97-000636-6**
Address: NO.93, Sec 2, Ho Ping East Road, Taipei, Taiwan, ROC.
Fax: +886-2-2709-9230
Telex: 11307

☐ By Credit Card: Total Payment (US$) _____

Name on Credit Card: _____

Bank of Issue: _____

Visa/Master (check one): ☐ Visa ☐ MasterCard

Number: _____

Expiration Date (mm/yy): _____

Signature: _____

CANCELLATIONS / SUBSTITUTIONS: All cancellations and substitutions must be received in writing to Conference Executive Director. Cancellations received on or before May 2, 2005 are subject to a non-refundable US$ 200.00 administrative fee. Cancellations received after **May 2, 2005** will be honored, however, no refund will be made. There will be no refunds for no-shows. There is no exception allowed to this policy. Should you be unable to attend, substitutions may be made to transfer your registration to another member of your organization at any time up to **May 31, 2005**.
REGISTRATION FEES are payable in advance. Complete this form and fax, mail, or email to Conference Executive Director. Conference registration fees may be paid by wire transfer or by credit card. Hotel and related travel costs are not included in registration fees.
STUDENTS: Submit a letter stating that you are a full-time student and are not employed full-time. The letter should provide the name and contact information for your main faculty supervisor or your department chair and a copy of your student identification card. IAEE reserves the right to verify student status.

Conference Executive Director: Yunchang Jeffrey Bor, Chung-Hua Institution for Economic Research
75 Chang-Hsing Street, Taipei, TAIWAN 106, ROC.
Tel: 886-2-2735-6006 ext.631; 886-2-8176-8504 Fax: 886-2-2739-0615
Email: iaee2005@mail.cier.edu.tw

The Grand Hotel Reservation Form

28th Annual IAEE International Conference: 3-6 June 2005, The Grand Hotel, Taipei

** *Please type or print clearly*

Name:　Prof./Dr./Mr./Ms. _____　_____　_____

　　　　　(Circle one)　　　Last (Family) Name　　　First (Given) Name　　　Middle Name

Mailing Address: _____

_____　Email: _____

Telephone: _____　Fax: _____

　　　　　Country code / Area code / Tel No.　　　　　Country code / Area code / Tel No.

Arrival Date: _____　Arrival Time: _____　Flight No: _____

Departure Date: _____　Departure Time: _____　Flight No: _____

Room Type *(Please check the appropriate box:)*		Single Special Rate		Twin Special Rate
Superior Room	☐	NT$ 4,400	☐	NT$ 4,600
Deluxe Room	☐	NT$ 4,980	☐	NT$ 5,180
Grand Deluxe Room	☐	NT$ 5,780	☐	NT$ 5,980
Prestige Room	☐	NT$ 6,580	☐	NT$ 6,780
Junior Suite	☐	NT$ 7,200	☐	NT$ 7,400
Executive Suite	☐	NT$ 10,800	☐	NT$ 11,000

＊ The above rates are inclusive of buffet breakfast, welcome fruit and daily newspaper. Single rooms receive one breakfast per day. Twin rooms receive two breakfasts per day.
＊ The above rates are inclusive of 5 % government tax and 10 % service charge.
＊ Extra bed (roll away) is available for $1,000 + 10 % service charge for night.
＊ Exchange rate: US$1 ≈ NT$34 as of 2003 year average.
＊ The Hotel will send a written confirmation upon receipt of the completed form.
＊ In case of sleeping room cancellation within 48 hours or no show on arrival date, a one night room rate charge will be placed against the below supplied credit card.
＊ Check-in time is 3:00 pm and check-out time is 12:00 noon.

Transportation Arrangement (from CKS Airport to the Hotel):

☐ Mercedes Benz　(NT$ 1,700 / trip / car; can take 1-3 persons);　the number of persons: _____

☐ Shuttle Bus　(NT$ 1,800 / trip / van; can take 4-6 persons);　the number of persons: _____

Payment Method:

(Check one:)　☐ Visa　　☐ Master Card　　☐ American Express　　☐ JCB　　☐ Diners Club

Credit Card No: _____　Expiration Date (mm/yy): _____

※ No reservation will be accepted without credit card details.

Signature: _____　Date: _____

THE GRAND HOTEL offers special rates to participants of IAEE International Conference. To make your reservation, please complete this form and return it by fax or mail to the address below before **no later than Friday, May 6, 2005**. Please note that reservations may not be guaranteed past May 6 and may be quoted at higher rates. For phone in reservations please identify yourself as attending the "IAEE International Conference."

Ms. Sandy Chung, Room Reservation Manager, The Grand Hotel
No.1, Sec.4, Chung Shan North Road, Taipei, Taiwan 104
Tel: +886-2-2886-8888 ext. 1520-1524　　Fax: +886-2-2885-2885
Email: grand@grand-hotel.org　　Website: http://www.grand-hotel.org

 經濟部能源局
Bureau of Energy,
Ministry of Economic Affairs

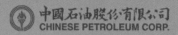

 台灣電力公司
Taiwan Power Company

經濟部工業局
INDUSTRIAL DEVELOPMENT BUREAU
MINISTRY OF ECONOMIC AFFAIRS

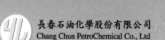

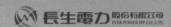

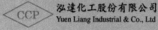

參考文獻與延伸閱讀

一、中文部分

何旻娟、唐受衡、林雨萩（2018）。《國際禮儀（二版）：含商業禮儀及領隊導遊禮儀》。華立圖書。

呂白（2020）。《超速寫作：30秒寫出攻心關鍵句，零基礎也能成為文案行銷高手》。遠流出版社。

李國威（2019）。《公關力：讓客戶、消費者、媒體、政府、投資人都說你好，打造企業影響力》。新樂園出版社。

李媛媛（2018）。《商務禮儀實訓》。財經錢線文化有限公司。

洪震宇（2020）。《精準寫作：寫作力就是思考力！精鍊思考的20堂課，專題報告、簡報資料、企劃、文案都能精準表達》。漫遊者文化出版社。

翁秀琪（2020）。《大眾傳播理論與實證》（四版）。三民出版社。

張智淵譯（2020）。佐佐木圭一著。《文案大師的造句絕學：再理性的人也把持不住》。大是文化。

連娟瓏（2019）。《國際禮儀》（七版）。新文京出版社。

陳立恆（2011）。《玩美法藍瓷》。商周出版社。

陳芸芸、劉慧雯譯（2010）。McQuail著。《McQuail's大眾傳播理論》。韋伯出版社。

彭懷恩（2011）。《媒體關係技巧》。風雲論壇。

劉文英、游梓翔、溫偉群譯（2019）。Julia T. Wood著。《人際關係與溝通技巧》（三版）。雙葉書廊。

劉江海（2018）。《商務禮儀》。崧燁文化。

劉美琪譯（2011）。Susanna Hornig Priest著。《媒體研究攻略》。學富文化出版社。

劉翰雲譯（2019）。彼得・貝瑞著。《廣告行銷自學聖經：圖解50年金獎廣告，文案撰寫、策略擬定、平面動態、品牌定位及社媒經營的全方位秘笈》。原點出版社。

賴詩韻譯（2020）。小西美沙緒著。《Amazon故事公關行銷學：向亞馬遜創辦人貝佐斯學習溝通技巧，優化企業和個人品牌價值》。星出版出版社。

二、英文部分

Davenport, L. (2019). *Mass Communication: Theory and Practice*. NY Research Press.

Meier, M. (2020). *Business Etiquette Made Easy: The Essential Guide to Professional Success*. Skyhorse Publishing.

Parkman, L. (2020). *Communication Skills Training: The Definitive Guide to Communication Skills Master Public Speaking, Daily Conversations, Workplace Talk, Relationship*. Fighting Dreamers Productions.

Ratcliffe, A. (2017). *Understanding the Relationship Between Boredom Propensity and Aggression Propensity in the General Public*. Grin Publishing.

Reeves, D. L., & Hansen, C. (2020). *Etiquette.* Cherry Lake Publishing.

Webster, A. (2019). *Mass Communication: An Integrated Approach to Media and Journalism*. Willford Press.

Chapter 9

預算與收支

- 贊助之企劃
- 預算規劃
- 國際會議預算控制

舉辦一場國際會議,籌辦單位最重要的考量之一就是預算。預算的多寡決定國際會議舉辦的規模與品質。在籌辦的過程中,幾乎每一個步驟或項目皆必須支出款項,因此,預算可謂是國際會議的生命線。在規劃預算時,必須考慮以下兩大原則:

1. 收入面:國際會議的收入來源主要來自註冊費(與會務費)與贊助收入。一般而言,在台灣舉辦國際會議除了註冊費收入外,贊助經費往往占國際會議的收入很高的比例。因此,如何爭取贊助,成為舉辦國際會議重要的工作項目之一。

   圖9-1列舉一個300〜500人的國際會議收入預估情形。由圖9-1可看出贊助經費約占全部費用的40〜60%之多,這些費用幾乎全部依賴當地主辦單位籌措支應,責任相當大。

2. 支出面:一般國際會議的基本支出項目,包含場租、交通、住宿、餐飲、印刷、行政、議事、貴賓禮遇、社交娛樂等,在編列費用時,應考量實際的需求,以專款專用的方式進行分項編列,防止超支預算,同時必須保留運用上的彈性。報帳核銷流程亦須清楚明確,同時必須保留相關資料以備查證。

2012 TEI International Conference - Estimation of Income
The Grand Hotel, Taipei, June 2 (Saturday) - June 6 (Wednesday), 2012

				Unit: Person, US$
Type of Registration: (Persons)	350	400	450	500
Speakers/Chairmen: (US$)	43,750	52,500	61,250	70,000
IAEE Members: (US$)	70,250	84,300	98,350	112,400
Nonmembers (includes membership): (US$)	31,250	37,500	43,750	50,000
Nonmembers (without membership): (US$)	11,500	13,800	16,100	16,100
Full time Students: (US$)	4,125	4,950	5,775	6,600
Guests (meal function only): (US$)	2,625	3,150	3,675	4,200
Local Participants: (US$)	11,900	11,900	11,900	11,900
Subtotal: (US$)	175,400	208,100	240,800	271,200
Sponsorship: (US$)	200,000	200,000	200,000	200,000
Total: (US$)	375,400	408,100	440,800	471,200
Ratio: (%)	53%	49%	45%	42%

圖9-1　國際會議收入預估(範例)

　　由於贊助之爭取為舉辦國際會議重要的經費來源之一，因此，本章將針對贊助的企劃先作說明，再進一步分析收支規劃與結帳之項目與技巧。

 # 第一節　贊助之企劃

　　由於社會關心的課題變化太快，於是大眾媒體廣宣的效果逐漸式微。企業在整體消費市場雙向傳播的需求發展下，贊助及參與國際會議／展覽成為重塑企業價值、爭取消費者認同、收集專業新趨勢、提高商譽的重要行銷管道之一。

　　國際會議的贊助模式大致可區分為兩種：一種為贊助企業直接提供金錢挹注大會的金錢贊助；另一種則為非金錢贊助。非金錢贊助的方式即為場地、物資、人力、媒體（活動宣傳、提供媒體版面、時段，進行活動宣傳）的提供。因此，在爭取贊助時，必須詳加說明各種贊助方式與主辦單位可提供之相對回饋，以提供廠商作為參考。

　　爭取企業贊助國際會議時，必須詳加說明贊助對企業拓展市場／商譽的好處。同時籌辦單位應發揮開發贊助廠商的創意，除了過去與現有的贊助廠商外，可以發掘新的、潛在的廠商，提出完善的贊助規劃與報告，爭取贊助或協辦。

　　贊助企劃書之撰寫，必須包含下列要項：

一、環境分析

　　每一場國際會議皆有其主旨與目標，爭取贊助必須先讓廠商瞭解目前整個市場或環境對於國際會議主旨與目標的關注程度，並呈現當時實際發生的案例交叉鋪陳會是一個比較好的作法。一般而言，社會關注程度越高，國際會議可能吸引的與會人士會較為廣泛，同時媒體報導的機國際會

議也比較高。對於贊助廠商而言，其可能獲得的回報與曝光機率會大幅增高。

二、提供利益（行銷機會／要求參與程度）

贊助廠商可依其贊助金額或項目區分為不同類別。例如，金錢贊助依其金額區可分為鑽石級、白金級、黃金級、白銀級、翠玉級及自由贊助等；其他非金錢贊助如晚宴、午宴、酒會、茶點贊助，或媒體、網路、電腦設備等贊助，主辦單位對於不同等級的贊助廠商應提出與金錢贊助相對等級的比較。至於主辦單位提供之贊助回饋如免費註冊名額、專題演講場次、印刷品曝光、會場製作品、精神堡壘、大會網站logo露出、大會網站廣告、會場電子看板文字廣告揭示、用餐時間致詞、大會手冊廣告頁、大會提袋及記者會資料袋內禮品及DM提供等，也必須依照不同等級設定。廠商參與程度與行銷機會必須詳加說明清楚，讓不同需求的廠商有不同的選擇，以擴大贊助廠商的基數。

三、活動與策劃者簡介

贊助企劃書必須清楚呈現國際會議之相關訊息，如大會簡介（包含主旨與目標）、歷年主辦國、與會人數、與會國數、贊助廠商，還有大會活動說明如大會舉辦時間、地點、對象、主要活動議程，讓廠商瞭解若贊助本國際會議，可以在何時對甚麼樣的族群進行行銷活動。

四、贊助企劃書之撰寫格式

一般贊助企劃書撰寫格式應包含下列項目：

(一)前言

前言為環境分析，必須著重在整體環境對於此次國際會議舉辦之主旨與目標之重視程度與關注程度，以吸引廠商贊助。

(二)國際會議介紹

除了本次國際會議的主旨與目標外，主辦單位的連結社群、歷年的國際會議舉辦資訊、過去贊助廠商等，與國際會議相關的資訊必須精簡說明，讓廠商可以迅速掌握相關資訊。

(三)為何要贊助此國際會議

強調主辦單位與此國際會議在特定領域的重要性，與贊助此次國際會議可達成之目標與貢獻，特別是在這樣的社群增加曝光度所能得到的好處。

(四)活動背景與追蹤紀錄

包含大會活動說明如大會舉辦時間、地點、對象、主要活動議程，同時提供大會網站以供查詢。

(五)贊助企劃與利益

贊助企劃與利益通常是贊助企劃書分量最重的部分，即提供不同贊助等級之模式與其相對應之回饋方案，讓廠商依其需求進行選擇。

(六)決定截止時間

配合國際會議的籌備期程，贊助與否關係著籌備單位在收入上的預估，進而影響國際會議籌備的整體規劃，因此必須設定廠商的決定截止時間，以進行相關的配套與規劃。

(七)贊助同意書與付款方式

廠商若願意提供贊助，則必須簽屬贊助同意書，內容包含公司名稱、聯絡人姓名、聯絡人地址、聯絡人電話及傳真、聯絡人e-mail、公司網址，同時依據企劃書中所列舉的贊助方案，提供勾選。付款方式通常有電匯與支票兩種，電匯必須提供銀行名稱、戶名、帳號、地址與電話；支票則必須提供抬頭名稱與郵寄地址。

第二節　預算規劃

如前言，預算規劃包含收入與支出兩大部分。

一、收入面規劃

收入面規劃最主要的還是來自與會人士繳納之註冊費、贊助收入。因此，籌辦單位應及早根據以往的經驗預估與會人數及屬性規劃收入。值的注意的是國際組織對有些收入有分帳上繳的規定。上繳的方式大致為盈餘分攤制與定額分攤制兩種原則。盈餘分攤制為先行競標一定金額的權利金，在大會結束後再依國際會議盈餘分攤固定比率的錢。通常該比率是可洽談的或採對分制。定額分攤制多為在報名時，國際組織就要收取固定比率報名費分攤金額，其餘盈虧全由主辦單位負責。

(一)註冊費（會務費）

註冊費是由與會人士繳納，由於與會人士區分為貴賓、演講者、論文發表者等各種不同身分，又有會員與非會員的區隔。此外，有些與會者享有不需繳費的優待，且提早繳費者（early bird，俗稱早鳥註冊者）、學生等多有不同的優惠。因此，事先掌握可能的與會人士、身分與報到率，可大致估算正確的註冊費收入。

(二)贊助經費

　　贊助者為有意願提供支援的機構，包含政府單位、公司、機構或個人。贊助形式除了金錢外，如前文尚包含人力或物力之提供。

(三)其他收入

　　包含廣告收入與其他因特殊義賣活動、捐贈、利息等所得之收入。

二、支出面規劃

　　國際會議的支出會因國際會議形式、地點、舉辦城市之支持度等而有不同。一般說來，國際會議的支出項目大致包含：

2012 TEI International Conference - Registration Fee The Grand Hotel, Taipei, June 2 (Saturday) - June 6 (Wednesday), 2012 Unit: US$			
Type of Registration	Received on or Before April 30, 2012	Received May 1 to May 31, 2012	Received After June 1, 2012 and Onside Fee
Speakers/Chairmen	500	500	500
TEI Members	700	750	800
Nonmembers (includes membership)	800	850	900
Nonmembers (without membership)	900	950	1000
Full time Students	300	350	400
Guests (meal function only)	500	550	600
Local Participants	100	150	

圖9-2　註冊費分類

2012 TEI International Conference - Estimation of Delegate Distribution The Grand Hotel, Taipei, June 2 (Saturday) - June 6 (Wednesday), 2012 Unit: %				
Type of Registration	Received on or Before April 30, 2012	Received May 1 to May 31, 2012	Received After June 1, 2012 and Onside Fee	Subtotal
Speakers/Chairmen	35	0	0	35
TEI Members	18	10	10	38
Nonmembers (includes membership)	5	10	0	15
Nonmembers (without membership)	3	2	0	5
Full time Students	2	3	0	5
Guests (meal function only)	1	1	0	2
Subtotal of Foreign Participants	64	26	10	100
Local Participants	80	20	0	100

圖9-3　與會者報到率

(一)場地

由於國際會議舉辦場地多半是跟飯店或國際會議中心租用會議室。在與飯店進行租用場地接洽時，場地費通常會和住宿房間的預留（block）進行配套的議價。亦即，籌辦單位可藉由跟飯店進行房間的預留，以作為國際會議場地相關費用的議價籌碼；同時，議價過程中，必須確認飯店配套的各式可免費提供、付費提供，以及無法提供之設備與服務，以事先進行相關的規劃。細節相當複雜。反之，在與國際會議中心進行租用場地接洽時，則較為單純。

(二)視聽設備

國際會議所需之視聽設備包含單槍投影機（projector）、幻燈機（slide projector）、圖形投影機（graphic projector）、麥克風（microphone）、視訊牆（cube wall）與口譯設備（translator equipment）等。

(三)文宣製品與印刷

國際會議所需與提供之相關物品（conference kit），如紀念徽章、桌卡、名牌、大會通告、邀請卡、大會手冊、大會議題資料或論文集、大會資料袋、大會信封信紙（大會明信片）等。此外，會場所需之文宣製品如大會旗幟、大會宣傳海報與大會精神堡壘之製作等，其費用皆應進行規劃。

(四)餐飲相關費用

包含各式餐會之場地與餐飲費用，除了正式與會人士之專用餐廳與餐點外，若有邀請媒體採訪，且媒體記者人數不少，也應另備有記者用餐專區。同時，無論早餐、午餐、晚宴或茶會，自助餐或盤餐（buffet）為比較常見的方式。自助餐是將各種食品、飲品準備齊全，用餐人各取所需，因此較不需為客人飲食習慣不同而費心，同時自助式餐會可節省人力，因此多為國際會議採用的方式。

(五)開幕酒會或接待酒會

國際會議的主辦單位通常會在國際會議正式開始前舉辦開幕酒會或接待酒會，場地、餐點、飲品與人員安排之相關費用。

(六)下午茶會或中場休息

通常安排在國際會議中間休息時間，會在會場外準備咖啡、無酒精飲料或茶點，供與會人士品嚐同時進行交流。主辦單位可與飯店協商以大單位計價，如咖啡以加侖計算而非以杯計價，以節省成本。

(七)文化活動

文化活動安排通常以靜態的文化展覽或動態的民俗活動表演為主軸。必須注意所有展示或節目的安排皆須考量到交通運輸的成本，細節也相當複雜。

(八)旅遊安排

包含針對與會人士的會前旅遊（pre-conference tour）、會後旅遊（post-conference tour）、大會旅遊（conference tour）、技術參訪（technical visit），和眷屬旅遊（spouse tour）或隨行人員旅遊（accompany person tour）。旅遊行程的安排多以in bound的bus tour公司行程作為主軸，事前掌握人數，可提高議價的籌碼。

(九)住宿

籌辦單位在安排住宿時，可委託旅行社、直接與飯店接洽，或委由當地旅遊或觀光局（housing bureau）安排。三種管道承擔之風險與負擔之成本各有不同，必須詳加評估。此外，飯店提供的國際會議住宿，通常會有較為特殊的配套服務，籌辦單位在安排時，必須事先進行確認，如早餐供應、寬頻上網連線、辦公事務設備租用服務、健身房、球場、客房果籃、每日當地及國際性報紙、國際直撥電話系統、郵寄服務、行李保管或

SPA水療設備等。邀請貴賓的住宿往往費用頗高且需要籌辦單位支付。

(十)交通

交通安排視與會人士的類別與需求而有不同。對於正式邀請的貴賓或演講者，多半會贊助其交通與住宿費用；而一般與會人士，可依其需求向大會提出相關的付費服務要求（如國內交通、機場接送等）。

(十一)行政費用

大會工作人員有些是籌辦單位正式員工，但大部分為臨時約聘人員。關於人員的訓練成本、聘用成本，以及大會流程如報名、註冊、報到、議程、交通、住宿、餐飲等所產生的相關行政費用，亦為國際會議之重要支出項目之一。其他相關行政費用如水電瓦斯、快遞、車資油費、過路費、稅捐等雜支亦相當可觀。

以2009 AESIEAP CEO Conference及2010年18th IAEE International conference的主場地估價單為示範，請參考本文附件四。

 ## 第三節　國際會議預算控制

掌握收入與支出的預估，目的在於預算（budget）的管控。就支出面而言，不同的預算，所呈現出的國際會議品質會有所不同。籌辦單位在進行整體規劃時，必須考量需求的數量、時間、品質與交付服務的需求等；不同單位由於想法不同，規劃的標準也會不同，但重要的是規劃必須可行、周延、且具備彈性。擬定一個具體可行的國際會議預算表，可參考過去類似國際會議規模的經驗，或尋求專家見解，以節省不必要的開銷，同時亦兼顧舉辦國際會議的品質。但無論如何，保持「收支平衡」是最高的預算編列原則。

Item	Description	Income	Cost	Balance
	2012 TEI International Conference - Budget **The Grand Hotel, Taipei, June 2 (Saturday) - June 6 (Wednesday), 2012**			US$
1	Registration Fee	271,200		271,200
2	Sponsorship	200,000		471,200
3	Conference Equipment		30,000	441,200
4	Food and Beverage		130,000	311,200
5	Room Rental		50,000	261,200
6	Office Equipment		16,000	245,200
7	Translator		20,000	225,200
8	Website & Database		27,000	198,200
9	Printing		50,000	148,200
10	Postage & Telecommunication		27,000	121,200
11	Culture Program		15,000	106,200
12	Conference Kit		16,200	90,000
13	Social Program		27,000	63,000
14	Staff Hotel & Traveling		26,000	37,000
15	Public Relation & Security		27,000	10,000
16	Royalty		10,000	0
Total		471,200	471,200	0

圖9-4　國際會議的預算規劃

本 章 重 點

　　舉辦一場國際會議，籌辦單位最重要的考量之一就是預算。在規劃預算時，必須考慮以下兩大原則：

1. 收入面：國際會議的收入來源主要來自註冊費（與會務費）與贊助收入。由於贊助經費往往占國際會議的收入很高的比例，因此，如何爭取贊助，成為舉辦國際會議重要的工作項目之一。

2. 支出面：一般國際會議的基本支出項目，包含場租、交通、住宿、餐飲、印刷、行政、議事、貴賓禮遇、社交娛樂等，在編列費用時，應以專款專用的方式進行分項編列，防止超支預算，同時必須保留運用上的彈性。報帳核銷流程亦須清楚明確，同時必須保留相關資料以備查證。

　　國際會議的贊助模式大致可區分為兩種：一種為贊助企業直接提供金錢挹注大會的金錢贊助；另一種則為非金錢贊助。非金錢贊助的方式即為場地、物資、人力、媒體（活動宣傳、提供媒體版面、時段，進行活動宣傳）的提供。而贊助企劃書之撰寫，必須包含之要項包含：環境分析、提供利益（行銷機會／要求參與程度）及活動與策劃者簡介。贊助企劃書之撰寫格式，一般包含下列項目：前言、國際會議介紹、為何要贊助此國際國際會議、活動背景與追蹤紀錄、贊助企劃與利益、決定截止時間、贊助同意書與付款方式。

重要辭彙與概念

國際會議贊助企劃

為企業在重塑企業價值、爭取消費者認同、收集專業新趨勢、提高商譽的重要行銷管道之一。可分為為贊助企業直接提供金錢挹注大會的金錢贊助與非金錢贊助。

國際會議收入面規劃

主要來自與會人士繳納之註冊費又稱會務費、贊助經費（為有意願提供支援的機構）及其他收入。贊助經費往往占國際會議的收入很高的比例。

國際會議支出面規劃

國際會議的支出會因國際會議形式、地點、舉辦城市之支持度等而有不同，項目大致包含場地、視聽設備、文宣製品與印刷、餐飲相關費用、開幕酒會或接待酒會、下午茶會或中場休息、文化活動、旅遊安排、住宿、交通、行政費用。

國際會議預算控制

掌握收入與支出的預估，目的在於預算的管控。就支出面而言，不同的預算，所呈現出的國際會議品質會有所不同。但重要的是規劃必須可行、周延、且具備彈性，且保持「收支平衡」是最高的預算編列原則。

國際會議規劃與管理

問題與討論

1.國際會議的贊助模式大致可區分為兩種？

2.試以「2026急診醫學國際會議」（2026 International Conference on Emergency Medicine）為例，規劃並擬定下列文件：

(1)贊助企劃書

(2)收入面規劃

(3)支出面規劃

(4)預算規劃

 附件四　　　場地估價單（範例）

本文以2009 AESIEAP CEO Conference及2010年18th IAEE International conference的主場地估價單為示範，請參考本文附件。

漢來大飯店 GRAND HI-LAI HOTEL

2009 年亞太電協高階主管會議住房、會議及餐飲報價

To: 中華經濟研究院 王瑋如 小姐 TEL: 02-2735-6066#630 FAX: 02-2739-0615 EMAIL:wjwang@cier.edu.tw 106 台北市長興街 75 號	From: 漢來大飯店台北業務部 業務副理 謝孟霖 (Mark Hsieh) TEL: 02-2751-7527 或 0910 659 161 FAX: 02-2711-0381 EMAIL: markhsieh@grand-hilai.com.tw 104 台北市民生東路三段 51 號 8F

感謝 您選擇漢來大飯店，針對 2009 AESIEAP CEO Conference 住宿本飯店，我們提供的服務及優惠報價如下：

住房部份
與會貴賓

房型	坪數	定價	優惠價	早餐
市景精緻客房	9	NT$ 7,800+10%	NT$ 3,900+10%	1 客
(1 大床或 2 小床)	9	NT$ 7,800+10%	NT$ 4,200+10%	2 客
健康客房	11	NT$ 9,300+10%	NT$ 6,138 Net	2 客
豪華套房	20	NT$ 15,000+10%	NT$ 9,900 Net	2 客

工作人員

房型	坪數	定價	優惠價	早餐
市景精緻客房	9	NT$ 7,800+10%	NT$ 3,200+10%	1 客
(1 大床或 2 小床)	9	NT$ 7,800+10%	NT$ 3,500+10%	2 客

禮遇服務內容：
- 早餐追加每客優惠價 NT$350 Net。(原價 NT$420+10%)
- 每房贈送迎賓水果籃乙份
- 每房每日贈送報紙乙份。
- 免費使用健身房、游泳池、三溫暖等設施。
- 住客本人洗衣八折優惠，另加收 10% 服務費。
- 住宿房客可免費停車。
- 漢神百貨購物九折優惠，部份商店不適用

會議及餐飲部份

日期	時間	廳別	型態	人數	優惠場租/餐費
2009/10/14	14:00--17:00	中央走道	報到處		
2009/10/14	18:00--20:00	金鳳廳	雞尾酒會	100 位	NT$900+10%/位

2009/10/14	18:00--20:00	池畔	雞尾酒會	100 位	餐費低消 NT$ 165,000
					泳池場租 NT$ 30,000
2009/10/15	09:00--21:00	金冠廳	服務處(祕書室)		NT$50,000(NET)
2009/10/15	09:00--21:00	金福廳	記者室		NT$30,000(NET)
2009/10/15	09:00--16:30	金蘭廳	貴賓休息室		NT$10,000(NET)
2009/10/15	09:00--12:30	金龍廳	會議(教室型)	200 位	NT$60,500(NET)
2009/10/15	12:30--14:00	鶴銀廳	午宴(中式圓桌)	200 位	NT$9,000+10%/桌
2009/10/15	14:00--16:00	金鳳廳	會議(教室型)	150 位	NT$39,600(NET)
2009/10/15	16:00--17:30	金銀廳	會議(ㄇ字型)	50 位	NT$11,000(NET)
2009/10/15	18:00--20:30	金龍廳	自助餐	200 位	NT$1,000+10%/位
2009/10/16	09:00--12:00	金冠廳	服務處(祕書室)		NT$10,000(NET)
2009/10/16	09:00--12:00	金蘭廳	貴賓休息室		NT$5,000(NET)
2009/10/16	09:00--12:30	金鳳廳	會議(教室型)	150 位	NT$39,600(NET)
2009/10/16	12:30--14:00	翠園	午宴(中式圓桌)	150 位	NT$9,000+10%/桌
2009/10/16	18:00--20:00	巨蛋宴會廳	晚宴(中式圓桌)	150 位	$10,000+10%/桌

相關細節:

會議:
1. 單槍投影機 NT$ 6,000/部。
2. ADSL NT$ 3,500/天。
3. 免費提供麥克風 3 支、180 吋活動銀幕、錄音設備。
4. 免費提供紙、筆、礦泉水(每人每天 1 瓶)。
5. 咖啡茶點 NT$ 160/人 ~ NT$ 320/人。

午、晚宴:
1. 中式餐會每桌可坐 12 人。
2. 以上中式餐會報價不含飲料。
3. 10 月 16 日午宴安排在 10 樓翠園餐廳。

針對以上之報價,若有任何疑問,敬請與我聯絡,漢來飯店誠摯歡迎您的光臨!

108 年 1 月 1 日實施

TICC

台北國際會議中心會場租金價目表

會議室名稱	標準容量(人)				攤位數(個)	坪數(平方公尺/坪)	尺寸(寬×長×高)公尺	週一至週五上午每時段租金	週六至週日每時段租金	夜間每時段租金
	劇院型	教室型	U	冷餐				08:30-12:30/13:30-17:30		18:30-22:30
大會堂全場	3,100	—	—	—		2,973/899	—	149,000	189,000	—
大會堂半場 (1-27 排)	1,208	—	—	—		—	—	105,000	115,000	—
101 全室	720 744 (演講桌)	480 648 (無講桌)	90	256	57	640/193	25.8×25.3×5.4	63,000	75,000	82,000
101A/D	120	88	46	64	—	148/44	12.9×11.3×5.6	17,000	20,000	22,000
101B/C	152	120	42	64	—	176/53	12.9×13.7×5.6	21,000	25,000	27,000
101AB/CD	272 372 (演講桌)	208 240 (無講桌)	74	128	—	326/98	12.9×25.3×5.4	36,000	42,000	46,000
102	200	200				232/70	16.2×15.7×5.6	26,000	31,000	—
103	120	90	54	40		135/41	8.2×16.9×5.6	16,000	19,000	21,000
105	100	72	30	32	8	115/35	12×9.6×3.7	18,000	21,000	23,000
201 全室	800	544	108	288	57	729/220	25.8×28.8×5.4	63,000	75,000	82,000
201A/F	112	72	44	36	—	126/41	12.9×10.6×5.6	14,000	17,000	18,000
201B/E	88	72	40	36	—	114/34	12.9×8.9×5.6	14,000	17,000	18,000
201C/D	88	72	44	36	—	117/35	12.9×9.1×5.6	15,000	18,000	19,000
201AB/EF	248	184	72	72	—	252/76	12.9×19.6×5.6	27,000	32,000	36,000
201BC/DE	232	168	72	72	—	233/70	12.9×18.1×5.6	28,000	34,000	37,000
201ABC/DEF	400	272	92	144	—	371/112	12.9×28.8×5.6	41,000	50,000	54,000
201ABEF	528	352	86	192	—	505/152	25.8×19.6×5.6	53,000	64,000	69,000
201BCDE	476	320	82	160	—	466/140	25.8×18.1×5.6	55,000	67,000	72,000
202/203	80	60	24	104	6	113/32	17.3×7.8×2.4	12,000	14,000	15,000
202A/203A	55	45	30	64	—	70/21	9×7.8×2.4	7,000	8,000	9,000
202B/203B	40	32	24	40	—	43/13	8.3×5.1×2.4	5,000	6,000	7,000
3 樓東/西井	90	70	40	52	6	152/46	18×7.8×3.7	18,000	21,000	23,000
3 樓宴會廳	480	352	70	296	67	977/295	44×32.3×3.7	79,000	95,000	105,000
401	—	60				193/58	14.8×13.1×3.7	20,000	24,000	—
4 樓東/西井	90	70	40	52	6	152/46	18×7.8×3.7	18,000	21,000	23,000
4 樓宴會廳	250	180	48	200	26	368/111	21.3×17.3×4	42,000	63,000	84,000

備註：

1. 本中心提供各項會議室基本桌椅數量以個人所列標準容量為准，照片需求或現場增加桌椅費用另計。
   ＊免費桌椅標準配備：方桌參克斯五角桌參克斯各1支、主桌台1個、司儀台1個、三人能到桌2張、每桌桌3張，其它設備視需而另收費。

2. 所需可機插式設備不得自帶。

3. 音效不得自帶，自帶音效設備應立即拆除外，並應繳交違約金每日10,000元/每場性。

4. 租用本中心會議室收展覽用途者，租金以展覽價計(不含佈桌1立免費標準配備)，另依電費(不含佈桌材料及展業物資除)則以展覽租金再收取10%計。

5. 作整點供租每時段以6折計，租用夜晨時段(00:00-08:30/03:30、07:30)作整點供租者，則每時段以3折計。

6. 22:30-07:30 為裝收供租為佈桌供租支付，08:30-22:30 作整點供租場係電租供桌時，一概「台北國際會議中心各會議室供整點供租項收費」收費。

7. 逾時使用未達1小時者，按該時段付價以1/4計收，超逾1小時未滿4小時者，以整時段租金計收。

8. 作整點供租以3折計，村洞份供租說明請參考本中心網站。

9. 201、203、401 會議室目前大會堂等對于接，預約工作屋友休息室同途。

10. 本中心場地、設備及器照等費用均依照收規定方另作付屋以租金價目表為準，學約後如遇物格調整、其做違加項以價格移調超道如時實施以租金價目表為準。

323

參考文獻與延伸閱讀

一、中文部分

羅紹德、鄔勵軍（2018）。《新編預算會計》【預算會計（四版）】。崧燁文化出版社。

傅鍾仁、黃瓊瑤（2019）。《策略管理與會計個案集》。元照出版。

張志揚、李文瑜、林和靜（2016）。《餐旅會計：財務分析與報表解讀》。華都文化出版社。

伍忠賢（2017）。《圖解財務報表分析》。書泉出版社。

二、英文部分

LoCicero J. (2008). *Streetwise Meeting and Event Planning: From Trade Shows to Conventions, Fundraisers to Galas, Everything You Need for a Successful Business Event*. F&W Publications.

Kemp, S., & Dunbar, E. (2003). *Budgeting for Managers*. The McGraw-Hill Companies, Inc.

Publishing, R. (2019). *Business Expense Tracker: Business Budget Finance Organizer Ledger for Entrepreneurs*. Independently Published.

McKinnon, A. (2018). *Budget Management: A Step by Step Guide to Building Your Wealth*. Createspace Independent Publishing Platform.

Chapter **10**

會後工作與效益評估

- 國際會議滿意度調查
- 會後服務
- 論文集出版
- 結案報告撰寫
- 效益評估

　　成功舉辦國際會議的要訣，在於真誠付出、用心規劃、切實執行每一個工作項目並留心每一個細節，以求盡善盡美，如此才能令與會來賓及國際會議支持者留下深刻的印象。而國際會議綿密的籌備過程，更是有賴籌備單位、國內外贊助單位、眾多工作人員的辛勞付出，以及來自世界各地的與會貴賓踴躍投稿及熱情參與，方能使國際會議順利舉行。會後工作與效益評估為延續國際會議舉辦的最後關鍵，其相關面向包含會後滿意度調查、會後服務、論文出版、結案報告撰寫與效益評估等，分述如後。

 第一節　國際會議滿意度調查

　　為了方便會後檢討，改進國際會議進行中的缺失及品質管理，應事先設計中英文問卷，於國際會議最後一天發給所有參與人員填寫並回收並同時置於大會網頁上。問卷回收後進行統計與分析，方能深入瞭解國際會議參與人員對本次國際會議的滿意度與批評指教。問卷的內容包括三大部分：國際會議滿意度、國際會議之外的活動滿意度，以及填寫人基本資料，範例如圖10-1。

2012 TEI International ConferenceSurvey

Please take a few minutes to help us design future conferences by critiquing this year＇s meeting and answering several questions. Please either e-mail this completed survey to Taiwan.triple@gmail.com or fax it to +886-2-2517-7215. Your responses are very much appreciated.

A. SatisfactionSurvey

1. Are the conference registration fees reasonable? ☐Yes ☐No; If no, please explain:
_____

2. Would you like to see more or fewer plenary sessions? ☐More☐ Fewer ☐Same; Why?
_____

圖10-1　國際會議滿意度調查問卷

3. Would you like to see more or fewer concurrent sessions? ☐More☐Fewer ☐Same ; Why?

4. How many concurrent sessions would you like to see offered at any given time? ☐3 ☐4 ☐5 ☐6☐7 ☐8; Why?

5. The Taipei conference was 3 days in length. Is this length⋯ ☐About right ☐Too short ☐Too long; Why?

6. How do you evaluate the spouse and social program in Taipei Conference? ☐More☐ Fewer ☐Same☐No need; Why?

7. We would like to know more about the reasons why you attended the TEI 2012 conference as well as the factors that affected your decision to attend the meeting. Were these, for example, the conference theme, social and cultural activity, location, availability of funds, program content, speaker, networking, administrative efficiency etc.? Please briefly explain.

Please rate following questions using the rating below, check the number that describes your level of satisfaction:

1	2	3	4	5
Very Dissatisfied	Dissatisfied	Neutral	Satisfied	Very Satisfied

8. Your overall impression of the conference environment ☐1 ☐2 ☐3 ☐4 ☐5; If less than 2, please explain:

9. Contents and organization of the conference ☐1 ☐2 ☐3 ☐4 ☐5; If less than 2, please explain:

10. The activities including technical visit, city tour, other social programs ☐1 ☐2 ☐3 ☐4 ☐5; If less than 2, please explain:

11. The accommodation ☐1 ☐2 ☐3 ☐4 ☐5; If less than 2, please explain:

12. What additional activities do you suggest that the conference should provide?

13. Any additional comments or suggestions about improving the conference:

（續）圖10-1　國際會議滿意度調查問卷

B. Following questions regarding with your additional activities/trips which were not offered by the conference.

1. Where are the regions your activities/trips located?
   ☐Northern ☐Central ☐Southern ☐Eastern region (Check all that apply)
2. What kinds of the activity places did you or your company goes: (Check all that apply)
   ☐Amusement park ☐Entertainment places ☐Sight-seeing or scenic spot ☐Historical sites ☐Temple ☐Museum ☐Night market ☐Shopping mall ☐Others (please specify)
3. How long did the activities/trips take? days
4. How much did you and your company spend on the accommodations for the activities/trips?
   NT$
5. How much did you and your company spend on the transportations for the activities/trips?
   NT$
6. Other expenditures on following items:
   (1) ☐Local foods: NT$
   (2) ☐Souvenirs: NT$
   (3) ☐Books, magazines, CD, VCD etc.: NT$
   (4) ☐Clothes or shoes: NT$
   (5) ☐Jewel: NT$
   (6) ☐Electric equipments: NT$
   (7) ☐Others (please specify) NT$
   PS: All the above expenditures take into account that from your company.

C. General Information

1. Your name：
2. Did you have accompanying persons coming along?
   ☐Yes, number of persons ☐No
3. How many times have you participated international conference during these two years?
   Times. The major countries are

   Return to:

   2012 TEI International Conference Secretariat
   Room 304, Floor 3, Zi-Qiang Building,
   53 He-Jiang Street, Taipei, TAIWAN 10479
   Tel: 886-2-2517-7811; Fax: 886-2-2517-7215
   e-mail: Taiwan.triple@gmail.com Website: www.triple-e.org.tw

   THANK YOU FOR COMPLETING THIS SURVEY

（續）圖10-1　國際會議滿意度調查問卷

 第二節　會後服務

　　國際會議結束後，籌備單位仍應準備相關資料提供給參與國際會議者，其中包括與會來賓通訊錄、收集各演講者報告投影片及資料電子檔建立於網頁上供與會來賓下載、回覆各項參與來賓對國際會議的提問，並將各式資料與紀念光碟寄給各與會來賓。各項會後服務詳述如下：

一、與會來賓通訊錄

　　因有不少國際會議來賓是會期中現場報名者，故會前所製作的與會來賓通訊錄勢必不夠完整。因此，會後應立即將所有參加國際會議的來賓的通訊資料一一排序整理，並寄給各位與會來賓，讓國際會議來賓得到完整的通訊資料，以便日後彼此聯絡，交流研究經驗或洽談合作研究發展方案。

二、各場次演講報告之投影片或資料

　　國際會議結束後，不少與會來賓皆想收集完整學術議程中某議題上各討論場次的報告投影片或演講資料，以便深入研究並更進一步瞭解議題的發展進程，協助自己的研究工作。因此，應將各場次研討會的投影片及演講資料之電子檔案上傳至國際會議官方網站，提供與會來賓下載。但為了尊重智慧財產權及知識產權，必須先獲得作者的書面同意，且此項資料僅提供給與會來賓，因此亦需建立下載權限，利用大會授予之身分帳號與密碼，方能下載資料。

　　另外，在國際會議期間所拍攝的照片，也應挑選一些具有紀念性質的照片放置在網頁上，供與會來賓上網瀏覽欣賞。

三、回覆來賓提問及資料索取

有些與會來賓在會後來信詢問國際會議未來情況及索取其他相關國際會議資料，必須詳細地逐一回覆。

四、紀念光碟

為完整收錄並長久保存國際會議資料及國際會議點滴，可考慮製作紀念光碟，並將紀念光碟寄給與會來賓，以供來賓存取國際會議資料及紀念之用。

紀念光碟的製作採用DVD的格式，整合各類媒體呈現方式，包括圖片、影像、聲音、文字以及動畫，希望將國際會議過程完整記錄下來。內容可包括六大部分：大會手冊、媒體報導、與會者投影片、國際會議照片、國際會議記錄影片與通訊錄，將整個國際會議籌辦的過程完整地記錄於其中。

值得提醒的是有些國際組織對國際會議的紀念光碟、論文集或電子書是供銷售的，並非免費提供給與會者。

五、寄送感謝函

國際會議結束後兩週內應寄出感謝函，為節省成本，重要貴賓可採郵寄方式，其餘國際會議參與者則以電子郵件寄送謝函，或全部以電子郵件的方式寄送。感謝函的內容除了致謝，也應報告本次國際會議之迴響與後續消息。

2012 TEI International Conference

The Grand Hotel, Taipei, June 2 (Saturday) - June 6 (Wednesday), 2012

June 12, 2012

Dear Honorable Delegates,

Thank you for participating the 2012 TEI International Conference in Taipei. I greatly appreciate your kindest contributions to this remarkable conference, and, most importantly, for sharing your most valuable experience with me and all delegates. Also, I honestly hope you found the conference worthwhile and memorable.

The DVD of 28th Annual IAEE International Conference Golden Collection is a record for the marvelous moment in Taipei. I hope this DVD will make you remember the conference forever.

Again, I thank you for sharing the wonderful moment with us.

Sincerely,

Yunchang Jeffrey Bor, Ph.D.
President, Triple-E Institute
Room 304, Zi-Qiang Building,
53 He-Jiang Street, Taipei, TAIWAN 10479
Tel: 886-2-2515-2005; Fax: 886-2-2517-7215
e-mail: bory47@gmail.com

圖10-2　國際會議感謝函

 第三節　論文集出版

　　為方便與會來賓在各場學術討論會前瞭解國際會議進行內容，可將入選論文之摘要以及各演講者事前提供之投影片收錄成冊，供與會來賓參考。排版編輯的過程中，可依照時間順序收錄各項資料，並附上說明，設計風格則以簡潔美觀為主。為環境保護，可考慮採用再生紙印製，且選用

質料較輕者，以免因豐富的內容而造成紙張浪費。或是可考慮將論文內容
與報告投影片收錄於光碟中，不僅可涵蓋更多資料，收藏保存及攜帶使用
上也更為便利。光碟的製作運用互動式選單的功能，採場次主題排列，讓
使用者按照其需要閱讀論文資料。各式範例如下：

圖10-3　國際會議之論文摘要冊封面

資料來源：The 28th IAEE Conference

圖10-4　國際會議之投影片冊封面

資料來源：The 28th IAEE Conference

圖10-5　國際會議論文光碟封面與光碟圓標

資料來源：The 28th IAEE Conference

圖10-6　國際會議論文光碟內容首頁

資料來源：The 28th IAEE Conference

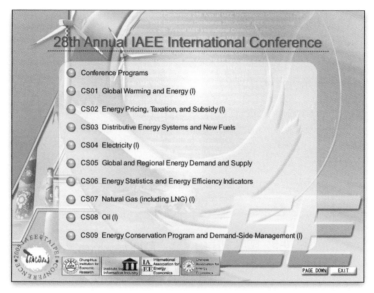

圖10-7　國際會議論文光碟內容選單

資料來源：The 28th IAEE Conference

 第四節　結案報告撰寫

　　國際會議結束後，應儘快蒐集相關資料、著手撰寫結案報告並評估本次國際會議的整體效益，並向主辦及贊助單位報告本次國際會議的重要成果。結案報告可分為兩部分：口頭結案報告與書面結案報告書，前者需搭配投影片輔助，後者則是正式、詳細的結案報告書，內容需詳列各項資料及決算經費。此外，尚須就國際會議的內容進行效益評估，以便得知本次國際會議有形與無形之效益、價值與影響。

一、口頭結案報告

報告時間以20～30分鐘為宜，投影片內容包括：本次國際會議參加人數與國家、論文投稿情形與退稿率、與其他同類型國際會議之比較、與會者對國際會議及國際會議外活動之滿意度調查結果、經費總結等。

二、書面結案報告書

書面的結案報告書內容為本次國際會議所有相關工作之計畫、執行成果與檢討，並附上各式參考文件、圖表與照片。**表10-1**為參考目次，可依實際需要斟酌增減。

表10-1　國際會議書面結案報告書之參考目次

> **第一章　國際會議簡介**
> 1.基本資料
> 2.籌辦背景
> 3.國際會議目標
> 4.籌備委員會
> 5.與會貴賓
> 6.國際會議議程
> **第二章　籌備過程**
> 1.報到與註冊
> 2.資料袋內容物及製作
> 3.工作人員招募
> **第三章　國際會議期間**
> 1.國際會議宣傳文宣及媒體宣傳
> 2.媒體宣傳規劃、策略與執行
> 3.國際會議會場布置及設備
> 4.國際會議工作時程及服務
> 　(1)服務人員工作時程及工作說明
> 　(2)貴賓接待及一般與會來賓接待

（續）表10-1　國際會議書面結案報告書之參考目次

5.議程之掌控與進行
6.開幕典禮
7.學術議程
8.文化活動
9.參訪活動
10.旅遊
第四章　會後服務

1.會後服務概況
2.感謝函寄出與紀念光碟之製作
3.滿意度調查與效益評估
第五章　結論與建議

 第五節　效益評估

　　舉辦國際會議，除了讓各地區的專家學者能齊聚一堂，分享彼此研究成果，並進行學術交流，現階段在台灣舉辦國際會議，亦為台灣帶來顯著的國民外交獲益。各國與會來賓藉參加國際會議可以更深入瞭解台灣在相關學術領域的發展，以及發展技術的競爭力，也有助於台灣與其他國家的研究技術合作與文化交流。同時在台灣舉辦國際會議也能增進台灣學者對相關學術領域的研究興趣，進而提升台灣的國際學術地位。除了學術上的收穫外，國際會議在促進國民外交及發展台灣觀光會展事業上，亦有所貢獻。會後舉行的參觀行程與旅遊活動，讓各國與會來賓能親身體驗台灣本土的文化特色，對台灣留下深刻良好的印象，為台灣未來的外交觀光會展事業的發展，播下善意的種子。

　　綜上，國際會議的效益評估，並不僅限於會後滿意度調查。為了提供主辦單位與籌辦單位未來舉辦國際會議重要且完整的參考資訊，效益評估的面向可分為質與量兩方面，質的面向如國際會議目的是否達成？國際會議整體的滿意度（包含論文品質）為何？國際會議所帶來的社會網絡效

益是否顯著？量的面向如參與人數、國際會議實質收入、媒體曝光度、衍生之消費、對區域經濟及產業發展之貢獻等，其重點分述如下：

1. 參與人數：參與人數直接關係著國際會議舉辦規模，除了註冊費等收入的增加外，主要的效益在於國際會議舉辦的影響層面。但參與人數為量化的資料，國際會議實際的影響力還是必須以質化的資料如社會網絡效益為主。

2. 實質收入：包含註冊費（會員費）、贊助廠商提供的金額、廣告收入、其他因特殊義賣活動、捐贈等所得之收入等。

3. 媒體曝光度：媒體曝光來自於報紙、雜誌、電視、廣播、網路、海報張貼、路燈旗、專書出版等，曝光度愈高，國際會議的傳播影響力愈廣泛。

4. 衍生之消費與對區域經濟之貢獻：根據相關研究，會展產業可創造1比9以上之經濟乘數效果。亦即，若會展本身帶來1塊錢收益的話，其所帶動的相關行業可以賺得9塊錢（如住宿、餐飲、購物中心、交通、觀光等）；但個別國際會議所衍生之消費與對區域經濟之貢獻資料還是來自於對與會人士的調查問卷結果。

5. 國際會議目的：國際會議的宗旨與目標，如聚集相關社群，促進知識與經驗分享，聚焦議題是否受到重視，且社群間的認知與想法，經過交換切磋後是否有共識等。

6. 國際會議整體滿意度：國際會議整體滿意度除了透過會後滿意度問卷調查的與會人士觀點外，主辦單位從各方面評估後的總體考量、贊助效益等，皆為整體滿意度的要項。

7. 國際會議的社會網絡效益：除了專業社群的關注外，大環境對於國際會議的聚焦議題是否重視，參與人士的層次，以及後續是否有相關的支持性言論、衍生性活動、甚至政策性的鼓舞等，皆為社會網絡效益的強化項目。

舉辦成功的國際會議是一件非常不容易的事。為幫助會展新鮮人或

國際會議規劃與管理

學生早日踏上正途,減少磨合期,本書就國際會議管理與實務提供簡要的介紹與經驗。希望我國會展產業得以鴻圖大展,蒸蒸日上,在國際會展版圖上發光發熱,引領此一高品質、高附加價值服務業的發展。

本章重點

　　會後工作與效益評估為延續國際會議舉辦的最後關鍵，其相關面向包含會後滿意度調查、會後服務、論文集出版、結案報告撰寫與效益評估。

1. 國際會議滿意度調查：為方便會後檢討，應事先設計中英文問卷，於國際會議最後一天發給所有參與人員填寫並回收，且同時置於大會網頁上。問卷的內容包括三大部分：國際會議滿意度、國際會議之外的活動滿意度，以及填寫人基本資料。

2. 會後服務：主要工作項目包含與會來賓通訊錄的寄送與發放、各場次演講報告之投影片或資料的彙整、回覆來賓提問及資料索取之處理、紀念光碟的製作與寄送感謝函。

3. 論文集出版：為方便與會來賓在各場學術討論會前瞭解國際會議進行內容，可將入選論文之摘要以及各演講者事前提供之投影片收錄成冊，供與會來賓參考。

4. 結案報告撰寫：國際會議結束後，應儘快蒐集相關資料、著手撰寫結案報告並評估本次國際會議的整體效益，並向主辦及贊助單位報告本次國際會議的重要成果。結案報告可分為兩部分：口頭結案報告與書面結案報告書，前者需搭配投影片輔助，後者則是正式、詳細的結案報告書，內容需詳列各項資料及決算經費。

5. 效益評估：國際會議的效益評估，並不僅限於會後滿意度調查。為了提供主辦單位與籌辦單位未來舉辦國際會議重要且完整的參考資訊，效益評估的面向可分為質與量兩方面，質的面向包含國際會議目的是否達成、國際會議整體的滿意度（包含論文品質）、國際會議所帶來的社會網絡效益是否顯著；量的面向如參與人數、國際會議實質收入、媒體曝光度、衍生之消費、對區域經濟及產業發展之貢獻等。

國際會議規劃與管理

重要辭彙與概念

國際會議滿意度調查

滿意度調查能深入瞭解國際會議參與人員對本次國際會議的滿意度與批評指教並改進。內容包括三大部分：國際會議滿意度、國際會議之外的活動滿意度，以及填寫人基本資料。

會後服務主要工作項目

籌備單位應準備相關資料提供給參與國際會議者，包括與會來賓通訊錄、各演講者報告投影片及資料電子檔建立於網頁上供與會來賓下載、回覆各項參與來賓對國際會議的提問，並將各式資料與紀念光碟寄給各與會來賓。

國際會議論文集出版

為方便與會來賓在各場學術討論會前瞭解國際會議進行內容，將入選之論文之摘要以及各演講者事前提供之投影片收錄成冊，供與會來賓參考。可採用再生紙印製，或使用光碟製作。

國際會議結案報告撰寫

於國際會議結束後，蒐集相關資料、撰寫結案報告並評估整體效益，並向主辦及贊助單位報告本次國際會議的重要成果。結案報告可分為兩部分：口頭結案報告與書面結案報告書，內容需詳列各項資料及決算經費。

國際會議效益評估

效益評估不僅限於會後滿意度調查。其面向可分為質與量兩方面，質的面向如國際會議目的是否達成？整體的滿意度為何？社會網絡效益是否顯著？量的面向如參與人數、國際會議實質收入、媒體曝光度、衍生之消費、對區域經濟及產業發展之貢獻等。

問題與討論

　　試以「2026急診醫學國際會議」（2026 International Conference on Emergency Medicine）為例，規劃下列相關的會後工作：

1.滿意度調查問卷之擬定。
2.結案報告之撰寫。
3.會議效益評估。
4.感謝函之擬定。

參考文獻與延伸閱讀

一、中文部分

伊恩‧布萊斯（2018）。《問卷設計：如何規劃、建構與編寫有效市場研究之調查資料》。五南出版社。

朱道凱譯（2009）。詹姆斯‧皮肯斯（James W. Pickens）、約瑟夫‧麥什尼（Joseph L. Matheny）著。《1分鐘結案高手：抓住人心、用對話術，顧客自然會買單》。臉譜出版社。

吳柏林、謝名娟（2019）。《市場調查實務：問卷設計與研究分析》（三版）。新陸書局。

李芳齡譯（2019）。Antonio Nieto-Rodriguez著。《專案管理革命》。天下文化出版社。

洪慧芳譯（2019）。Marty Cagan著。《矽谷最夯‧產品專案管理全書：專案管理大師教你用可實踐的流程打造人人都喜歡的產品》。商業周刊出版社。

陳映廷、陳依萍譯（2020）。Kevin Eikenberry、Wayne Turmel著。《帶領遠端團隊：跨國、在家工作、自由接案時代的卓越成就法則》。遠流出版社。

劉復苓譯（2005）。柯堤斯‧庫克（Curtis R. Cook）著。《4-Step專案管理》。美商麥格羅‧希爾。

二、英文部分

Dr. Rossi, P. H., Lipsey, M. W., Dr. Freeman, H. E. (2004). *Evaluation: A Systematic Approach.* Sage Publications, Inc.

Harvard Business Review (COR) (2016). *HBR Guide to Making Every Meeting Matter.* Harvard Business School Pr.

Kumar, C. (2019). *Event Management: A Complete Handbook for Tourism and Hospitality Professionals.* Independently Published.

Miller, R. F., & Pincus, M. (2004/1997/1991). *Running a Meeting That Works (Business Success Series).* Barron's Educational Series, Inc.

Phillps, J. J., Breining, M. T., Phillips, P. P. (2008). *Return on Investment in Meetings & Events: Tools and Techniques to Measure the Success of all Types of*

Meetings and Events. Elsevier Inc.

Reid, T. (2019). *Event Management: Comprehensive Guide on How to Effectively Manage an Event*. Independently Published.

Rogers, T., Davidson, R. (2006). *Marketing Destinations and Venues for Conferences, Conventions and Business Events (Events Management)*. Elsevier Ltd.

會展叢書

國際會議規劃與管理

作　　者 / 柏雲昌、謝碧鳳
出 版 者 / 揚智文化事業股份有限公司
發 行 人 / 葉忠賢
總 編 輯 / 閻富萍
特約執編 / 鄭美珠
地　　址 / 新北市深坑區北深路三段 258 號 8 樓
電　　話 / (02)8662-6826
傳　　真 / (02)2664-7633
網　　址 / http://www.ycrc.com.tw
　E-mail / service@ycrc.com.tw
　I S B N / 978-986-298-351-5
初版一刷 / 2020 年 9 月
定　　價 / 新台幣 450 元

國家圖書館出版品預行編目（CIP）資料

國際會議規劃與管理 = International meetings
planning and management / 柏雲昌, 謝碧
鳳著. -- 初版. -- 新北市 ： 揚智文化,
2020.09
　　面；　公分.--(會展叢書)

ISBN 978-986-298-351-5（平裝）

1.會議管理

494.4　　　　　　　　　　　　109012223